북방한계선(NLL)

기원, 위기, 사수

북방한계선(NLL) 기원, 위기, 사수

초판 1쇄 발행 2012년 6월 15일

저 자 | 이상철
발행인 | 윤관백
발행처 | 선인

편 집 | 김민희
표 지 | 양경화
영 업 | 이주하

인 쇄 | 대덕인쇄
제 본 | 광신제책

등록 | 제5－77호(1998.11.4)
주소 | 서울시 마포구 마포동 324－1 곶마루 B/D 1층
전화 | 02)718－6252 / 6257 팩스 | 02)718－6253
E－mail | sunin72@chol.com
Homepage | www.suninpub.co.kr

정가 36,000원
ISBN 978－89－5933－540－4 93390

· 잘못된 책은 바꿔 드립니다.

북방한계선(NLL)

기원, 위기, 사수

이 상 철

선인

서문

2010년도 남북관계는 그야말로 전쟁 전야와 같은 긴장과 위기의 연속이었다. 1월 27일부터 29일까지 북한은 우리 군의 연례적인 해상사격 계획을 빌미로 서해 백령도 근해 북방한계선 일대에 사격구역을 설정하여 400여 발의 해안포 포병사격을 실시하였다. 그리고 연례 한·미 KR/FE 연습에 대해 북한은 2월 25일 조선인민군 총참모부 대변인 담화와 3월 7일 조선인민군 판문점대표부 대변인 성명을 통해 물리적 힘을 행사하겠다고 경고한 후 3월 26일 잠수함 어뢰공격으로 백령도 남방 해역에서 초계 중이던 우리 해군함정 천안함을 피격시켜 무고한 장병 46명을 희생시켰다. 이어서 11월 23일에도 북한군은 우리 군의 해상사격훈련을 트집 잡아 연평도 전역에 수백 발의 포병사격을 감행하여 병사 2명과 민간인 2명이 사망하고 민간인 가옥이 파괴되는 피해를 입혔다. 이처럼 2010년 내내 상식을 초월하는 불법적이고 비인도적인 북한의 서해 군사도발로 한반도는 전쟁의 그림자가 드리워졌던 것이다.

1999년 이래 북한의 직접적인 대남 무력공격은 모두 서해 해상에서 이루어졌다. 북한은 서해 해상에서 군사도발을 자행할 때마다 북방한계선을 명분으로 삼아 왔다. 2010년에도 북한의 무모한 무력도발은 서해 북방한계선 이남에서 발생하였다. 이렇게 끊임없이 자행하는 북한의 해상 군사도발을 보면서 우리 국민들은 북방한계선은 반드시 지켜야 할 우리의 영토선으로 재인식하게 되었다. 그런데 일부 해외언론은 남북간에 군사충돌이 반복적으로 발생하고 있는 서해 북방한계선 일대를 분쟁수역으로 표현하였다. 그러나 북한이 해상도발을 해오고 있는 서해 북방한계선의 이남 수역은 분쟁수역이 아닌 엄연한 대한민국의 관할수역이다. 1953년 동·서해에 설정된 북방한계선은 법적 실효성이 확립되어 있을 뿐만 아니라 남북 해상 군사력을 분리시키는 실질적인 해상경계선이며, 그 이남 수역은 우리 군이 감시·초계활동으로 통제·관할해오고 있기 때문이다.

필자는 천안함 파격사건에 대한 정부의 대응조치와 유엔안보리 보고에 참여하는 한편, 연평도 포격도발에 대한 대북조치에 관여하였다. 이렇게 2010년도의 충격적인 두 사태를 겪으면서 저자는 북방한계선에 대해 종합적으로 정리된 자료의 필요성을 절감하였다. "북방한계선은 어떻게 생겨났으며, 어떤 법적 지위를 갖고 있는가?", "그동안 북한이 북방한계선을 인정·준수한 사례와 무력도발 사례는 무엇인가?", "왜 북한은 북방한계선을 부정하고 무실화시키려고 하는가?", "북한은 북방한계선 무실화 전략·전술을 어떻게 구사하고 있는가?", "북한이 북방한계선에 대해 주장하는 구체적인 내용은 무엇이고, 어떤 명분과 논리로 주장하고 있는가?" 등 관련사실에 대해 제대로 이해하고 있는 사람들이 많지 않았던 것이다. 북방한계선 문제는 반세기 이상 유지되고 있는 한반도 정전체제하에서 여러 요소들이 복잡하게 얽혀있어 간단히 이해하기 어려운 주제이다.

1990년대 이후 남북 간의 무력충돌과 남북군사회담은 거의 모두가 북방한계선 문제와 관련되어 있다. 남북간 무력충돌과 군사회담의 역사가 북한의 북방한계선 무실화 책동으로 점철된 것이었다. 이렇듯 북한이 고도의 위험을 감수하는 무력도발을 통해 북방한계선 일대를 분쟁수역화하려고 획책하는 한편, 정밀한 논리와 명분을 동원한 협상전략을 통해 북방한계선을 폐기시키려고 기도해온 것을 필자는 오랫동안 경험해왔다. 저자는 1992년 남북고위급회담 정치분과위원회의 전략수행원, 2000년과 2007년 남북정상회담과 남북국방장관회담, 그리고 남북장관급회담의 수행원, 2007~2009년 남북장성급군사회담 대표와 남북군사실무회담 수석대표로서 남북군사회담에 참여해왔다. 또한 1999년 1차 연평해전, 2002년 2차 연평해전, 2009년 대청해전, 2010년 천안함 폭침과 연평도 포격도발 등 북한의 해상도발 당시 상황조치와 후속조치 등 군의 대응과정에 직·간접적으로 관여하였다. 이처럼 1991년부터 줄곧 국방부에서 대북정책과 군사회담 업무를 수행해 온 필자에게 북방한계선 문제는 반드시 다루어야 할 중요한 이슈였던 것이다.

이 책은 대북문제를 전문적으로 다루어 온 필자의 현장경험을 바탕으로 공개 가능한 자료와 관련 연구들을 수집·종합하여 정리한 것이다. 필자는 북방한계선의 출현과 법적 성격, 북방한계선을 둘러싼 무력충돌과 군사회담의 내용, 북방한계선에 대한 논쟁과 입장 등 북방한계선 문제의 전반적인 사항을 수록하려고 노력하였다.

본 저술이 나오기까지 많은 분들의 도움을 받았다. 특히 1992년 「남북기본합의서」와 「불가침부속합의서」 채택 당시 남북고위급회담 대표와 남북군사분과위원회 위원장이셨던 박용옥 전 국방부 차관님께 감사를 드려야겠다. 박용옥 차관님께서는 북방한계선 문제를 정리하는 필자에게 당시의 남북협상을 회고해 주시면서 큰 격려를 해주셨다. 또한 필요한 자료들을 찾아주고 원고를 감수해준 문상균, 김도균, 김정기, 김정환, 박용채, 정운 등 나의 소중한 동료들에게도 고마운 마음을 전한다. 그리고 흔쾌히 출간해주신 도서출판 선인의 윤관백 대표님과 멋진 책자로 꾸며 준 출판부 여러분께도 사의를 표하지 않을 수 없다.

마지막으로 북방한계선을 지키기 위해 서해 바다에서 산화한 국군장병과 군사회담장에서 치열한 논리싸움을 벌였던 회담대표들께 이 책을 헌정하고 싶다. 그들은 이 책의 주인공들이자 존재이유이다. 앞으로 한반도의 통일이 이룩되어 북방한계선 문제가 역사 속의 전설이 되기를 간절히 기원해본다.

2012년 6월 호국의 달, 서울 용산에서

이 상 철

차례

제1장 서론

오늘날 남북 간에 발생하고 있는 군사적 갈등의 근원은 6·25전쟁에 뿌리를 두고 있다. 1950년 6월 25일 북한의 불법적 기습 남침으로 발발한 6·25전쟁은 유엔군과 공산군 간의 교전과 협상으로 3년 동안이나 진행됐었다. 6·25전쟁은 1953년 7월 27일 체결된 「한국 군사정전협정」에 따라 휴전상태로 들어갔다. 교전 쌍방인 유엔군 사령관과 공산군 사령관들은 서로 총과 대포를 내려놓고 적대행위와 무장행동을 정지하기로 합의했던 것이다. 그런데 「정전협정」은 순수 군사적 성격의 합의로서 정치회담을 통해 6·25전쟁을 완전 종식시키기 전까지 임시적인 정전상태에 들어가는 협정이었다. 이러한 한반도의 정전상태가 반세기가 넘도록 계속되고 있다. 문제는 정전상태의 한반도에서는 전쟁과 평화가 공존한다는 것이다. 요컨대, 「정전협정」 체결 후 59년이 지난 오늘날의 한반도는 한편에서는 금강산관광과 개성공단과 같은 교류협력이 진행되고 있는 와중에 또 한편에서는 인명이 살상되는 무력충돌이 벌어지고 있는 이중적인 모습을 보여주고 있다. 참혹한 동족상잔의 비극, 6·25전쟁은 아직도 끝나지 않은 것이다.

정전 이후 북한은 대남적화전략을 포기하지 않고 무력도발을 끊임없이 자행해오고 있다. 특히 1990년대 초 동서냉전이 종식되고 남북고위급회담이 개최되어 남북 간에 대화와 교류협력의 숨통이 트였지만, 북한은 서해 해상에서 무력도발을 반복해오고 있다. 북한은 1999년 1차 연평해전, 2002년 2차 연평해전, 2009년 대청해전, 급기야 2010년에는 천안함 폭침에 이어 연평도에 대한 무차별 포격을 가하는 도발을 감행하였다. 오늘날 서해 해상에서는 언제 포성이 울리고 무력충돌이 일어날지 알 수 없는 긴장과 위기가 계속되고 있다. 도대체 왜 북한은 서해 5도 주변 해역에서 도발을 일삼고 있는가? 북한의 서해 해상도발의 중심에는 북방한계선이 존재하고 있다. 다시 말해 북방한계선을 없애버리기 위해 북한은 의도적으로 북방한계선을 침범하고 무력도발을 감행하는 한편, 각종 공식기관의 성명과 군사회담에서의 주장을 통해 북방한계선을 부정하고 있는 것이다.

북방한계선은 6 · 25전쟁이 남긴 또 하나의 유산이다. 북방한계선은 태생적으로 「정전협정」의 불완전성으로 인한 후속조치로서 출현했던 것이다. 「정전협정」은 6 · 25전쟁의 교전자들인 유엔군 측과 공산군 측 간에 적대행위와 무장행동의 완전한 정지를 보장하는 정전을 확립할 목적으로 체결되었다. 「정전협정」은 교선 쌍방 간에 적대행위와 무력충돌이 재발하는 것을 방지하기 위해 양측 군사력을 분리시키는 군사분계선과 비무장지대를 설정하였다. 그런데 「정전협정」은 지상의 군사분계선과는 달리 해상의 군사분계선에 대해 명확하게 규정하지 못한 불완전한 합의였다. 「정전협정」에 해상의 군사분계선이 부재하다는 것은 「정전협정」만으로는 해상에서의 적대행위와 무력충돌을 예방하는데 한계가 있다는 의미이다. 따라서 유엔군사령관은 지상의 군사분계선과 같이 해상에서도 남북의 군사력을 분리시키는 선을 설정하는 후속조치를 취하였다. 즉 1953년 8월 30일 유엔군사령관은 유엔군과 한국군의 해상초계활동의 범위를 한정하는 '북방한계선'을 동 · 서해에 설정한 것이다. 38도선 이

남의 서해 북방한계선 일대 해역은 6·25전쟁 발발 이전에도 대한민국의 관할하에 있었고, 전쟁기간은 물론 정전 당시에도 유엔군과 한국군의 군사통제하에 있었다. 북한은 유엔군사령관이 설정한 북방한계선에 대해 20년 동안 어떤 이의도 제기하지 않고 인정·준수하였다. 그러던 북한이 전쟁 당시 무력화된 해군력을 대폭 증강하여 자신감을 갖게 된 1973년부터 북방한계선을 부정하기 시작하였다. 그러나 북방한계선은 설정된 이래 남북 간 군사적 충돌을 예방하고 긴장을 완화시키는 실질적이고 유일한 해상경계선으로서 작용하여 왔다.

북한은 절대 권력자인 수령이 조선노동당을 통해 국가기구와 군대를 통제·지배하는 당·국가체제이다. 당·국가체제하에서 조선인민군은 수령과 당의 무력으로 규정되며, 당이 설정한 전략적 목표와 과제의 실현을 무력으로 뒷받침하는 역할을 수행한다. 조선노동당이 추구하는 목표는 한반도의 적화통일이다. 북한은 조선노동당의 대남적화 노선에 따라 무력도발과 대화협상을 병행하는 화전(和戰)양면 전술을 구사해오고 있다. 이를 테면, 북한은 군사적 행동과 평화적 회담을 통해 정치적 목적을 달성하려는 행태를 보여 온 것이다.

1990년대 초 냉전 종식 이후 북한의 대남전략에서 화전양면 전술을 가장 상징적으로 보여주는 것이 북방한계선 무실화 책동이다. 북한은 서해의 북방한계선에 대한 무력도발과 대화협상을 통해 정치적 목적을 추구해왔다. 즉 북한은 서해 5도 주변 해역에 대한 통제권을 장악하려는 군사전략적 목적, 긴장조성을 통한 대내 체제결속 강화, 꽃게잡이 어장과 해주 직항로 확보 등 경제적 이익 획득, 남한의 갈등과 불안 조성 및 대북정책 전환 압박, 미국에 대한 미·북 평화협정 체결 및 정전체제 해체 주장의 명분 축적 등 대내·대남·대미 차원의 정치적 목적을 위해 북방한계선을 이용하고 있는 것이다.

북한이 정치적 목적 달성을 위한 화전양면 전술의 주요 목표로 서해 북방한계선을 선택한 것은 전략적 이점과 법적 명분을 활용할 수 있기 때문이다. 북한은 황해도 이남의 지리적 이점과 군사적 우세를 배경으로 서해 북방한계선 일대에서 기습적인 무력도발을 감행해왔다. 또한 군사회담에서는 북방한계선에 대한 명시적 합의가 없다는 명분에 따라 「정전협정」, 「유엔해양법협약」, 그리고 「남북기본합의서」 등의 법적인 요소를 협상의 논리로 적극 활용해왔다.

이처럼 북한의 집요하고도 전략적인 북방한계선 무실화 책동으로 인해 서해 5도의 주변 해역은 한반도의 화약고가 되고 있다. 잘 알다시피, 2010년에는 북한군에 의한 천안함 피격과 연평도 포격도발로 인해 남북관계가 고도의 긴장상태에 빠져 들었다. 그동안 북방한계선을 둘러싸고 남북 간에 무력충돌이 반복적으로 발생하였고 군사회담에서는 수없이 많은 논쟁이 벌어졌었다. 그때마다 일부 학자들에 의해 북방한계선의 법적 문제에 대한 연구나 무력충돌 방지를 위한 정책방안들이 제시되었다. 그렇지만 남북관계에서 가장 첨예하게 갈등을 빚고 있는 북방한계선에 대한 종합적인 연구물이나 발간물을 거의 찾아볼 수 없다. 물론 일반인들은 무력충돌 상황에 대한 정보나 비공개 군사회담의 구체적 내용에 접근하기 어려운 제한성이 존재하고 있다. 이러한 상황에서 본 책자가 발간되는 것은 나름의 의미가 있다고 할 것이다.

저자가 북방한계선에 대한 전반적인 내용과 역사적 사실들을 종합 정리하여 발간하게 된 것은 두 가지 이유가 있다. 첫 번째 이유는 북한의 북방한계선 무실화 책동을 저지하기 위한 우리의 대응전략을 모색하는데 있어서 종합적인 기초자료가 필요하다는 점이다. 병법의 대가

손무는 "나를 알고 적을 알면 백번 싸워도 위태롭지 않다"(知彼知己 百戰不殆)고 했다. 북한의 의도와 전략에 말려들지 않고 우리의 의지를 관철시키기 위해서는 북방한계선에 관한 사항과 북한의 입장을 정확히 이해하는 것이 필수적인 과업이다. 우선 북방한계선에 대한 역사와 성격, 그리고 관련사항들에 대해 상대방보다 더 많이 알아야 한다. 또한 북한이 주장하는 명분과 논리 등 구체적인 내용은 물론 실제 군사행동을 통해 구사하는 전략과 전술을 제대로 파악해야 한다. 이러한 분석 및 평가를 기초로 우리의 합리적인 대응전략과 구체적인 대책을 강구할 수 있다. 북한의 군사적 행동은 정치적 의도에서 비롯된다는 측면을 고려할 때 우리의 대응책은 군사적 차원과 함께 대북정책·전략의 차원에서 접근해야 할 것이다.

두 번째 이유는 우리의 당국자와 전문가, 그리고 일반 국민들이 북방한계선의 본질과 북한의 전략에 대해 올바로 이해하고 제대로 인식할 수 있는 기회를 제공하기 위한 것이다. 우리 내부에서는 북방한계선에 대한 올바른 인식은 물론 북한의 의도와 전략에 대한 정확한 이해가 부족한 것이 현실이다. 전문가나 학자들 간에 북방한계선에 대한 법적 논쟁이 벌어지고 서해 북방한계선 일대의 남북간 무력충돌을 방지하기 위한 다양한 해결방안들이 제시되고 있다. 그런데 일각에서는 제대로 이해하지 못하거나 편향된 시각으로 접근함으로써 남북관계의 현실과 동떨어진 비현실적인 방안을 제시하거나 북방한계선 무실화를 위한 북한의 주장에 동조하는 경향마저 보여주고 있다. 이러한 현상들은 북방한계선 일대의 군사적 긴장과 충돌을 해소하는데 별 도움을 주지 못할 뿐만 아니라 오히려 북방한계선을 폐기하려는 북한의 술수에 말려드는 위험성마저 내포하고 있다. 북방한계선 문제는 단순히 그 자체만 가지고 논할 수 없다. 6·25전쟁과 한반도 정전체제 속에서 파생된 북방한계선의 역사와 법적 문제, 그리고 북방한계선을 둘러싼 남북간 무력충돌과 협상내용 등 전반적인 사항을 이해해야 한다. 바로 이러한 점들이 저자가 북방한계선에 대한 책자를 발간하게 된 두 번째 이유이다.

이러한 배경에서 출간하게 된 이 책에서는 다음과 같은 내용들을 수록하였다. 제2장 '남·북한의 영해 및 군사수역'에서는 기초적인 배경지식으로서 국제해양법과 국내법에 의해 설정된 남·북한의 영해와 한반도 정전체제라는 특수한 상황에서 존재하는 군사수역에 대해 정리하였다. 제3장 '북방한계선의 기원'에서는 6·25전쟁 중에 진행된 휴전협상을 통해 「정전협정」을 체결하는 과정에서 해상 군사분계선에 대한 합의가 나오지 못한 배경과 「정전협정」상의 해상과 관련된 규정, 유엔군사령관이 북방한계선을 설정한 경위와 의미, 그리고 북한이 북방한계선을 인정·준수해 온 사례들을 밝히고 있다. 제4장 '무력충돌의 북방한계선'편에는 1973년 서해도발사태로부터 2010년 연평도 포격도발까지 그동안 북한이 서해 북방한계선 일대에서 자행해 온 주요 무력도발의 사례들을 개관하였다. 제5장 '회담테이블 위의 북방한계선'에서는 유엔사와 북한군 사이의 군사정전위원회와 장성급회담, 그리고 남북 군사당국 사이의 고위급회담 및 군사분과위원회, 장성급군사회담과 국방장관회담 등에서 북방한계선과 관련하여 양측이 주장한 내용과 북한의 협상행태를 살펴보았다. 제6장 '북방한계선에 대한 우리 내부의 논쟁'에서는 우리 내부에서 벌어진 북방한계선의 법적 지위 및 성격과 관련한 법적 논쟁과 영토선 논쟁에 대해 기술하고 있다. 제7장 '북방한계선의 법적 지위'에서는 「정전협정」, 「유엔해양법협약」, 「남북기본합의서」 등 국제법적 차원에서 북방한계선의 지위를 각각 살펴보고 이를 종합적으로 정리하였다. 제8장 '북방한계선의 의미와 가치'편에서는 군사전략적·경제적·정치외교적 차원에서 북방한계선이 지니고 있는 가치와 의미를 살펴보았다. 제9장 '북방한계선에 대한 당사국 입장'에서는 북방한계선 문제와 직접적으로 관련이 있는 당사자들인 유엔사·미국, 남한, 북한이 갖고 있는 기본 인식과 입장을 정리하였다.

이와 같이 본 저술에서는 북방한계선이 어떻게 출현하였고, 국제법적으로 어떤 지위를 확보하고 있는지, 그리고 북한이 북방한계선에 대해 어떻게 인정·준수해왔고 북방한계선을 무실화하기 위해 어떤 화전양면 전술을 구사해왔는지에 대한 거의 모든 관련 사실들을 종합적으로 정리하였다. 특히 북방한계선에 대한 북한의 입장과 실제행동, 무실화를 위한 주장의 명분과 논리에 대해 구체적으로 기술하는데 주안을 두었다. 이러한 내용을 통해 독자들은 지금까지 북한이 얼마나 집요하고도 치밀하게, 그리고 대담하게 북방한계선 무실화 책동에 매달려 왔는지 이해할 수 있을 것이다. 아무쪼록 본 저술이 북방한계선 문제를 제대로 이해하는 계기가 되고, 북한의 북방한계선 무실화 기도에 대한 대응전략 및 남북 간 군사적 긴장과 충돌의 방지 방안을 강구하기 위한 학술적 연구나 정책적 검토에 기초자료로 활용되기를 기대한다.

그렇지만 이 저술은 두 가지 측면에서 한계를 지니고 있다. 먼저 북방한계선 문제에 대한 북한의 기존 입장에 변화가 없는 현 시점에서 기술하고 있다는 점이다. 다시 말해 북방한계선에 대한 남북 갈등이 현존하는 상황에 나온 점에서 볼 때 이 책의 내용은 미완성 상태라는 것이다. 앞으로 남북 간에 서해 해상경계선 문제에 대해 협의·해결하거나, 한반도에 항구적인 평화체제가 수립되어 해상경계선 문제가 정리될 때까지 북방한계선을 둘러싼 남북 간의 갈등과 협상에 대한 기록이 계속 덧붙여질 것이기 때문이다. 앞으로 한반도의 통일이 이루어진다면 북방한계선 문제도 역사의 한 장으로 정리될 수 있을 것이다.

또 한 가지는 북방한계선 일대에서 상존하고 있는 군사적 긴장과 충돌을 방지하기 위한 해결방안에 대해서는 검토하지 않았다는 점이다. 이는 서해 해상에서 유일하게 존재하고 있는 실질적·합법적 해상경계선인 북방한계선에 대한 인정·준수의 원칙은 어떤 경우에도 지켜져야 한다는 필자의 기본인식 때문이다. 앞으로 북방한계선 문제는 국민의 인식과 공감대를 바탕으로 군사적 긴장과 충돌의 방지, 한반도의 항구적 평화 정착, 그리고 평화통일을 지향하는 국가대전략의 차원에서 접근해야 할 것이다. 본 저술이 한반도의 안보와 평화, 나아가 통일을 추구하는 대전략을 연구하는데 하나의 기초자료가 된다면 충분한 가치가 있을 것이다.

제2장

남 · 북한의 영해 및 군사수역

1. 대한민국의 영해 · 경제수역 · 군사수역

대한민국 영해

한 국가의 영역은 영토, 영해, 영공으로 이루어진다. 국제법적으로 국가영역이란 국가가 국제법에 의하여 제한되지 않는 범위 내에서 배타적으로 지배하는 공간을 의미한다.[1] 이 중 '영해'(領海)의 사전적 의미는 '한 나라의 둘레에 있으며, 그 나라의 영역에 포함되는 바다'로서,[2] '그 국가의 통치권이 미치는 바다'를 말한다.

오늘날 국제해양법은 바다와 접해있는 연안국들의 해역에 대해 법적 지위를 규정하고 있다. 1994년 11월 16일 발효된 「해양법에 관한 국제연합 협약」(유엔해양법협약; United Nations Convention on the Law of the Sea)은 연안국의 해역에 대해 영해, 접속수역, 배타적 경제수역, 그리고 공해로 분류하여 규정하고 있다.[3] 「유엔해양법협약」 제86조에서 공해는 "어느 한 국가의 배타적 경제수역 · 영해 · 내수 또는 군도국가의

---

1) 이병조 · 이중범, 『국제법신강』(일조각, 1999), 406쪽.

2) 『동아 새국어사전』(동아출판사, 1994년 개정판), 1471쪽.

3) 「유엔해양법협약」에 대해 대한민국은 1996년 2월 23일 비준하였고, 2011년 1월 현재 160여개 국가가 비준하였다. 해양에 관한 국제관습법을 성문화한 「유엔해양법협약」은 비준하지 않은 국가에 대해서도 법적 효력을 갖는다는 것이 일반적인 관점이다.

군도수역에 속하지 아니하는 바다"로 정의되며, 동 제87조는 "공해는 연안국이나 내륙국이거나 관계없이 모든 국가에 개방된다"고 규정하고 있다. 공해에서는 항행 및 상공비행의 자유는 물론 관계규정에 따라 해저전선과 관선의 부설, 인공섬과 기타 시설의 건설, 어로, 과학조사 등의 자유를 향유한다.

대한민국의 해역은 국제적으로 적용되는 「유엔해양법협약」에서 분류한 대로 영해, 접속수역, 배타적 경제수역으로 이루어져 있을 뿐만 아니라, 한반도 정전체제라는 특수한 상황을 반영한 작전구역, 특정금지구역과 특정해역, 그리고 북방한계선이 존재하고 있다.[4)]

우선 '영해'(territorial sea)와 관련하여, 「유엔해양법협약」 제2조는 "연안국의 주권은 영토와 내수 밖의 영해라고 하는 인접해역, 군도 국가의 경우에는 군도수역 밖의 영해라고 하는 인접수역까지 미친다"(1항) "이러한 주권은 영해의 상공·해저 및 하층토까지 미친다"(2항) "영해에 대한 주권은 이 협약과 그 밖의 국제법 규칙에 따라 행사된다"(3항)고 규정하고 있다. 「유엔해양법협약」에서 규정하고 있는 '영해'는 연안국의 주권이 미치는 해상영역을 의미한다.

「유엔해양법협약」 제3조는 영해의 폭에 대해 "모든 국가는 이 협약에 따라 결정된 기선(baseline)으로부터 12해리를 넘지 아니하는 범위에서 영해의 폭을 설정할 권리를 가진다"고 규정하고 있다. 즉 국제법적으로 12해리 영해를 인정하고 있는 것이다. 그러나 연안국들이 지리적 상황에 따라 12해리, 6해리, 3해리 등 융통성 있게 영해를 설정하고 있음을

4) 이에 대한 내용은 정하늘, 「한반도 해역의 법적 지위와 해상작전법」, 한국해양전략연구소, 『STRATEGY 21』 통권 제26호, Vol. 13 No. 2 (2010), 5~46쪽을 인용·보완하여 정리하였다.

볼 때 12해리 영해가 불변의 원칙은 아니다.

「유엔해양법협약」은 연안국들이 영해의 폭을 측정하기 위한 기준선으로 통상기선(normal baseline)과 직선기선(straight baseline)에 대해 규정하고 있다. 「유엔해양법협약」 제5조는 "영해의 폭을 측정하기 위한 통상기선은 이 협약에 달리 규정된 경우를 제외하고는 연안국이 공인한 대축척해도에 표시된 해안의 저조선으로 한다"고 밝히고 있다. 제7조 1항은 "해안선이 깊게 굴곡이 지거나 잘려 들어간 지역, 또는 해안을 따라 아주 가까이 섬이 흩어져 있는 지역에서는 영해기선을 설정함에 있어서 적절한 지점을 연결하는 직선기선의 방법이 사용될 수 있다"고 규정하면서, 6항에 "어떠한 국가도 다른 국가의 영해를 공해나 배타적 경제수역으로부터 격리시키는 방식으로 직선기선 제도를 적용할 수 없다"고 제한하고 있다. 이에 따라 연안국들은 통상기선 또는 직선기선을 선택하여 영해의 폭을 조정할 수 있다. 그러나 일단 확정된 기준선인 영해기선으로부터 영해의 폭은 어떤 경우에도 12해리를 넘을 수 없다.

이와 같은 「유엔해양법협약」에 따라 대한민국은 1995년 12월 6일 제정한 「영해 및 접속수역법」(영해법)을 통해 12해리 영해를 선포하고 있다.[5] 「영해법」 제1조에 "대한민국의 영해는 기선으로부터 측정하여 그 바깥쪽 12해리의 선까지 이르는 수역으로 한다. 다만, 대통령령으로 정하는 바에 따라 일정수역의 경우에는 12해리 이내에서 영해의 범위를 따로 정할 수 있다"고 규정하고 있는 것이다.[6]

---

5) 대한민국은 1977년 제정한 「영해법」을 개정하여 1995년 12월 6일 「영해 및 접속수역법」으로 공포하고, 1996년 8월 1일자로 시행하였다.

6) 1948년 5월 10일 「미군정법령」 제189호에 의하면, "북위 38도선 이남의 한국의 영해는 항구, 항만, 만, 기타 연안의 내수를 포함하여 해안선으로부터 1리그(League) 또는 3해리의 해대로 구성된다"고 정의하고 있다. 그런데 대한민국

그리고 우리나라는 영해의 폭을 측정하기 위하여 통상기선과 직선기선을 혼용한 기준선을 설정하고 있다. 「영해법」 제2조(기선)에서 "① 영해의 폭을 측정하기 위한 기선은 대한민국이 공식적으로 인정한 대축척해도에 표시된 해안의 저조선으로 한다. ② 지리적 특수사정이 있는 수역의 경우에는 대통령령으로 정하는 기점을 연결하는 직선을 기선으로 할 수 있다"고 규정하고 있다.

「영해법」 제2조 ②항의 직선기선과 관련하여 「영해 및 접속수역법 시행령」 제2조에 영일만의 달만갑(기점 1)으로부터 호미곶, 울산만의 화암추, 범월갑, 남해안의 1.5미터 암, 생도, 홍도, 간여암, 하백도, 거문도, 여서도, 장수도, 절명서, 서해안의 소흑산도, 소국흘도, 홍도, 고서, 횡도, 상왕등도, 직도, 어청도, 서격렬비도, 소령도(기점 23)까지 23개의 직선기선 기점을 제시하여 영해선을 정하고 있다.

이처럼 「영해법」과 동법 시행령에는 대한민국 서해안의 직선기선이 소령도까지만 연결되어 있고, 그 이북 해역에는 영해선이 정해져 있지 않다. 소령도까지 이어진 직선기선 북쪽에 위치한 특정금지구역과 특정해역, 그리고 특정금지구역 내에 위치한 서해 5도에 대해서도 영해가 선포되어 있지 않다.

한편, 「영해 및 접속수역법 시행령」 제3조는 대한해협에 있어서의 영해의 범위를 3해리로 축소하여 규정하고 있다. 대한해협의 폭이 23.75

의 「제헌 헌법」 제100조는 「미군정법령」 제189호를 계속 유효하고 있어 건국 초기 대한민국의 영해는 3해리로 정하였다. 그러다 1962년 1월 20일 제3공화국이 「구법령 폐기에 관한 특별조치법」 제2조에 의거 잔존했던 군정법령을 일괄하여 폐기함으로써 대한민국의 영해에 대한 법적 근거가 존재하지 않게 되었다. 1977년 12월 31일 12해리 영해제도를 채택한 「영해법」이 제정·공포되었다. 결국 이 「영해법」이 발효된 1978년 4월 30일까지 대한민국의 영해 범위는 불분명한 상태로 남아 있었다.

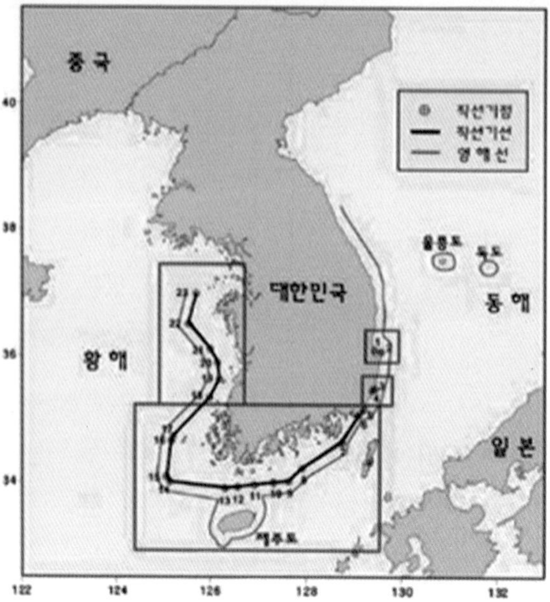

대한민국의 영해선과 직선기선

해리인데 서수로는 한국과 일본 양국이 각각 3해리의 영해를 운용함으로써 17.75해리의 공해대가 존재하게 되어 외국 선박과 항공기들이 이 공해대를 통해 자유롭게 통항하고 있다. 이는 국제해협에서 선박의 자유로운 통항과 관련하여 취한 조치로 평가된다.[7)]

「영해법」 제4조는 "대한민국과 인접하거나 마주 보고 있는 국가와의 영해 및 접속수역의 경계선은 관계국과 별도의 합의가 없으면 두 나라가 각자 영해의 폭을 측정하는 기선상의 가장 가까운 지점으로부터 같은 거리에 있는 모든 점을 연결하는 중간선으로 한다"고 규정하고 있다. 대한민국은 인접 및 대향국과의 중간선 원칙을 적용하고 있는 것이다. 이 규정은 대향국간 또는 인접국 간의 영해의 경계 획정을 규정한 「유엔해양법협약」을 준용한 것이다. 「유엔해양법협약」 제15조는 "두 국가의 해안이 서로 마주보고 있거나 인접하고 있는 경우, 양국간 달리 합의하지 않는 한 양국의 각각의 영해 기선상의 가장 가까운 점으로부터 같은 거리에 있는 모든 점을 연결한 중간선 밖으로 영해를 확장할 수 없다. 다만, 위의 규정은 역사적 권원이나 그 밖의 특별한 사정에

7) 김동욱, 『한반도 안보와 국제법』(한국학술정보(주), 2009), 64쪽.

의하여 이와 다른 방법으로 양국의 영해의 경계를 확정할 필요가 있는 경우에는 적용하지 아니한다"고 규정하고 있다.

한편, 국제법은 영해에서의 무해통항(innocent passage)을 인정하고 있다. 「유엔해양법협약」 제17조는 "연안국이거나 내륙국이거나 관계없이 모든 국가의 선박은 이 협약에 따라 영해에서 무해통항권을 향유한다"고 규정하고 있다.[8] 이에 대한민국 「영해법」 제5조 ①항에 "외국선박은 대한민국의 평화·공공질서 또는 안전보장을 해치지 아니하는 범위에서 대한민국의 영해를 무해통항 할 수 있다. 외국의 군함 또는 비상업용 정부선박이 영해를 통과하려는 경우에는 대통령령으로 정하는 바에 따라 관계 당국에 미리 알려야 한다"고 반영하고 있다. 그렇지만 「유엔해양법협약」 제21조에 따라 연안국은 외국선박들의 무해통항을 통제하기 위한 법령을 제정할 수 있으며, 제25조에 따라 무해하지 아니한 통항을 방지하기 위하여 필요한 조치를 자국 영해에서 취할 수 있다. 또한, 군사훈련처럼 자국의 안보를 위해 필요한 경우 영해의 지정된 수역에서 무해통항권을 일시 정지시킬 수 있다.[9] 그리고 제20조는 "잠수함과 기타 잠수항행기기는 영해에서 해면 위로 국기를 게양하고 항행한다"고 규정하고 있다. 그런데 군함의 무해통항 의무 위반과는 달리 잠수함의 잠항 금지 의무 위반에 대해서는 무력으로 부상을 강제할 수도 있다.[10]

---

8) 여기에서 무해통항이란 「유엔해양법협약」 제19조에서 "통항은 연안국의 평화, 공공질서 또는 안전을 해치지 아니하는 한 무해하다. 이러한 통항은 이 협약과 그 밖의 국제법규범에 따라 이루어진다"고 정의하고 있다. 그리고 유엔해양법협약」 제17조와 제18조에 의하면, 영해 내 통항이 무해한 것으로 인정되기 위해서는 ① 특별한 사정이 없는 한 계속적이고 신속히 진행되어야 하고, ② 연안국의 평화, 공공질서, 또는 안전을 해치지 않아야 하며, ③ 통항 중 통항과 직접 관련이 없는 행동을 해서는 안 된다.

9) 정하늘, *op. cit.*, 12쪽.

접속수역

「유엔해양법협약」 제33조는 영해 바깥쪽에 인접한 해역을 '접속수역'(contiguous zone)으로 규정하고 있다. 제33조 1항은 "영해에 접속해 있는 수역으로서 접속수역이라고 불리는 수역"이라고 정의하고, 2항은 "접속수역은 영해기선으로부터 24해리 밖으로 확장할 수 없다"고 규정하고 있다. 즉 영해기선으로부터 바깥쪽 24해리에 이르는 해역 중에서 영해를 제외한 수역(12해리)을 '접속수역'으로 규정하고 있는 것이다. 이에 따라 대한민국 「영해법」 제3조 2항은 "대한민국의 접속수역은 기선으로부터 측정하여 그 바깥쪽 24해리의 선까지 이르는 수역에서 대한민국의 영해를 제외한 수역으로 한다"고 선포하고 있다.

또한 「유엔해양법협약」 제33조 1항에 "연안국은 접속수역이라 불리는 수역에서 다음을 위하여 필요한 통제를 할 수 있다. (a) 연안국의 영토나 영해에서의 관세, 재정, 출입국 관리 또는 위생에 관한 법령의 위반 방지, (b) 연안국의 영토나 영해에서 발생한 위의 법령 위반에 대한 처벌"을 규정하고 있다. 이에 따라 대한민국 「영해법」 제6조 2항에도 대한민국의 접속수역에서 관계 당국은 대한민국의 영토 또는 영해에서 관세·재정·출입국관리 또는 보건·위생에 관한 대한민국의 법규를 위반하는 행위의 방지 및 제재를 위한 목적에 필요한 범위에서 법률에서 정하는 바에 따라 그 직무권한을 행사할 수 있도록 규정하고 있다. 따라서 접속수역은 연안국이 자연발생적으로 소유하는 것이 아니라 법률 제정 등을 통해 선포하는 것을 필요로 한다.[11]

---

10) *Ibid*, 13쪽.

배타적 경제수역(EEZ)

「유엔해양법협약」은 영해 기선으로부터 200해리 범위 내에서 연안국의 경제주권이 적용되는 '배타적 경제수역'(EEZ; Exclusive Economic Zone)을 인정하고 있다. 제55조는 "배타적 경제수역은 영해 밖에 인접한 수역으로서, 연안국의 권리와 관할권 및 다른 국가의 권리와 자유가 이 협약의 관련 규정에 의하여 규율되도록 이 부에서 수립된 특별한 법제도에 따른다"고 규정하고 있다.[12] 그리고 배타적 경제수역의 폭에 대해 제57조는 "영해기선으로부터 200해리를 넘을 수 없다"고 제한하고 있다.

「유엔해양법협약」의 관련 규정에 따라 연안국은 배타적 경제수역 내에서 해면, 해저, 심해저, 하층토와 그 상부수역의 생물, 비생물 천연자원에 대하여 탐사, 개발, 보존, 관리할 권리와 해수·해류·해풍 등을 이용한 에너지 생산 등 기타 경제적 활동에 관하여 주권적 권리(sovereign right)를 갖는다. 아울러 인공섬, 시설물의 설치와 사용, 해양의 과학적 조사, 그리고 해양환경의 보호와 보전 등에 관한 관할권(jurisdiction)을 갖는다. 요컨대, 연안국은 자국 경제수역 내에서의 경제활동에 대한 배타적 권리를 소유하며, 주요 시설물의 설치·사용과 과학조사, 환경보존에 대한 관할권을 보유한다. 따라서 타국의 어선이 배타적 경제수역 내에서 조업을 하려면 연안국의 허가를 받아야 하고, 이를 위반하면 나포 및 처벌받게 된다. 대한민국도 「배타적 경제수역에서

---

11) Malcolm N. Shaw, *International Law* (Grotis Pulication Limited, 1997), p. 358 ; 정하늘, *op. cit.*, 358쪽에서 재인용.

12) 배타적 경제수역은 영해와 공해의 혼합적인 성격을 가진 '특별한 법제도'로서 「유엔해양법협약」에 반영되어 있다는 의미이다.

의 외국인 어업 등에 대한 주권적 권리 행사에 관한 법률」 제5조와 제23조에 생물자원의 보존·관리 및 이용을 위해 외국인의 어업활동을 금지하고 우리의 주권적 권리로서 추적, 정선, 승선, 검색, 나포 및 사법절차를 포함한 필요한 조치를 할 수 있도록 규정하고 있다. 다만, 경제활동을 제외하고 거의 모든 면에 있어서 배타적 경제수역은 기본적으로 공해와 같은 지위를 가지므로 외국의 선박과 항공기의 통항과 상공 비행, 그리고 해저 케이블 설치 등에 대한 자유가 보장된다.[13)]

한편, 어떤 국가가 일방적으로 200해리 배타적 경제수역을 선포한다고 해서 즉각적으로 권리가 인정되지는 않는다. 통상 인접국의 배타적 경제수역과 겹치는 경우 경계 획정에 대한 분쟁이 발생할 수 있다. 대한민국도 「유엔해양법협약」의 발효에 따라 일본, 중국 등과 배타적 경제수역 범위를 둘러싼 마찰이 발생하였다. 이에 1998년 일본, 중국과 새로운 어업협정을 체결하였다. 이 한·일 및 한·중 어업협정에 따라 양국 간에 배타적 경제수역의 범위가 겹치는 수역에 대해 한·일 간에는 '중간수역'으로,[14)] 한·중 간

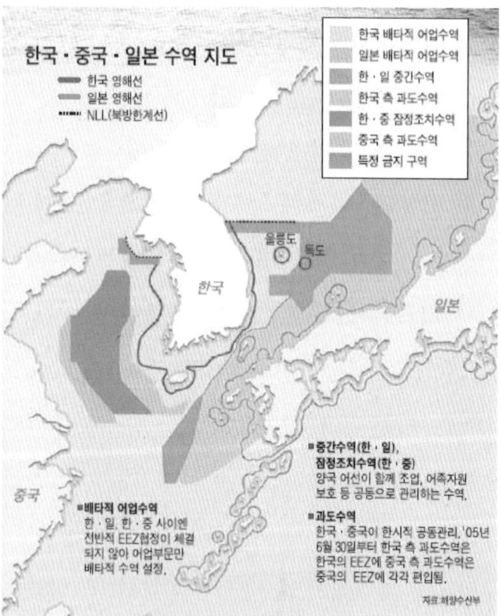

대한민국의 배타적 어업수역

13) 정하늘, *op. cit.*, 17~18쪽.

14) 한국과 일본은 2006년 6월 배타적 경제수역 경계획정 교섭을 가졌으나 독도의 영유권 문제로 결렬되었다. 한국은 독도를 기점으로 중간선을 제시하였

에는 '잠정조치수역'으로 정하여 양국 어선이 공동으로 조업하고 어족자원 보호도 공동으로 관리하도록 하였다.

특정금지구역과 특정해역

대한민국의 해역 중에서 '특정금지구역'은 「배타적 경제수역에서의 외국인 어업 등에 대한 주권적 권리의 행사에 관한 법률」에서 정하고 있다. 동 법률은 제1조에서 밝히고 있듯이 "「유엔해양법협약」의 관계 규정에 따라 대한민국의 배타적 경제수역에서 이루어지는 외국인의 어업활동에 관한 우리나라의 주권적 권리의 행사 등에 필요한 사항을 규정함으로써 해양생물자원의 적정한 보존·관리 및 이용에 이바지함을 목적"으로 제정된 것이다. 동 법률 제4조는 "외국인은 배타적 경제수역 중 어업자원의 보호 또는 어업조정을 위하여 대통령령으로 정하는 구역(이하 '특정금지구역'이라 한다)에서 어업활동을 하여서는 아니 된다"고 규정하고 있다. 제한된 배타적 경제수역이라 할 수 있는 특정금지구역은 동 법률 시행령 제2조에서 별첨으로 동·서해에 설정하고 있다. 동해의 특정금지구역은 북방한계선 이남 해역에, 서해에는 백령도 북쪽의 북방한계선, 백령도 서쪽으로 30여 해리, 소청도로부터 남쪽으로 30여 해리에 설정되어 있다. 이러한 특정금지구역에서는 외국인의 어업활동이 원천적으로 금지되고 있다.

'특정해역'은 「수산업법」 제34조에 따라 선박에 대한 어업 및 항해의

으나, 일본은 어업문제와 독도 영유권 문제를 분리하여 중간선을 정하자는 입장을 견지하였던 것이다.

제한이나 그 밖에 필요한 규제에 관한 사항을 정함으로써 어업과 항해가 안전하게 이루어질 수 있도록 함을 목적으로 제정된 「선박안전 조업규칙」에 의해 설정된 해역을 말한다. 동 규칙은 어선과 총톤수 100톤 미만의 선박에 대하여 적용하고, 정부나 공공단체가 소유하는 선박, 원양어업에 종사하는 어선, 여객선 및 국외에 취항하는 선박은 적용받지 않는다. 동 규칙 제3조는 어선의 안전을 위해 어로를 할 수 있는 한계선, 즉 '어로한계선'을 동·서해에 설정하고 있다.[15] 그리고 제5조는 어선의 조업해역을 특정해역, 조업자제해역, 일반해역을 구분하고, 동·서해에 어로한계선과 특정 지점을 연결한 선 안의 해역에 대해 특정해역으로 설정하고 있다. 제21조에는 특정해역에 출어하려는 어선은 필요한 장비를 갖춘 동력선이어야 하고, 10톤 미만 어선의 출어금지구역, 어업별 조업구역 및 조업기간 설정 등 제한조치를 규정하고 있다.

서북 5도가 포함되어 있는 서해의 '특정금지구역'과 '특정해역'에는 영해가 선포되어 있지 않다. 앞에서 보았듯이 「영해법」에는 서해안의 직선기선이 소령도까지 연결되고 그 이북 해역에는 영해기선을 설정하지 않고 있는 것이다. 그러나 영해기선이 선포되어 있지 않다고 해서 그 해역에 영해가 존재하지 않는다는 것은 아니다. 예컨대, 「유엔해양법협약」 제121조 2항은 "섬의 영해, 접속수역, 배타적 경제수역 및 대륙붕은 다른 영토에 적용 가능한 이 협약의 규정에 따라 결정한다"고 규정하고 있듯이, 서해 5도는 자체 영해를 갖고 있는 것이다.[16]

---

15) 대한민국은 1964년 6월 24일 「농림부령」으로 동·서해 북방한계선 남방에 '어로저지선'을 최초로 설정하였다. 이는 남한 어선들이 북한 해역에 들어가거나 북한 경비정에 의해 나포되는 것을 방지하기 위한 것이었다. 어로저지선은 어로한계선, 어로허용선 등으로 명칭이 바뀌었고, 그 위치도 변동되어 왔다.

대한민국 인근 해역

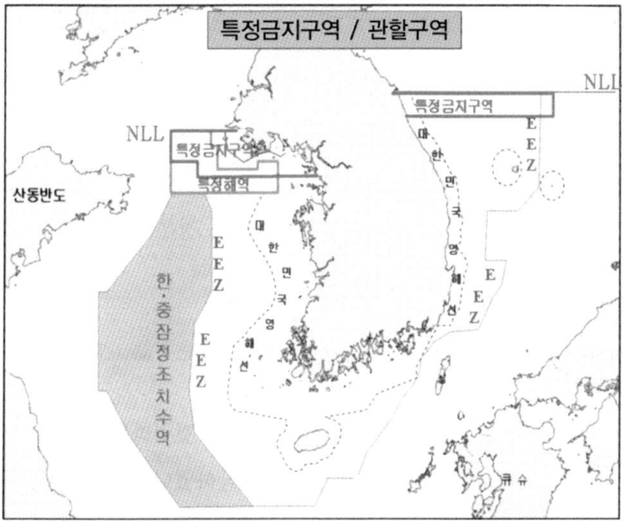

* 출처: 김동욱, 『한반도 안보와 국제법』(2009), 68쪽.

작진구역(AO)

한반도 정전체제가 유지되고 있는 상황에서 대한민국은 주변 해역에 '작전구역'을 설정하여 유지하고 있다. '작전구역'(AO; Areas of Operation)이란 통상 군부대의 군사작전구역으로서 최고사령관에 의해 설정된다.[17] 작전구역의 적용은 주로 평시에만 유지되며, 그 적용 대상은 해

16) 서해 5도의 영해 폭에 대해서는 3해리로 보는 입장과 12해리로 인정하자는 입장이 병존하고 있다. 유엔사는 정전협상 당시 주장하였던 대로 서해 5도의 3해리 해역을 정전협정의 위반여부를 판단하는 기준으로 삼고 있는데, 이는 서해 5도의 영해를 3해리로 보는 입장이다.

17) 일반적으로 전쟁구역(War Zone), 작전구역(Operation Zone), 군사구역(Military Area)

당부대와 그 예하 부대들이다. 대한민국 합참의장이 설정한 작전구역은 동·서·남해에 선포된 배타적 경제수역 대부분, 특정금지구역 외곽, 동해 북방한계선 끝단까지 포함되어 있다. 이처럼 대한민국의 작전구역은 상당부분 영해를 벗어나고 있는데, 일반적으로 작전구역이 군 내부의 전령통제를 위한 것으로 대외적인 효력이 없기 때문에 작전구역에 외국의 영해가 포함되지 않는 한 특별한 문제가 발생하지 않는다.[18] 그러나 「정전협정」이 유지되는 한반도 정전상태라는 특수한 사정하에서 해상군사역량(naval forces)으로 인정되는 북한 선박에 대해서는 작전구역의 항행을 통제하고 있다.[19]

북방한계선(NLL)

북방한계선은 「정전협정」이 적용되고 있는 한반도 정전체제에서 파생된 특수한 성격의 해상경계선이다. 「정전협정」 체결 당시 지상 군사분계선과는 달리 해상 군사분계선은 합의하지 못하였다. 따라서 해상 군사분계선이 없는 상황에서 1953년 8월 30일 유엔군사령관은 「정전협정」의 안정적 관리를 위해 유엔군 측 해·공군의 해상 초계활동의 범

을 설정하기 위해서는 ① 설정의 목적과 범위가 명확해야 하고, ② 설정방식이 국제법의 원칙상 타당해야 하며, ③ 군사구역 내의 통제내용을 타국이 인식할 수 있도록 명시적으로 선포해야 한다. 정하늘, *op. cit.*, 22쪽.

18) *Ibid*, 20~21쪽.

19) 북한은 1977년 동해에서 50해리, 서해에서 경계수역의 끝단까지의 해역을 군사경계수역으로 설정하고, 군사경계수역에서는 외국인, 외국군용선박, 외국군비행기들의 활동을 원천적으로 금지하고, 민용선박과 민용비행기 등은 사전 승인을 받아 군사수역을 항행 또는 비행할 수 있다고 선포하였다.

위를 한정하는 북방한계선을 동·서해에 설정하였다. 이후 대한민국은 북방한계선을 실질적인 해상경계선으로, 그리고 그 이남 해역을 실효적으로 관할해오고 있다.

2. 북한의 영해 · 경제수역 · 군사수역

북한의 12해리 영해 설정

북한은 자신의 영해 폭과 직선기선을 공식적으로 발표하지 않고 있다. 그러나 유엔이나 소련과 미국의 과거자료에 따르면 북한의 영해는 저조선으로부터 12해리이며, 동해의 경우 지상 군사분계선 끝단에서 함경북도 나주리까지 직선을 그은 직선기선을 채택하고 있다.[20]

북한은 1951~1953년 휴전회담 과정에서 12해리 영해를 주장했었다. 이러한 입장에 따라 1955년 3월 5일 「내각결의 제25호」를 통해 영해의 폭을 12해리로 결정하였다.[21] 그리고 동년 5월에는 북한의 영해 안에서 우리 어선의 조업을 허용하는 것과 관련한 내각 수산상의 발표에서 12해리 영해를 주장하였다.

한편, 국제해양법적으로 1950년대에는 3해리 영해가 국제관행으로 통용되었으나 영해의 범위에 대한 국제사회의 합의는 부재하는 상황이었다. 예컨대, 1957년 2월 24일부터 4월 29일까지 86개국이 참가하여 개최된 제네바해양법회의에서 영해의 폭에 대해 합의를 도출하지 못했다.[22]

---

20) 김동욱, 『한반도 안보와 국제법』(한국학술정보, 2009), 81쪽.

21) *Ibid*, 82쪽.

그런데 1960년 개최된 제2차 국제해양법회의에서는 소련을 위시한 공산국가들과 제3세계 국가들 사이에 12해리 영해 폭에 대한 공감대가 확산되었다.[23] 그 이후 1969년 미국 국제법학회에서 미 국무부 법률고문이 12해리 영해를 인정하는 발언이 있었고,[24] 1970년 2월 초 일본정부가 12해리 영해 폭을 검토하였듯이 점차 국제적으로 12해리 영해가 일반화되어 갔다.[25]

북한이 12해리 영해를 설정한 것은 1975년 9월 2일 발생한 쇼세이마루(松生丸) 사건을 계기로 확인되었다.[26] 즉 쇼세이마루 사건을 해결하기 위해 1976년 6월 24일부터 7월 4일까지 방북한 일본 측 일조우호친선 어민대표단에게 북한 조선대외문화연락협회 부위원장 주창준이 "북한이 세계적인 추세에 따라 12해리 영해를 인정하고 있으며, 안보보호수역으로 50해리를 설정하고 있다"고 언급하였던 것이다.

---

22) 조성훈, 『군사분계선과 남북한 갈등』(국방부 군사편찬연구소, 2011), 171쪽.

23) 중국은 1958년 3월 5일 영해 폭을 12해리로 하는 영해선언을 했었다.

24) 「정전협정」에는 '영해'라는 용어 대신에 '인접해면'이라는 용어를 사용하고 있는 데에 대해 1969년도 미국 국제법학회 정기총회에서 당시 미 국무부 법률고문 알드리히(George H. Aldrich)는 '해면이 12해리로 이해된다'고 언급하였다. George H. Aldrich, "Questions of International Law Raised by the Seisure of the USS Pueblo", *Proceedings of the American Society of International Law* (1969), p. 3 ; 김동욱, *op. cit.*, 82쪽에서 재인용.

25) 조성훈, *op. cit.*, 171쪽. 국제적으로 12해리 영해가 합의된 것은 1982년 4월 30일 개최된 제3차 국제해양법회의에서 이루어졌다.

26) '쇼세이마루 사건'이란 1975년 9월 2일 압록강 하구 신도 부근에서 어로작업을 하고 있던 일본어선 쇼세이마루호가 북한 경비정의 총격을 받아 승조원 2명이 사망하고 2명이 부상하였으며 선박이 나포된 사건을 말한다. 김찬규, 「북한의 경제수역에 대한 고찰」, 『북한법률행정논총』 제5집, 101~102쪽.

1977년 200해리 배타적 경제수역(EEZ) 선포

북한은 1977년 7월 1일 「중앙방송 보도」를 통해 "1977년 6월 21일 「조선민주주의인민공화국 경제수역을 설립할 데에 관한 정령」을 채택하여 북한의 경제수역을 영해의 기산선으로부터 200해리로 하고, 경제수역을 그을 수 없는 수역에서는 반분선까지로 설정하였다"고 하면서, "동 정령이 1977년 8월 1일부터 실시된다"고 공표하였다. 요컨대 북한은 200해리 배타적 경제수역을 선포한 것이다.

> **조선민주주의인민공화국 경제수역 설정에 관한 정령**(1977. 6. 21)
>
> 조선민주주의인민공화국 중앙위원회는 1977년 6월 21일 우리나라 바다 자원을 보호 및 관리하고 적극 개발하고 이용하기 위하여 「조선민주주의 인민공화국 경제수역 설정에 관한 정령」을 채택하였다.
>
> 이 정령에 의하면 조선민주주의인민공화국의 경제수역은 영해의 기산선으로부터 200해리이며 200해리 경제수역을 그을 수 없는 수역에서는 바다 반분선까지로 설정하였다. 정령에는 또한 조선민주주의인민공화국은 이 수역, 즉 수중, 해저, 지하의 수역 안에서 생물 및 비생물 자원에 대한 자주권을 행사한다고 규제하고 있다.
>
> 그리고 정령에서는 조선민주주의인민공화국 해당 기관의 사전승인 없이 외국인들과 외국선박 및 외국비행기들이 조선민주주의인민공화국의 수역 안에서 고기잡이, 시설물 설치, 탐사 및 개발 등 공화국의 경제활동에 장애가 되는 행위들과 바닷물이나 대기오염을 비롯해 인민과 자원에 해를 주는 모든 행위들을 금지한다고 규정하고 있다.
>
> 이 정령은 1977년 8월 1일부터 실시하게 된다.

북한이 주장하는 「정령」에 따르면 해양경계의 획정에 있어서 중간선 원칙을 채택하면서도 동해에서는 직선기선을 채택하고 있다. 서해의 배타적 경제수역은 중국과 북한 사이의 바다 폭이 400해리가 되지 않기 때문에 중간선 원칙을 적용하고 있다. 이는 1975년 개최된 제3차 유엔 해양법회의에서 북한 대표가 "인접국 혹은 대항국 간의 경제수역은 등거리선 내지 중간선 원칙에 따라 협의에 의하여 결정되어야 한다"고 주장한데서도 알 수 있다.[27] 그러나 동해에서는 영해 직선기선을 기준으로 200해리 배타적 경제수역을 선포하고 있다. 북한은 강원도 고성군 군사분계선 끝단에서부터 함경북도 나주리까지 직선을 그어 그 북쪽 수역을 내해로 편입하도록 직선기선을 채택하고 있는 것이다.[28]

북한은 200해리 경제수역 설정에 관한 「정령」을 구체화하기 위해 「경제수역에 있어서의 외국인과 외국선박 및 외국항공기의 경제활동에 관한 정무원결정 제160호」를 제정하여 1980년 1월 1일부터 시행하였다. 북한의 「정무원결정 제160호」는 자신의 배타적 경제수역 선포를 통해 동 수역에 대한 주권적 권리를 행사하고, 북한의 경제적 이익을 해치거나 자원을 손상하는 행위를 용인하지 않으며, 적절한 협정이 없는 경우 어떤 외국인, 외국선박, 외국항공기도 북한의 관할권에서 면제되지 않는다는 점을 적시하고 있다.

200해리 배타적 경제수역을 선포한 이후 북한은 1977년 11월 10일 최초로 경제수역을 침범했다는 이유로 함경남도 흥남 동방 310km 해상에서 일본어선(第57千島丸號)을 나포하였다. 그리고 2005년 8월에는 우리

---

27) Third United Nations Conference on the Law of the Sea, *Official Records*, Vol 2 (1975), p. 215 ; 김동욱, *op. cit*, 97쪽에서 재인용.

28) 강원도 군사분계선으로부터 함경북도 나주리까지 연결된 직선기선의 길이는 약 280NM이다.

어선 3척(신영호, 광영호, 동영호)이 동해의 북한 경제수역에서 조업하다가 북한 경비정에 나포되어 조사를 받고 송환된 바 있다. 당시 북한은 남북통신망을 통해 "불법조업은 자주권 침해이자 국내법을 위반한 위법행위이고 추후 재발 시 응당한 조치를 취할 것"이라고 통보해왔다.[29]

경제수역에 있어서의 외국인과 외국선박 및 외국항공기의 경제활동에 관한 정무원결정 제160호(1980. 1. 1)

① 이 규정은 경제수역의 설정에 관한 그들 정령을 정확히 집행함으로써 그들의 경제수역에 있어서의 수산자원을 비롯한 해양자원을 확고히 보호 · 관리하고 적극적으로 개발 및 이용함을 목적으로 한다.

② 그들은 경제수역 안에 있는 모든 생물자원 및 비생물자원에 대해 완전한 자주권을 행사한다.

③ 이 규정은 그들의 경제수역에서 경제활동과 과학조사 사업을 행하는 모든 외국인, 외국선박, 외국항공기에 적용된다.

④ 이 규정에서 규정되지 않은 외국인, 외국선박, 외국항공기의 경제활동과 관련된 문제는 별도로 체결되는 협정 및 합의에 의해 처리한다.

⑤ 외국인과 외국선박은 그들 자원 감독기관의 허가 없이는 경제수역에서 어로행위를 할 수 없다.

⑥ 어로활동을 위해 배타적 경제수역에 들어오는 외국선박은 24시간 전에 경계선을 넘는 좌표, 일자 및 시간을 통지해야 한다.

⑦ 모든 외국인과 외국선박은 조선민주주의인민공화국 관계당국의 명령을 무조건 준수해야 한다.

⑧ 위반자는 형사소추를 당한다.

29) 김동욱, *op. cit.*, 97~98쪽.

1977년 50해리 군사경계선 선포

북한은 1977년 8월 1일 「군사경계선 설정에 관한 조선인민군 최고사령부 보도」를 발표하였다. 북한은 동 보도를 통해 "군사경계선은 동해에서 영해의 기준선으로부터 50해리, 서해에서는 경계수역 경계선으로 한다"고 선포하였다. 그리고 "군사경계구역 안의 수상 · 수중 · 공중의 외국군용선박과 외국군비행기들의 행동을 금지하며, 민간선박과 민용비행기들은 해당 사전합의 혹은 승인 밑에서만 군사경계선 구역을 항행 및 비행할 수 있다"고 주장하였다.

> **군사경계선 설정에 관한 조선인민군 최고사령부 보도**(1977. 8. 1)
>
> 조선인민군 최고사령부는 우리나라에 조성된 정세의 요구로부터 조선민주주의인민공화국의 경제수역을 믿음직하게 보호하며 민족적 이익과 나라의 자주권을 군사적으로 철저히 지키기 위하여 군사경계선을 설정한다.
>
> 군사경계선은 동해에서 영해의 기준선으로부터 50마일, 서해에서는 경계수역 경계선으로 한다.
>
> 군사경계수역 안의 수상 · 수중 · 공중에서 외국인 · 외국군용선박 · 외국군비행기들의 행동을 금지하며, 민용선박(어로선박 제외) · 민용비행기들은 해당 사전합의 혹은 승인 밑에서만 군사경계선구역을 항행 및 비행할 수 있다.
>
> 군사경계선구역 안의 수상 · 수중 · 공중에서 민용선박 · 민용비행기들은 군사적 목적을 가진 행동과 경제적 이익을 침해하는 활동을 할 수 없다.

북한이 군사경계수역을 선포하게 된 배경은 1968년 미 정보함 푸에블로호 나포사건과 1969년 미 정찰기 EC-121기 격추사건을 계기로 해상

안보를 고려하였으며, 1955년 중국이 선포한 군사항행금지구역을 모방한 것으로 알려져 있다.[30] 북한이 50해리 군사경계수역을 선포·운용하고 있는 것은 2004년 체결된 북·중간 「동해 공동어로협약」에서 확인되고 있다. 동 협약에서 중국어선의 북한수역 내 조업구역의 한계를 50해리 군사경계수역의 외곽으로 설정하였던 것이다.[31]

북한 주장 동해 군사경계수역과 EEZ

* 출처: 김동욱, 『한반도 안보와 국제법』(2009), 93·103쪽.

30) *Ibid*, 91쪽.

31) *Ibid*, 99쪽.

그러나 북한이 동해에서 직선기선을 기준으로 영해를 선포한 것은 1958년 「영해 및 접속수역에 관한 제네바협약」 제7조, 그리고 1982년 「유엔해양법협약」 제7조와 제10조에 위배된다. 북한의 동해안 직선기선은 「유엔해양법협약」 제7조 1항의 '해안선이 깊게 굴곡이 지거나 들어간 지역 또는 해안을 따라 아주 가까이 섬이 흩어져 있는 지역'에 해당되지 않는다. 또한 '만'(灣)이라고 주장하더라도 통상 24해리 길이에 해당되지 않기 때문에 인정될 수 없으므로 직선기선의 요건을 충족하지 못한다.[32] 이러한 북한의 일방적인 주장에 대해 한국, 일본, 미국은 즉각 항의하였다.[33]

1999년 조선 서해 해상 군사분계선 선포

1999년 6월 15일 북한군 함정들이 북방한계선을 침범하여 우리 해군 함정에 대해 적대행위를 감행함으로써 제1차 연평해전이 발생하였다. 이러한 제1차 연평해전 이후 개최된 제6~11차 유엔사-조선인민군 장성급회담에서 북한군 측은 북방한계선을 인정할 수 없으며, 서해 해상 충돌을 근원적으로 제거하기 위해서 새로운 서해 해상 군사분계선을 설정하는 문제를 논의하자고 주장하였다. 이에 대해 유엔사 측은 북방한계선을 준수해야 하며, 「남북기본합의서」에 따라 새로운 해상불가침경계선 문제는 남북군사공동위원회에서 협의해야 할 사항이라고 대응하

32) *Ibid*, 86~90쪽.

33) Choon-Ho, Park, "The 50-Mile Military Boundary Zone of North Korea", *AJIL*, Vol 72 (1978), p. 866 ; 정하늘, *op. cit.*, 87쪽에서 재인용.

면서 무력충돌 방지를 위한 신뢰구축조치를 제의하였다.[34)]

이처럼 9월 1일까지 6차례 개최된 유엔사-조선인민군 장성급회담에서 북한은 북방한계선을 부정하면서 새로운 해상경계선 문제를 협의하고자 기도하였으나, 북방한계선에 대한 확고한 입장을 견지한 유엔군 측의 대응으로 좌절되었다. 이에 북한은 1999년 9월 2일 「조선 서해 해상 군사분계선을 선포함에 대하여」라는 제목의 「조선인민군 총참모부 특별보도」를 통해 서해 해상 군사분계선과 해상 군사통제수역을 일방적으로 선포하고 북방한계선이 무효라고 주장하였다.[35)]

북한은 새로운 해상 군사분계선의 선포 배경에 대해 다음과 같이 밝히고 있다. 제1차 연평해전 이후 개최된 유엔사-조선인민군 장성급회담에서 "북측은 서해 해상에서의 군사적 충돌의 근본원인이 적대 쌍방이 서로 다른 해상 군사분계선을 주장하는데 있다는 엄연한 현실을 포착하고 쌍방의 책임 있는 당사자들이 대화와 접촉을 통하여 서해 해상 군사분계선을 확정하자는 현실적인 제안을 내놓았다. 그리고 정전협정 체결당사자는 아니지만 남조선도 실무접촉에 참가할 수 있다는 아량을 보여 주었다. 그러나 미군 측은 정전협정과는 배치되게 이 문제 토의를 외면하고 가동되지도 않고 있는 북남군사공동위원회에 밀면서 실무접촉을 거부하였으며 우리 영해에 일방적으로 그어놓은 북방한계선을 그대로 유지하려고 책동하였다. 북방한계선을 유지해야 한다는 미군 측의

34) 합참정보본부, 『군사정전위원회편람』 제5집(2001), 111~147쪽.

35) 북한은 1999. 8. 26. 내외신 기자회견을 통해 "조선인민군 측은 서해 해상 군사분계선 문제를 협상을 통하여 해결할 수 있지만 미군 측이 끝끝내 문제토의를 거부하고 저들의 비법적이고 강도적인 북방한계선을 고집하는 길로 나간다면 부득이하게 자주권을 수호하는 결정적 조치를 취하게 될 것"이라고 주장했었다.

주장은 우리 공화국의 자주권에 대한 엄중한 침해로 된다. 조선인민군 총참모부는 서해 해상 군사분계선 문제를 협상의 방법으로 해결하려고 하지만 미군 측이 끝내 문제토의를 외면하고 비법적이고 강도적인 북방한계선 유지를 계속 고집하고 있는 조건에서 우리의 당당한 해상 군사통제수역을 지키기 위하여" 조선 서해 해상 군사분계선을 선포한다고 합리화하였다.

> **조선 서해 해상 군사분계선을 선포함에 대하여**(1999. 9. 2)
>
> 1. 조선 서해 해상 군사분계선은 정전협정에 따라 주어진 선인 황해도와 경기도의 도경계선(가-나 선)의 '가'점과 우리 측 강령반도 끝단인 등산곶, 미군 측 관할하의 섬인 굴업도 사이의 등거리 점(북위 37도 18분 30초, 동경 125도 31분 00초), 우리 측 섬인 옹도와 미군 측 관할하의 섬들인 서격렬비도, 소협도 사이의 등거리 점(북위 37도 1분 12초, 동경 124도 32분 30초), 그리고 서남쪽의 점(북위 36도 50분 45초 동경 124도 32분 30초)을 지나 우리나라와 중국과의 해상경계선까지 연결한 선으로 하며, 이 선의 북쪽 해상수역을 조선인민군 측 해상군사통제수역(경계수역)으로 한다.
>
> 2. 조선 서해해상 우리의 영해 안에 제멋대로 설정한 미군 측의 강도적인 북방한계선은 무효임을 선포한다.
>
> 3. 조선 서해 해상 군사분계선에 대한 자위권은 여러 가지 수단과 방법에 의하여 행사될 것이다.

북한이 주장하는 '서해 해상 군사분계선'은 「정전협정」상의 황해도와 경기도의 도경계선(가-나 선)으로부터 황해도 강령반도 끝단인 등산곶과 경기도 굴업도 사이의 등거리 점, 황해도 웅도와 경기도 서격렬비도와 서엽도 사이의 등거리 점, 그리고 한반도와 중국 사이의 반분선과 교차점을 연결한 선이다. 그리고 서해 해상 군사분계선의 이북 수역을 북한군의 '해상 군사경계수역'(군사통제수역)으로 한다고 하였다.

북한은 자신이 선포한 '서해 해상 군사분계선'에 대해 「정전협정」과 「유엔해양법협약」에 부합되는 해상분계선이라고 주장하고 있다. 첫 번째, 북한은 "서해 해상 군사분계선은 「정전협정」 13항 (ㄴ)목에 규정된 황해도와 경기도의 도계선 연장선에 준하고 있는 적법타당한 선"이라고 주장한다. 이러한 주장의 논거로 북한은 "조선 동해에서 오늘까지 군사적 충돌이 크게 일어나지 않고 비교적 안정과 평온을 유지할 수 있는 것은 북남 쌍방이 「정전협정」에 명시된 지상 군사분계선의 연장선을 통해 해상 군사분계선으로 인정하고 현재까지 이를 준수해왔기 때문"이며, "이것은 조선반도에서 모든 군사적 충돌방지 문제를 「정전협정」에 철저히 입각하여 해결해 나가는 것이 가장 공명정대하고 합리적인 방도의 하나"라고 하였다. 그러므로 "서해에서도 지상 군사분계선, 즉 황해도와 경기도의 도계선 연장선(가-나 선)을 연장하여 쌍방 서해 해상 군사분계선을 설정해야 한다는 북의 주장은 「정전협정」의 요구에 준하여 볼 때 너무나도 정정당당하다"고 주장하였다.

두 번째, 북한은 "서해 해상 군사분계선은 「국제해양법협약」의 요구에도 부합된다"고 주장한다. "「국제해양법협약」은 쌍방 사이의 해상경계선을 설정할 때 반드시 육지의 끝단, 혹은 바깥쪽의 섬들 사이의 등거리 원칙을 지킬 것을 요구하고 있다. 서해 해상 군사분계선은 황해도와 경기도의 도계선의 연장선 〈가-나 선〉의 〈가〉점과 북측 강령반도 끝단인 등산곶, 유엔군 측 관할하의 굴업도 사이의 등거리점, 북측 섬인 웅도와 유엔군 측 관할하의 섬들인 서격렬비도, 소협도 사이의 등거리점을 통과하는 연장선으로서 교전 쌍방 사이에 존재하고 있는 해상 문제를 공명정대하게 처리할 수 있는 계선이다. 미국이 「유엔해양법협약」에 근거하여 1980년 국제해양법회의 참가자들에게 통보한 조선 서해상 〈북남가상등거리선〉을 북측의 서해 해상 군사분계선과 유사하게 설정하였다는 것만 보아도 그 공정성을 잘 알 수 있다"고 주장하였다.

2000년 서해 5개 섬 통항질서 선포

북한은 2000년 3월 23일 「조선인민군 해군사령부 중대보도」를 통해 「'조선 서해 해상분계선' 선포에 따른 후속조치로서 '5개 섬 통항질서'를 공포함에 대하여」를 발표하였다.

북한이 주장하는 '5개 섬 통항질서'란 백령도·대청도·소청도를 포괄하는 수역을 제1구역, 연평도 주변수역을 제2구역, 우도 주변수역을 제3구역으로 구분하고, 제1구역과 제2구역으로 출입항하는 2개 수로를 지정하여 모든 미군 측 함정과 민간선박·항공기들의 통항은 제1, 2수로만 이용할 수 있으며, 통항질서를 준수하지 않을 경우 무경고 행동을 취하겠다는 것이다.

북한은 '5개 섬 통항질서' 공포에 대해, "우리는 「조선정전협정」에 따라 미군 측 관할하의 섬들인 백령도·대청도·소청도·연평도·우도가 우리 영해 안에 있는 현실을 고려하여 이 섬들에 드나드는 배들의 통항문제를 비롯한 쌍방 간에 제기될 수 있는 문제들을 협상의 방법으로 해결해보려고 노력해왔다. 그러나 미군 측은 아무런 법적 타당성도 없이 일방적으로 그어놓은 북방한계선을 계속 고집하면서, 우리 측 군사통제수역에 함정들을 계속 침입시키면서 오만하게 행동하고 있다. 우리는 서해 해상 군사분계선을 준수함에 있어서 제기될 수 있는 문제들을 협상을 통하여 해결할 용의가 있지만, 미군 측이 끝내 문제토의를 거부하고 있는 조건에서 조선인민군 해군사령부는 위임에 의하여 서해 해상 군사분계선 북쪽수역에 위치한 〈5개 섬 통항질서〉를 확정 공포한다"고 주장하였다. 이러한 북한의 주장은 이미 선포한 바 있는 해상 군사분계선을 기정사실화 하면서 그 정당성을 확보하기 위한 의도로 보인다.

조선 서해 해상 군사분계선 설정과 관련한 후속조치로서
〈5개 섬 통항질서〉를 공포함에 대하여(2000.3.23)

1. 우리 영해에 있는 미군 측 관할하의 5개 섬들 중 백령도 · 대청도 · 소청도를 포괄하는 주변수역을 제1구역으로, 연평도 주변수역을 제2구역으로, 우도 주변수역을 제3구역으로 한다.
   1) 제1구역의 북쪽계선은 북위 38도선으로 하고 동쪽과 남쪽, 서쪽 계선은 백령도 · 대청도 · 소청도의 영해기산선으로부터 2km 폭으로 평행되게 그은 선으로 한다.
   2) 제2구역의 북쪽계선은 북위 37도 41분 24초 선으로 하고, 동쪽과 남쪽, 서쪽 계선은 연평도의 영해기산선으로부터 2km 폭으로 평행되게 그은 선으로 한다.
   3) 제3구역 계선은 우도 영해기산선으로부터 2km 폭으로 평행되게 연결한 선으로 한다.
   4) 제1, 2, 3구역 안에서의 미군 측 함정들과 민간선박들은 우리 측에 적대적인 통항이 아닌 이상 통항의 자유를 가진다.

2. 제1구역으로 드나드는 모든 미군 측 함정들과 민간선박들은 제1수로를 통하여, 제2구역으로 드나드는 모든 미군 측 함정들과 민간선박들은 제2수로를 통하여서만 통항할 수 있다.
   1) 제1수로는 서해 해상 군사분계선상의 북위 37도 10분 3초, 동경 125도 13분 19초 지점과 소청도의 제일 높은 고지정점을 연결한 선을 축으로 하여 좌우 1마일 폭을 가진다.
   2) 제2수로는 서해 해상 군사분계선의 북위 37도 31분 25초, 동경 125도 50분 38초 지점과 대연평도의 제일 높은 고지정점을 연결한 선을 축으로 하여 좌우 1마일 폭을 가진다.

3) 원칙적으로 우리 측 영해에 있는 미군 측 관할하 섬들에 비행기들이 드나들 수 없으며 부득이한 경우 모든 비행기들은 이 수로상공을 통해서만 비행할 수 있다.

3. 제1, 2, 3구역과 제1, 2수로들에서 미군 측 함선들과 민간선박들은 공인된 국제항행 규칙들을 엄격히 준수하여야 한다.

4. 미군 측 함정들과 민간선박 및 비행기들이 지정된 구역과 수로를 벗어나는 경우 그것은 곧 우리 측 영해 및 군사통제수역과 영공을 침범하는 것으로 된다.

5. 제정된 수로 통항시 우리 측의 행동에 그 어떤 위협이나 지장을 주어서는 안 되며 이 수로들과 통항구역이 우리 함정들과 민간선박들의 통항을 가로막는 구역이나 수로로 될 수 없다.

6. 이번에 제정된 통항구역과 수로는 어디까지나 미군 측 관할하의 섬들이 우리 측 영해에 위치하고 있는 점을 고려하여 설정한 것이며 이 구역과 수로가 미군 측 수역으로 될 수 없다.

이와 같이 북한은 「서해 해상 군사분계선」과 「5개 섬 통항질서」를 공식 발표하였다. 북한이 주장하는 요지는 「정전협정」 규정에 따라 경기도와 황해도의 도경계선을 기준으로 한 등거리 원칙에 입각하여 남북한의 영해 경계를 설정하겠다는 것이다. 그런데 북한의 이러한 주장은 이미 1973년 12월 군사정전위 본회의에서 최초 주장하였고, 1992년 남북고위급회담에서도 유사한 주장을 한 바 있었다.[36] 그러나 북한의 일방적인 주장은 다음과 같은 점에서 「정전협정」, 「유엔해양법협약」, 그리고 「남북기본합의서」에 정면으로 위배된다.

---

36) 이에 대한 구체적인 내용은 제5장 '회담테이블 위의 북방한계선'을 참조.

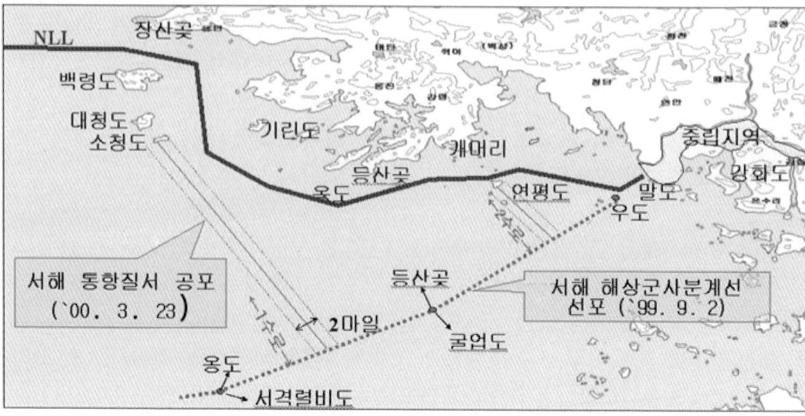

북한 주장 서해 해상 군사분계선 및 5개 섬 통항질서

첫째, 북한이 「정전협정」의 요구에 준하여 서해 해상 군사분계선을 황해도와 경기도의 도경계선을 연장하여 설정하고, 그 북쪽 전 해역을 북한의 관할해역 또는 영해라고 주장하는 것은 「정전협정」에 배치되고 모순된다.

우선, 서해 해상 군사분계선을 황해도와 경기도의 도경계선을 연장하여 설정하는 것은 「정전협정」 제13항의 규정을 왜곡한 것이다. 제13항 (ㄴ)목의 경기도와 황해도의 도계선과 관련한 첨부 지도(제3도)의 주석 (1)에는 "도계선 가-나 선의 목적은 다만 한국 서부 연해 도서들의 통제를 표시하기 위한 것뿐이다. 이 선은 다른 아무런 의의가 없으며 또한 다른 의의를 첨부하지도 못한다"고 규정하였는데, 북한은 이 규정을 무시하고 있는 것이다.

또한 서해 해상 군사분계선과 5개 섬 통항질서는 대한민국의 영토인 서해 5도와 그 주변 영해에 대한 접근을 차단·통제하는 조치로서 상대방에 대한 봉쇄를 금지하는 「정전협정」을 정면으로 위반하는 것이다.

「정전협정」 제15항에는 "상대방의 육지에 인접한 해면을 존중하고 항구에 대한 어떠한 봉쇄도 금지한다"고 규정하고 있다. 또한 북한 함정이나 선박이 서해 5도의 3해리 안으로 진입할 경우 유엔사 측은 이를 「정전협정」 위반행위로 규정하고 군사정전위원회를 통해 항의해왔다. 이러한 사실에 비춰 볼 때 서해 5도가 자신의 영해 안에 위치하고 있다는 북한의 주장은 「정전협정」에 위배된다.

둘째, 북한의 서해 해상 군사분계선과 5개 섬 통항질서 주장은 「유엔해양법협약」을 위반하는 것이다. 왜냐하면 북한이 일방적으로 서해 5도의 존재 자체를 부정하고 그 주변 해역을 자신의 영해라고 주장하는 것은 「유엔해양법협약」 제121조 2항 "도서의 영해, 접속수역, 배타적 경제수역 및 대륙붕은 다른 영토에 적용 가능한 이 협약의 규정에 따라 결정한다"는 규정에 위배되는 것이기 때문이다. 그리고 서해 해상 군사분계선은 「유엔해양법협약」 제7조 6항 "어떠한 국가도 다른 국가의 영해를 공해나 배타적 경제수역으로부터 격리시키는 방식으로 직선기선제도를 적용할 수 없다"는 규정에 배치된다.

셋째, 북한의 주장은 「남북기본합의서」와 「불가침부속합의서」를 파기 또는 무시하는 불법적인 주장이라는 것이다. 「남북기본합의서」 제11조는 "남과 북의 불가침 경계선과 구역은 1953년 7월 27일자 군사정전에 관한 협정에 규정된 군사분계선과 지금까지 쌍방이 관할하여 온 구역으로 한다"고 규정하고 있다. 또한 「불가침부속합의서」 제10조는 "남과 북의 해상 불가침경계선은 앞으로 계속 협의한다. 해상 불가침구역은 해상 불가침경계선이 확정될 때까지 쌍방이 지금까지 관할하여 온 구역으로 한다"고 규정하고 있다. 이러한 남북간 합의는 1953년 이래 대한민국이 실효적으로 관할해왔던 북방한계선 이남 해역이 해상 불가침

구역임을 전제로 한 것이다. 북한의 일방적인 주장은 남과 북이 해상 불가침경계선에 대해 앞으로 계속 협의하기로 한 합의와 새로운 해상 불가침경계선이 확정될 때까지 기존의 관할구역을 존중하기로 한 합의를 무시하는 불법적인 주장이다.

넷째, 서해 해상 군사분계선이 「국제해양법협약」의 요구에 부합된다는 북한의 주장은 한반도 정전체제라는 특수한 현실을 무시하는 비현실적 주장이다. 기본적으로 한반도는 상호 적대관계를 규율하고 있는 정전체제가 유지되고 있다. 또한 「남북기본합의서」 전문에서 합의한 바 있듯이, 한반도 정전체제하에서 분단된 남북관계는 상호 국가로 인정하지 않는 민족 내부의 특수관계라는 특별한 사정이 존재하고 있다. 따라서 한반도 정전체제가 유지되고 있는 특수한 상황에서는 정상적인 국가관계에 적용되는 국제해양법협약의 등거리 원칙이 남북관계에 그대로 적용될 수는 없는 것이다.

2004/2007년 해상경비계선 주장

북한은 2004년 12월부터 소위 '해상경비계선'이라는 것을 주장하기 시작하였다. 2004년 6월 4일 제2차 남북장성급군사회담에서 쌍방 함정간 국제상선공통망을 통한 교신 등의 내용을 담은 서해상 우발적 충돌방지 합의서를 채택하였다. 그런데 2004년 12월 15일과 31일 북한 함정이 북방한계선 인근으로 접근하자 우리 함정이 이를 경고하는 통신과 함께 북방한계선 침범을 저지하기 위해 기동하였다. 이에 북한 함정은 우리 함정이 자신의 해상경비계선을 넘어 북한 영해를 침범했다고 위협하면서 그 경비계선의 좌표를 통보하였다.[37] 북한이 북방한계선 이남 수역에 그었다고 주장하는 '해상경비계선'을 처음으로 듣게 된 순간이었다.

이러한 해상경비계선에 대해 북한은 2006~2007년 개최된 일련의 장성급군사회담과 국방장관회담에서 본격적으로 주장하였다. 특히 2007년 11월 27~29일 개최된 제2차 남북국방장관회담 당시 남북공동어로구역과 평화수역에 관한 논의과정에서 경비계선의 좌표와 지도를 제시함으로써 구체적으로 확인되었다. 당시 북측이 제시한 좌표와 지도에는 북한의 영해기산선 기준의 12해리 영해선 이북과 북방한계선 이남 사이에 '해상경비계선'이 표시되어 있었다. 그렇지만 북측대표는 경비계선이 어떤 기준에 의해 설정되었는지에 대해서는 아무런 설명도 하지 않았다. 북한은 자신이 제시한 경비계선과 우리 측의 북방한계선에 대해 서로 인정하자고 하면서, 북방한계선과 경비계선의 사이를 '평화수역'으로 하고 이 평화수역 일부를 '남북공동어로구역'으로 설정할 것을 주장하였다.

그렇지만 일련의 군사회담 과정에서 나온 북한의 주장은 일관성도 없었고, 그 개념도 애매모호한 것이었다. 이러한 문제점들을 의식하였는지 북한은 2008년 7월 인터넷 『우리민족끼리』를 통해 해상경비계선의 설정 동기와 시기, 그 정당성에 대한 입장을 재정리하여 발표하였다.[38] 『우리민족끼리』에서는 1950년대에 「정전협정」에 따라 자신의 관할수역에 대한 자위권을 행사하기 위해 '조선 서해 해상경비계선'을 설정하였

37) 2004년 6월 4일 제2차 남북장성급군사회담에서 채택된 「서해상 우발적 충돌 방지 및 군사분계선 일대의 선전활동 중지와 선전수단 제거에 관한 합의서」에 따라 남북 함정 간에는 국제상선공통망을 통해 상호 연락을 주고받았다.

38) 『우리민족끼리』, 「조선 서해 해상 군사분계선을 하루빨리 공정하게 설정되어야 한다」(2008. 7. 14).

으며, 이는 「조선정전협정」에 부합되고, 「남북기본합의서」에서 인정하였으며, 민족의 공리공영을 도모할 수 있는 계선이라고 주장하였다.

한편, 2010년 3월 26일 천안함 파격사건 이후 9월 30일 개최된 제38차 남북군사실무회담에서 북측은 "남측 해군함정들이 북측이 설정한 해상경비계선을 침범하고 있다"고 비난하였다. 그리고 11월 23일 우리 연평부대의 해상사격훈련계획에 대해 "조선 서해 연평도 주변해역에서 북측 영해를 목표로 포사격을 가하는 군사적 도발을 감행하려고 한다"고 비난한 후 당일 오후 연평도 포격도발을 자행하였다. 또한 12월 17일에도 우리 연평부대의 해상사격훈련에 대해 "북한군 해상경비계선 북쪽의 북측 영해수역을 목표로 포사격을 강행했다"고 주장하였다. 북한은 연평도 포격도발에 대해 우리 측의 해상경비계선 침범에 대한 정당한 대응이라고 강변하였던 것이다.

이와 같이 북한은 북방한계선을 무실화하기 위해 2004년부터 '해상경비계선'이란 것을 주장한 이후 군사회담에서 협상논리로 활용하는 한편, 서해상에서 자행하는 무력도발의 명분으로 삼아 기정사실화를 획책하고 있다.

그러나 그동안 북한이 경비계선에 대해 주장해온 내용들은 일관성도 없고 그 개념도 애매모호할 뿐만 아니라 터무니없는 모순과 황당한 사실 왜곡으로 가득 차 있다.

첫 번째로 지적할 수 있는 것은 그동안 북한이 경비계선의 설정 시기에 대해 오락가락하는 주장을 펴왔다는 점이다. 북한은 해상경비계선을 최초 2004년 12월부터 함정간 통신교신을 통해 주장하기 시작했다. 그러다 2006~2007년 개최된 장성급군사회담과 국방장관회담에서 본격적으로 제기하면서 그 설정 시기에 대해 제각각 다른 주장을 하였다. 북한은 해상경비계선을 처음에는 1992년 선포했다고 언급했다가 1950년대 북방한계선이 설정된 이후에 설정했다고 했는가 하면 나중에는 1977년 8월에 선포했다고 주장하였다.[39] 그리고 2008년 7월 인터넷 『우리민족끼리』를 통해 1950년대에 내부적으로 설정한 것을 1977년 8월 1일 「조선인민군 최고사령부 보도」 형식으로 공식 선포하였다고 주장하였다.[40] 한마디로 북한의 주장은 일관성이 없는 것이다.

북한이 1950년대 또는 북방한계선이 설정된 후에 내부적으로 설정하였다고 주장하는데, 만약 사실이라면 1950년대에는 유엔군사령관이 설정한 북방한계선을 알지 못했다는 기존의 주장을 스스로 부정하는 것이다. 그리고 북한이 1977년 8월 1일 군사경계선을 선포했을 당시 "군사경계선은 동해에서 영해의 기준선으로부터 50마일, 서해에서는 경계수역 경계선으로 한다"고 하였다. 그러나 군사경계선 선포문에는 어디에도 서해 해상경비계선의 개념이나 용어가 들어 있지 않는다. 북한 스스로 공식 선포하였던 군사경계선을 이제 와서는 해상경비계선이라고 억지 주장하고 있는 것이다. 또한, 1990~1992년 개최된 남북고위급회담 당시 쌍방 간에 해상 불가침경계선에 대한 치열한 논쟁이 벌어졌었다. 그러나 북측은 '해상경비계선'에 대해 단 한마디도 언급한 적이 없었다. 그러다가 2004년부터 북방한계선에 대응하는 개념으로 '해상경비계선'을 조작해낸 후 2006년 이후 장성급군사회담과 국방장관회담에서

39) 구체적인 내용은 제5장 '회담테이블 위의 북방한계선'에서 기술하겠음.

40) 『우리민족끼리』는 "북측은 서해 해상에서의 무장충돌 방지를 목적으로 1977년 8월 1일 「조선인민군 최고사령부 보도」 형식으로 지금까지 내적으로 설정하여 자기의 관할권을 행사해온 해상경비계선을 세상에 다시금 공포하는 조치를 취하게 되었다. 북측이 서해 해상경비계선을 선포한 것은 남측에 그 존재를 재확인시키기 위한 일종의 공식 통보로 보아야 한다"고 주장하였다.

본격적으로 제기한 것이다.

두 번째, 해상경비계선의 설정 개념과 기준이 모호하고, 따라서 해상경비계선의 좌표가 주장할 때마다 차이가 나는 등 불분명하다는 점이다. 해상경비계선의 설정 동기에 대해, 북한은 "1950년대 정전 담판에서 유엔군 측의 반대로 조선 서해 해상 군사분계선만은 끝내 설정하지 못하였다. 이러한 실정에서 북측은 「조선정전협정」에 지적된 관할수역을 지키고 이 수역에 대한 자위권을 행사할 필요를 느끼게 되었다. 그것은 당시 남조선군이 단독 북진을 떠들며 서해 해상을 통한 침범행위에 집요하게 매달리고, 생활고에 시달리던 남측 영세어민들이 북상하여 어로활동을 벌이는 비정상적인 사태가 자주 벌어지고 있었기 때문이다. 이러한 사태를 막기 위하여 설정한 것이 바로 서해 해상경비계선이다"이라고 주장하였다.[41)]

요컨대, 북한은 해상경비계선을 1950년대에 「정전협정」에 따라 자신의 관할수역에 대한 자위권을 행사하기 위해 설정하였다고 주장하고 있다. 그러나 북한의 관할수역에 대한 주장은 「정전협정」 규정을 왜곡하는 것이다. 그리고 자위권 행사의 명분으로 이승만 대통령의 단독 북진을 위한 해상 침범행위와 남측 어민들의 북상 어로활동을 운운하고 있는데, 이는 사실이 아니다. 물론 휴전회담 당시 이 대통령은 단독 북진을 주장하였으나, 한 · 미 간에 「상호방위조약」 체결에 합의한 후 「정전협정」을 준수할 것을 천명하였으며, 유엔군사령관이 한국군의 작전통제권을 보유한 상태에서 한국군의 독단적인 군사행동은 가능하지도 않았다. 그리고 남측 어민들의 북상 어로활동은 1950년대 후반에 나타난

41) 『우리민족끼리』(2008. 7. 14).

현상이었다. 북한은 북방한계선에 대응하는 해상경비계선을 주장하기 위해 있지도 않은 사실들을 그 명분으로 이용하고 있다.

한편, 해상경비계선을 어떤 기준으로 설정하였는지에 대해서는 아무런 언급도 없으며, 그동안 제시한 좌표도 불분명하다. 예를 들면, 2004년 12월 최초로 주장했던 경비계선의 좌표와 2007년 11월 제2차 남북국방장관회담 및 12월 제7차 남북장성급군사회담에서 지도와 함께 제시한 좌표가 동일하지 않다. 그리고 북측이 제시한 좌표는 서해 5도와 북한의 도서들 사이의 중간선에도 맞지 않을 뿐만 아니라 지도에 표시된 선과도 정확히 일치하지 않는다. 이로 볼 때 해상경비계선은 급조된 선에 불과한 것이다.

세 번째, 서해 해상경비계선이 「정전협정」에 부합된다는 북한의 주장은 「정전협정」 규정을 왜곡하는 억지 주장이라는 점이다. 북한은 "「정전협정」 13항 (ㄴ)목에는 '황해도와 경기도의 도계선 북쪽과 서쪽에 있는 모든 섬 중에서 백령도 · 대청도 · 소청도 · 연평도 · 우도의 도서군들을 유엔군 총사령관의 군사통제하에 남겨 두는 것을 제외한 기타 모든 섬들은 조선인민군 최고사령관과 중국인민지원군 사령원의 군사통제하에 둔다'고 지적되어 있다. 북측의 서해 해상경비계선은 「정전협정」에 규정된 황해도와 경기도의 도계선을 기준으로 북측의 12해리 영해선 가까이에 설정되어 있다. 이것은 북측이 서해 해상경비계선을 철두철미 「정전협정」에 준하여 설정하였다는 것을 의미한다. 「국제해양법협약」에도 우리나라와 같이 정전이라는 특수한 상태에 있는 경우 적대 쌍방의 해상 불가침경계선은 정전을 규정하고 있는 협정에 준하여 설정하게 되어 있다"고 주장하였다.[42]

이처럼 북한이 「정전협정」의 정신에 따라 설정된 북방한계선에 대응하기 위해 '해상경비계선'을 만들어 내면서 '「정전협정」에 부합된다'는 논리를 펴고 있다. 그러나 '「정전협정」에 규정된 황해도와 경기도의 도계선을 기준으로 북측의 12해리 영해선 가까이 설정되어 있다'는 주장은 「정전협정」에 위배된다. 예컨대, 「정전협정」 제13항 (ㄴ)목은 '연해도서'에 대한 규정으로 서해 5도가 유엔군사령관의 군사통제하에 둔다고 명시하고 있지만, 「정전협정」의 어떤 조항에도 관할수역에 대해서는 규정하고 있지 않다. 또한 「정전협정」 부록 (주1)은 "황해도와 경기도의 도계선(가-나 선)의 목적은 다만 한국 서부 연해 도서들의 통제를 표시하는 선이다. 이 선은 아무런 의의가 없으며 또한 이에 다른 의의를 첨부하지도 못한다"라고 규정하고 있다. 북한은 이러한 「정전협정」 규정을 제멋대로 해석하여 '경기도와 황해도 도경계선 기준', '관할수역' 등을 주장하고 있는 것이다.

네 번째, 해상경비계선이 「남북기본합의서」에서 인정한 계선이라는 주장은 황당한 사실 왜곡이다. 북한은 "90년대 채택된 「남북기본합의서」와 「부속합의서」에는 쌍방 불가침경계선과 구역에 대하여 '북과 남의 해상 불가침경계선은 앞으로 계속 협의한다. 해상 불가침구역은 해상 불가침 경계선이 확정될 때까지 쌍방이 지금까지 관할하여 온 구역으로 한다'고 명기되어 있다. 이 조항은 전후 50여 년간 북측이 설정한 서해 해상경비계선의 존재를 쌍방이 인정한다는 것을 확인한 것으로 된다. 다시 말하여 북측이 설정한 서해 해상경비계선을 남측도 인정하였다는 의미로 해석할 수 있다. 북측은 「남북기본합의서」를 통하여 해상경비계선을

---

42) 북한은 군사정전위회의, 유엔사-조선인민군 장성급회담, 남북장성급군사회담과 남북국방장관회담, 그리고 『우리민족끼리』(2008.7.14) 등에서 이 같은 주장을 해왔다.

조선 서해에서 해상불가침경계선이 확정될 때까지 자기가 관할하는 수역의 경계선임을 남측에 인정시켰다"고 터무니없는 주장을 하였다.[43]

그러나 '「남북기본합의서」에서 지난 50여 년간 존속해온 해상경비계선을 인정했다'는 북한의 주장은 있지도 않는 것을 사실처럼 지어낸 것이다. 1990~1992년 남북고위급회담에서 「남북기본합의서」에 대해 협의할 당시 양측 간에 불가침 구역·경계선 문제가 하나의 쟁점이었다. 결국 북측대표단 대변인이 스스로 밝혔듯이 우리 측 입장을 수용하여 「남북기본합의서」를 합의·채택하였다. 그리고 「불가침부속합의서」의 해상불가침경계선 조항에 대한 협의과정에서 북측은 '해상경비계선'이라는 용어를 한 번도 언급한 적이 없다. 2004년에 조작해낸 '해상경비계선'을 1992년 남북고위급회담에서 주장했을 리가 없는 것이다. 이러한 사실을 고려할 때 북한의 주장은 일고의 가치도 없는 거짓말이다.

다섯 번째, 북한은 해상경비계선이 민족의 공리공영을 도모할 수 있는 계선이라는 주장도 북방한계선을 무실화하려는 불순한 저의에서 나온 것이다. 북한은 "지난 제2차 북남인민무력부장급회담에서 북측의 해상경비계선과 남측의 북방한계선 사이의 수역을 공동어로구역으로 정하고 이 수역을 평화수역으로 만들어 서해 해상분쟁문제를 해결하자는 제안이 나온 것은 주목할 만한 일이다. 그것은 북과 남이 기존의 일방적인 주장에서 벗어나 민족의 공리공영을 최우선시하려는 긍정적인 움직임으로 되기 때문이다. 실지 남측으로서는 국제법으로나 정전협정의 경지에서 이미 부당하다고 인정되어 온 북방한계선을 고수하려고 뻗치기보다는 현실적인 사고로 이행하는 것이 훨씬 유익할 것이다. 왜냐하

43) 『우리민족끼리』(2008. 7. 14).

면 현재 북측이 제안한대로 해상경비계선만을 인정해주는 것 같지만 다른 측면에서 북방한계선을 인정받는 것으로 되기 때문이다. 이렇게 되면 북측은 북방한계선 이남으로 전투함정을 내려 보낼 수 없을 것이고 남측 역시 북측의 해상경비계선 이북 수역으로 해군함정을 침범시키지 않아도 될 것이므로 결국 이 수역에서의 긴장과 대결을 격화시키는 일은 저절로 없어지게 될 것이다. 북남 쌍방이 서로 다르게 주장하는 해상계선 사이의 수역을 평화수역, 공동어로수역으로 만든다면 안보는 안보대로 유지되고 북남어민들 모두는 평화로운 황금어장에서 자유로운 공동어로활동으로 다같이 큰 실리를 챙길 수 있을 것이다"라고 주장하였다.[44]

북한은 해상경비계선에 대한 주장을 정당화하기 위해 민족의 공리공영을 운운하고 있다. 이는 북방한계선을 무실화시키려는 논리로서 민족의 공리공영이라는 현혹적인 용어를 사용하는 것에 지나지 않는다. 즉 북한의 주장은 결국 북방한계선 이남에 평화수역과 남북공동어로구역을 설정하자는 것이다. 2006~2007년 일련의 남북군사회담 당시 북측은 처음에는 '북방한계선과 해상경비계선을 함께 폐기하자'고 주장하였다. 그러나 여의치 않자 북측은 '북방한계선과 해상경비계선을 함께 인정하자'고 하면서 '북방한계선과 해상경비계선 사이에 평화수역과 공동어로구역'을 설정하자고 주장하였다. 이는 곧 쌍방 무력이 진입하지 않는 평화수역을 북방한계선 이남에 설정하겠다는 것이다. 궁극적인 목표인 북방한계선의 폐기로 나아가는 교두보를 확보하려는 사전조치인 셈이다.

이처럼 북한은 북방한계선의 무실화 및 분쟁수역화를 추구하는데 있

44) 『우리민족끼리』(2008. 7. 14). 북한은 2007년 남북장성급군사회담과 남북국방장관회담에서도 똑같은 주장을 했었다.

어서 '해상경비계선'이란 것을 급조한 후 계속해서 정교화시켜 왔다. 북한은 이러한 해상경비계선을 무력도발의 책임전가 명분으로, 군사회담의 협상논리로 활용하면서 기정사실화하고 있다. 그러나 북한의 '서해해상경비계선'에 대한 주장은 일관성도 없고, 그 내용과 논리도 비합리적이고 사실을 왜곡하는 황당한 주장이다.

제3장 북방한계선의 기원

3. 휴전회담과 군사분계선 · 비무장지대 협상

6 · 25전쟁이 발발한 후 1년이 지난 1951년 7월 10일부터 1953년 7월 27일까지 휴전회담이 진행되었다.[1)] 휴전회담은 한국군 및 16개국 참전 유엔군을 대표하는 유엔군 측과 북한군 및 중국인민지원군을 대표하는 공산군 측 사이에 이루어졌다.[2)] 2년여에 걸친 휴전회담을 통해 양측은 교전 중인 쌍방 간의 적대행위와 무장행동을 중지시켜 정전을 확립시키기 위한 조치로서 군사분계선과 비무장지대의 설정, 군사정전위원회와 중립국감독위원회의 구성 · 운영 등을 담은 「한국 군사정전협정」을 체결하였다. 그러나 「정전협정」은 정치적 · 법적으로 전쟁을 완전 종결시키는 평화조약(협정)이 체결되기 전까지 임시적으로 적용되는 군사적

---

1) 이하 휴전회담 과정에서 군사분계선과 비무장지대에 관한 쌍방의 주장과 합의사항에 대한 정리는 국방부 전사편찬위원회, 『한국전쟁 휴전사』(1989) ; 이문항, 『JSA－판문점(1953~1994)』(소화, 2001), 79~11쪽, 부록 2(휴전협상의 의제와 협상 개요), 269~359쪽을 참조하여 작성하였다.

2) 유엔군 측 회담 대표단은 해군중장 조이(C. Turner Joy) 극동군 미 해군사령관을 수석대표로 육군소장 호데스(Henry I. Hodes) 미 8군 참모장, 해군소장 버크(Arleigh A. Burke) 극동군 미 해군참모부장, 공군소장 크레이기(Lawrence C. Craigie) 극동군 미 공군부사령관, 육군소장 백선엽 한국군 제1군단장이 참석하였다. 공산군 측 대표단은 육군대장 남일 북한군 총참모장 겸 부수상을 수석대표로 육군소장 이상조 북한군 정찰국장, 육군소장 장평산 북한군 제1군단 참모장, 육군상장 떵화(鄧華) 중공군 제15집단군사령관, 육군소장 세팡(謝方) 중공군 북동군관구 선전주임이 참석하였다.

성격의 협정이다. 반세기 넘게 「정전협정」이 유지·준수되는 한반도 정전체제는 오늘날 남북간 군사적 긴장과 충돌에 직·간접적으로 영향을 미치고 있다.

유엔군 측 휴전회담 대표단. 미군 대표단 일행과 우측의 한국군 백선엽 소장

공산군 측 휴전회담 대표단. 왼쪽부터 중공군의 셰팡 소장과 떵화 상장, 북한군의 남일 대장, 이상조 소장, 장평산 소장

지상 군사분계선 · 비무장지대 협상

1951년 7월 10일 개성에서 개최된 제1차 휴전회담에서부터 논의할 의제에 대해 쌍방 간의 격렬한 설전이 전개되었다. 협상의제에 대해 유엔군 측은 9개 사항을, 공산군 측은 6개 사항을 제시하였다. 특히 공산군 측 수석대표 남일 대장은 "군사분계선으로서 38도선과 모든 외국군의 철수는 휴전의 전제이자 기초가 되어야 한다. 38도선을 군사적 경계선으로 확정하고 쌍방의 무장군은 동시에 38도선으로부터 10km 철수하여야 하며, 쌍방이 철수한 지구를 비무장지대로 규정해야 한다"고 하면서 우선적으로 군사분계선 문제부터 논의하자고 주장하였다. 이러한 공산군 측 주장은 1950년 6월 25일 이전의 38도선 분단상태로 원상회복하려는 의도였다. 따라서 유엔군 측은 공산군 측이 "정치적인 문제를 제기하는 일은 협상범위를 벗어나는 것"임을 지적하면서 새로운 대안을 제시할 것을 요구하였다.[3)]

1951년 7월 26일 제10차 휴전회담에서 ① 의제 채택, ② 비무장지대 설치를 위한 군사분계선 합의, ③ 정전 이행을 위한 군사정전위원회와 사찰 · 감시기구 설립, ④ 전쟁포로에 관한 제반 절차, ⑤ 외국군대 철수를 다룰 정치회담 등 5개 의제에 대해 합의가 이루어졌다.

협상의제가 정해짐에 따라 쌍방은 ② 의제인 '비무장지대 설치를 위한 군사분계선 설정' 문제에 대해 본격적인 협의에 들어갔다. 최초 공산군 측은 "38도선에서 전쟁이 일어났으므로 원점으로 돌아가기 위해서

---

3) 국방부 전사편찬위원회, 『한국전쟁 휴전사』(1989), 54~56쪽. 이러한 북한의 주장에 대해 미국은 북한의 의도가 38도선을 경계로 정치적 분단을 시도하고 전쟁을 통해 상실한 영역을 확보하려는 것으로 평가하였다.

는 38도선을 군사분계선으로 설정하고, 38도선을 연하여 남·북으로 각각 10km씩 20km 폭을 가진 지대 내에는 군대가 주둔하지 않아야 한다"고 주장하였다. 이에 대해 유엔군 측은 "정치·역사적으로 설정된 38도선은 군사분계선으로 적합하지 않는다. 군사분계선은 추상적인 선이 되어서는 안 되며 현존하는 실질적인 군사상황에 준하는 선이 되어야 한다"고 반박하였다. 유엔군 측이 38도선을 기준으로 하는 군사분계선에 반대한 것은 정치적으로 한국의 강력한 반대와 함께 북한에게 남침 이전의 상황으로 회복시켜 주는 결과가 초래되고, 군사적으로 38도선에서는 방어에 불리해질 것이라는 판단에서 나온 것이었다.

7월 27일 제11차 휴전회담에서 유엔군 측은 "38도선이 아닌 현재의 전선을 휴전선으로 정해야 하며, 비무장지대는 근본적으로 작전행동이 전개되는 전투부대의 접촉선상에 설치되어야 하고 정치적 고려사항에 영향을 받아서는 안 된다"고 하면서, 현 접촉선을 군사분계선으로 하는 폭 20mile의 비무장지대를 제시하였다.

7월 28일 제12자 휴진회담에서 공산군 측은 "양측의 상대적 전력"을 반영하고 있는 38도선을 기준으로 군사분계선을 설정하자고 고집하면서 "휴전이 성사되는 대로 모든 외국군대의 철수에 합의할 것"을 주장하였다.

반면, 유엔군 측은 "전투지대를 설정하는데 있어서 지·해·공군 전투력을 고려해야 하는데, 유엔군의 공군은 전 한반도에 걸쳐 제공권을, 해군은 전 연안에서 제해권을 가지고 있다. 휴전에 의하여 유엔군이 공군과 해군력을 제한하게 될 때 공산군 측은 행동이 자유롭게 되고 전투지대 내에서 전투력을 증강할 수 있게 될 것이다. 따라서 공산군 측은 마땅히 지상에서 양보하여 이를 보상해야 한다. 즉 군사분계선 설정에 있어서 휴전이 성립되면 제공권과 제해권을 장악한 유엔군 해·공군의 전투력 발휘가 제한되는 보상으로 지상 전선을 북상시켜야 한다"고 압박하였다. 이처럼 군사분계선은 현 지상의 전투선을 고려해야 할 뿐만 아니라 유엔군 측의 제공권과 제해권도 인정해야 한다는 유엔군 측 입장에 대해 공산군 측은 강력히 반발하였다.[4)]

7월 29일 제13차 회담부터 8월 14일 제24차 회담까지 군사분계선에 대한 논쟁이 지속되었다. 공산군 측은 38도선 입장이 확고부동하다고 하였고, 유엔군 측은 38도선 주장은 정치적이고 영토와 관련된 문제라고 비판하면서 전반적인 군사상황을 반영하여야 한다고 주장하였던 것이다.

1951년 8월 15일 개최된 제25차 휴전회담에서 유엔군 측 수석대표 조이(C. Turner Joy) 제독은 상호 입장 차이로 난항을 겪고 있는 군사분계선 문제를 실무적으로 협의할 수 있는 분과위원회 구성을 제의하였다. 8월 16일 공산군 측이 이에 동의함으로써 합동분과위를 설치하여 군사분계선과 비무장지대의 설정 문제를 세부적으로 토의하게 되었다.[5)]

수차례의 비공개 합동분과위 회의를 거치면서 군사분계선의 설정 기준에 대한 공산군 측 입장에 변화가 나타났다. 공산군 측은 "만일 유엔군 측이 군사분계선을 설정하는 과정에서 한반도 전역에서 공군과 해군의 패권을 장악하고 있는 것을 기권하고 또 다른 대가를 요구하지 않는다면, 38도선을 요구하던 입장에서 물러나 접촉선을 군사분계선으로 하자는 유엔군 측의 주장에 동의할 수 있다"는 입장을 표명한 것이다.[6)]

---

4) 국방부 전사편찬위원회, *op. cit.*, 99쪽.

5) 분과위 대표로 유엔군 측은 호데스 소장과 버크 소장이, 공산군 측은 북한군 이상조 소장과 중공군 셰팡 소장이 임명되어 세부사항들을 토의하였다.

6) William H. Vatcher, *Panmunjom: The Story of the Korean Miliatry Armistice Negotiation* (New York: Frederick A. Praeger, 1958), p. 56 ; 척 다운스 지음·

그리고 군사분계선 설정 시기와 관련하여, 유엔군 측은 "정전협정에 조인할 시점에서 접촉선을 따라 군사분계선을 설정할 것"을 제의하였다. 반면에 공산군 측은 "지금 당장 접촉선을 따라 군사분계선을 설정하여 사실상 정전상태에 들어갈 것"을 주장하였다. 이러한 쌍방의 입장 차이는 개성에서 회담이 개최되었던 10월 하순까지 타협점을 찾지 못했다.

휴전회담장 개성 내봉장(1951. 7. 10 ~ 1951. 10. 24)

1951년 10월 25일 회담장소가 개성에서 판문점으로 이동하여 제27차 휴전회담이 개최되었다.[7] 이 회담에서 공산군 측은 그동안 고집하였던

송승종 옮김, 『북한의 협상전략』(Over the Line; North korea's Negotiating Strategy)(한울아카데미, 1999), 105~107쪽.

7) 휴전회담 장소는 1951년 6월 29일 유엔군사령관이 원산항에 정박 중인 덴마크 병원선(Jutlandia호)으로 제의한 것을 7월 1일 김일성과 펑더화이의 수정 제의에 따라 개성에서 제1차-제26차 회담이 개최되었으나, 공산군 측의 수중에 있는 문제점 때문에 1951년 9월 6일 유엔군 측이 회담장소 이전을 제

38도선을 정식 포기하고 유엔군 측이 제시하였던 현 전선의 접촉선을 군사분계선으로 설정하는데 동의하였다. 그리고 공산군 측은 최초 비무장지대 폭을 쌍방 10km씩 20km 넓이로 하자던 입장을 수정하여 양측이 현 접촉선에서 2km씩 후방으로 철수하고, 쌍방의 철수로 발생한 공간지역은 비무장지대로 할 것을 제의하였다.[8] 유엔군 측도 20mile 입장에서 벗어나 공산군 측의 4km 비무장지대 주장에 동의하였다. 이러한 공산군 측의 입장 변화는 당시 유엔군 측의 공세와 압박 국면을 회피하기 위해 대응이 필요했기 때문이었다.

휴전회담장 판문점(1951. 10. 25 ~ 1953. 7. 27)

기하였다.

8) William H. Vatcher, *op. cit.*, p. 82 ; 척다운스 지음 · 송승종 옮김, *op. cit.*, 107쪽.

당시 공산군 측으로서는 피의 능선, 펀치볼, 화천지구 등 중동부전선에서 불리한 전황이 전개되고 있었고, 유엔군 측은 개성을 비무장지대에 포함시키기 위해 공산군이 개성에서 철수할 것을 요구한데 대해 대안을 제시하지 않을 수 없었던 것이다.[9)]

한편, 10월 25일과 26일 개최된 제7, 8차 합동분과위 회의에서 공산군 측은 당시 자신들의 군사통제하에 있었던 황해도 옹진반도와 유엔군 측의 군사통제하에 있었던 중부전선의 김화·철원 지역과 교환하자고 제의하였으나, 유엔군 측은 이를 거부하였다. 그리고 공산군 측은 정전협정에 서명할 때까지 기다리지 말고 군사분계선부터 먼저 그릴 것을 제의하였다. 유엔군 측은 내키지 않았으나 워싱턴의 지침에 따라 공산군 측 제의를 수용하였다.[10)]

결국 「정전협정」이 체결되기 1년 8개월 전인 1951년 11월 27일 제28차 휴전회담에서 쌍방은 현 접촉선을 기준으로 하는 군사분계선과 4km 폭의 비무장지대를 설정하는데 공식 합의하였다.[11)] 당일 진행된 참모회의에서 당시 접촉선을 기준으로 군사분계선과 그 선을 중심으로 남북 2km씩 4km 폭의 비무장지대가 작도되었다. 이 잠정 군사분계선은 1953년 7월 「정전협정」 체결 직전에 최종 수정되어 「정전협정」 부록 지

---

9) 1951년 10울 25일 당시 북한군은 38도선보다 훨씬 북방에 위치한 피의 능선, 펀치볼, 화천지구 전투 등에서 심한 타격을 입자 군사분계선 문제에 대한 태도를 바꾸지 않을 수 없었다. 척 다운스 지음·송승종 옮김, *op. cit.*, 105쪽.

10) James M. Lee, *Panmunjom Korea* (Baltimore, American Literary Press, 2004), chapter 2.

11) 결국 휴전회담에서 최우선 의제로 군사분계선에 대해 협의하고 타결이 되었다. 이에 대해, 유엔군 측 수석대표 조이 제독은 "공산군 측이 다른 실질적인 문제들에 대해 합의하기도 전에 사실상 휴전에 들어갈 수 있는 길을 열어 놓은 셈이 되었다"고 평가하였다. C. Turner Joy, *How Communists Negotiate* (New York: The Macmillan Company, 1955), p. 52.

도 (1)에 첨부되었다.

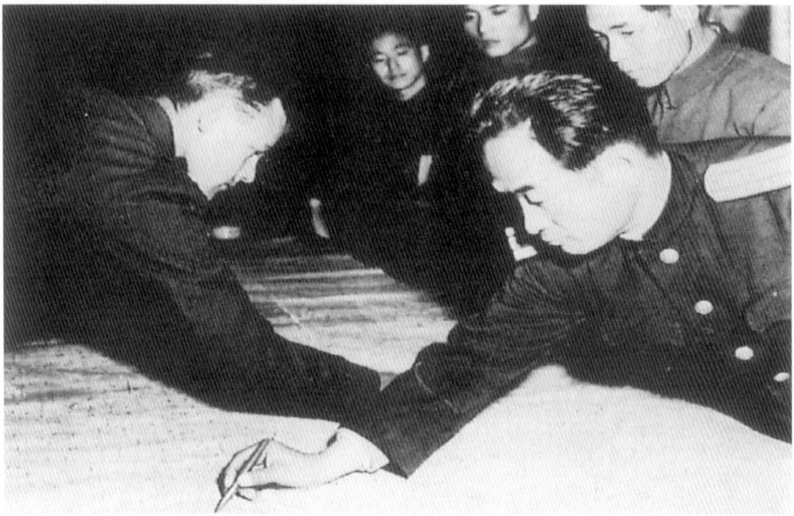

휴전회담에서 MDL과 DMZ를 작도하는 모습

해상 군사분계선 협상

1951년 11월 27일 제28차 휴전회담에서 '지상의 군사분계선은 현 접촉선을 기준으로 한다'는데 합의가 이루어지자, 공산군 측은 북한 후방 지역의 도서에서 유엔군이 철수할 것을 주장하기 시작하였다. 1951년 12월 1일 제32차 휴전회담에서 공산군 측은 "무엇 때문에 우리 후방 도서들에 군대를 계속 주둔시키고 있는가?"라며 철수를 주장하였던 것이다. 이에 대해 12월 2일 제33차 휴전회담에서 유엔군 측은 "북한 후방에 위치한 도서에 유엔군이 주둔하는 것은 정전협정 정신에 위배되지

않는다"고 대응하였다.[12)]

12월 3일 제34차 휴전회담에서 공산군 측은 "휴전기간 중 쌍방이 군사시설의 증강을 제한하고, 휴전감독기구가 조선반도의 모든 곳을 자유롭게 드나들면서 사찰·조사하자는 유엔군 측 제안은 상대방의 내정간섭이다. 그 같은 제안은 절대 받아들일 수 없다"고 하면서 "정전협정 조인 후에는 군사분계선 북쪽에 위치한 모든 도서들에서 유엔군의 군사 병력과 장비를 모두 철수시킬 것"을 재차 주장하였다.

이에 유엔군 측은 "공산군 측이 휴전을 원하는 것이 아니라 북한군의 전투력을 증강시키는 시간벌기를 원하고 있는데, 휴전기간 중에는 그 어느 쪽도 군사적 우위를 획득해서는 안 된다"고 강조하였다. 또한, "군사분계선이나 비무장지대는 한반도 본토 육지에만 존재하는 것이지 해상으로 연장되는 것은 아니며, 군사분계선은 도서들과는 관계가 없다. 그 어떤 대가를 받지 않고서는 유엔군은 이북 도서들에서 철수하지 않겠다"고 대응하였다. 휴전회담 당시 북한 전역에 대한 제공권과 제해권을 장악하고 있던 유엔군 측은 우세한 해·공군력에 대한 보상으로 개성지역을 확보하려고 시도하였는데, 육지에서 공산군 측의 보상이 없다면 유엔군이 북한의 후방지역 도서에서 철수하지 않겠다고 주장했던 것이다.[13)]

12월 4일 제35차 휴전회담에서 양측은 진척되지 못하고 있는 논의 안건들을 타결시키기 위한 비공개 참모회의(분과위원회)를 개최하기로

---

12) 이문항, 『JSA-판문점(1953~1994)』(소하, 2001), 217쪽.

13) 휴전회담 당시 유엔군 측은 개성 지역을 확보하려고 시도하였으나 공산군 측은 개성 문제에 대한 토의 자체를 거부하였다. 국방부 전사편찬위원회, *op. cit.*, 130쪽.

합의하였다. 이러한 합의에 따라 수차례 속개된 참모회의에서는 해상 군사분계선, 중립국감독위원회의 사찰 문제, 상대측 후방지역에서의 철수 문제 등이 논의되었다. 12월 10일 미 합참은 군사분계선 이북의 도서로부터 유엔군의 철수에 동의한다는 협상방침을 유엔군사령관에게 하달하였다. 이 참모회의에서는 상대방 후방도서에서의 철수 문제와 관련하여 '해상 군사분계선'에 대한 언급 없이 '연해도서'와 '연해' 문제가 집중 협의되었다. 특히 '연해'에 대한 협의과정에서 유엔군 측은 당시 국제적 3해리 영해 관행에 따라 3해리 연해 입장을 견지하였고,[14] 공산군 측은 유엔군의 해상봉쇄를 우려하여 12해리 연해를 주장하였다.

1952년 1월 26일 개최된 참모회의에서 일단 '연해도서'(costal islands) 및 '연해'(costal waters)의 개념과 서해 5도의 군사통제권에 대한 잠정합의가 이루어졌다. 즉 "연안도서라 함은 비록 지금 어느 한편에 의해 점령되어 있지만 1950년 6월 24일에 다른 한편에 의해 통제(control)되고 있었던 도서를 의미한다. 연해(costal waters)라 함은 간조 시간에 육지로부터 3해리까지의 바다를 의미한다. 그러나 유엔군사령관은 백령도·대청도·소청도·연평도·우도를 통제할 것이며 앞으로도 점령을 계속할 수 있다"는 잠정합의안이 마련된 것이다.[15]

그런데 이 합의 3일 후 1월 29일 제5차 참모회의에서 공산군 측은 황

---

14) 1950년 12월 12일 미 합참은 정전 조건으로 쌍방 해군은 해안에서 3마일까지 각기 점령하고 있는 육지에 인접한 수역을 준수해야 한다는 방침을 세웠었다. JCS, "US position regarding the terms of any UN General Assembly cease resolution for the Korean war" (Dec. 12, 1950), 국립도서관, 「유엔의 한국전쟁 정전 결의안에 대한 미국의 입장」(1950.12.12), *FRUS 1950*, 1529~1531쪽.

15) 국사편찬위원회, 『남북한관계사료집』(6), 91~92쪽 ; 신복룡, 「한국사에서 서해 5도의 정치지리학: 1945~1953」, 외교안보연구원, 『외교안보연구』 제7권 제2호 (2011.12), 217쪽에서 재인용.

해도와 경기도의 도경계선을 기준으로 그 서북쪽에 위치한 모든 연해 도서에서 유엔군이 철수할 것을 요구하였다.16) 그러나 유엔군 측은 "서해 5개 도서군들은 전쟁 이전에나 전쟁 중에도 항상 대한민국과 유엔군의 관할하에 있었기 때문에 철수를 거부한다"고 대응하였다. 그 다음 날 1월 30일 북한 측은 또 다시 "황해도와 경기도의 도경계선이 육지의 비무장지대에서 멀지 않으니 이 도경계선이 해상의 분계선이 되어야 할 것"이라고 주장했다. 이에 유엔군 측은 "본회의에서 합의한 군사분계선은 본토 지상에서 끝나고 해상으로 연장되지 않기 때문에 해상에 합의된 선은 없고, 그 어떤 선도 합의된 것은 없다"는 것을 상기시켰다.17)

이처럼 공산군 측 회담대표들은 기존의 황해도와 경기도의 도경계선을 서해의 해상 군사분계선으로 설정하고 그 이북에 위치하는 도서를 북한군의 군사통제하에 두도록 하기 위해 갖가지 주장을 늘어놓았다. 그러나 유엔군 측은 정전협정상에 서해 해상분계선을 황해도와 경기도의 도경계선으로 정하자는 공산군 측의 주장을 일축하고 인정할 수 없다는 것을 명백히 하였다. 유엔군 측은 정전협상에서 군사적 문제가 아닌 정치적 문제와 영토적 문제를 논의해서는 안 된다는 방침을 이미 정해 놓았던 것이다.18) 또한 유엔군 측은 서해 5개 도서에 대한 유엔

---

16) 이는 황해도 장연군과 옹진군에 속하는 백령도 · 대청도 · 소청도 · 연평도에서 유엔군이 철수해야 한다는 의미이다.

17) 이문항, *op. cit.*, 88쪽. 1951년 정전협상 초기에 유엔군 측은 육상은 현 군사 접촉선을, 해상은 북방한계선과 유사한 군사분계선으로 제시한 것으로 보인다. 1951년 8월 9일자 중국 『인민일보』에는 당시 유엔군 측의 군사분계선 안(지도)을 게재하고 있는데, 육상과 해상이 연결된 군사분계선을 제시한 것을 확인할 수 있다. 「제네바회의 최종회담에서 한 남일 외상의 연설」, 평화연구원, 『북한 군사문제 제의 자료집』, 68~69쪽 ; 조성훈, 『군사분계선과 남북한 갈등』(2011), 98~99쪽.

18) 「휴전회담 안에 대해 미 합참이 리지웨이 유엔군사령관에게 보내는 지시문」

군의 군사통제권을 유지한다는 입장을 확고하게 견지하였다. 왜냐하면 전쟁 이전은 물론 전쟁 기간 어느 때에도 한국군과 유엔군이 서해 수역과 5개 도서들을 군사통제하고 있었으며, 남측 본토로부터 멀리 떨어져 있는 서북 5개 도서가 북한으로부터 위협을 받지 않도록 하는 보장조치가 필요했기 때문이다.[19)]

이 문제는 다른 의제들과 함께 포괄적으로 타협이 이루어졌다. 공산군 측은 지상의 군사분계선 기준을 38도선에서 현 접촉선으로 하는 것을 받아들이고 중립국감독위원회의 북한지역 사찰을 허용하기로 하였고, 그 대가로 유엔군 측은 전쟁 이전에 북한이 관할하던 것을 전쟁 중에 유엔군이 점유했던 이북 도서들에서 철수하기로 타협이 이루어졌던 것이다.[20)] 그렇지만 유엔군 측이 북한 후방지역 도서들에서 철수하기로 하였으나, 그 후방지역의 정확한 범위는 정해지지 못했다. 이러한 논쟁 끝에 1952년 2월 3일 제7차 참모회의에서 공산군 측은 서해 백령도 · 대청도 · 소청도 · 연평도 · 우도 5개 도서군들은 유엔군사령관의 군사통제하에 남는다는 데에 동의하였다.

그러나 해상 군사분계선에 대해서는 어떤 합의도 도출하지 못하였다. 이 문제와 관련하여 1952년 8월 5일 공산군 측은 1월 26일자 잠정합의안에서 "연해라 함은 간조 시간에 육지로부터 3해리까지의 바다를 의미한다"는 조항을 삭제한 수정안을 제시하였다. 공산군 측은 유엔군 측이 주장한 3해리 연해 대신에 12해리 연해를 주장한 것이다. 공산군 측이 12해리 연해를 주장한 것은 당시 해군전력이 미미한 상황에서 제해권을 장

(1951.6.30), *FRUS 1951*, 598~600쪽.

19) James M. Lee, *op. cit.*, chapter 2.

20) 이문항, *op. cit.*, 90쪽.

악하고 있던 유엔군의 해상봉쇄를 우려한데서 나온 것이었다. 유엔군 측은 정전협정 규정에 해상봉쇄를 금지하는 조항을 마련하면 문제가 없다고 주장했으나, 공산군 측은 입장을 굽히지 않고 3해리 연해에 대한 잠정합의 조항을 삭제할 것을 요구하였다. 이처럼 한 치의 양보도 없이 대립하였던 쌍방은 연해의 폭에 대해 '합의하지 않는데 합의'하게 되었다. 결국 해상 군사분계선에 대한 합의는 물 건너갔다. 이러한 상황에서 제해권과 제공권을 장악하고 있던 유엔군은 1952년 9월 27일 북한 해안을 봉쇄할 목적으로 '클라크 라인'(Clark Line)을 선포하였다.

정전협정에 대한 최종 합의

1951년 11월 27일 지상의 군사분계선과 비무장지대에 대한 잠정 합의 이후 휴전회담은 약 1년 이상 전쟁포로 교환문제에 대한 입장차이로 인해 교착국면이 지속되었다. 1953년에 들어 부상당한 포로의 송환문제가 진전되어 4월 11월 「상병포로 교환협정」에 합의하는 등 그동안 휴전회담 진전의 걸림돌로 작용해왔던 포로교환 문제가 해결되었다. 1953년 6월 6일 제144차 휴전회담에서 전쟁포로의 교환에 대해 공식 합의가 이루어짐으로써 정전협정의 최종 타결이 목전에 다가왔다.

1953년 6월 9일 제147차 휴전회담에서부터 쌍방은 1951년 11월 27일 잠정 합의하였던 군사분계선 설정 문제에 대해 다시 협의하였다. 공산군 측은 정전협정에 조인하고 협정의 효력이 발생한 이후에 군사분계선과 비무장지대를 수정할 것을 제의하였다.[21] 유엔군 측은 공산군 측의 제의를 거부하는 대신, 1953년 6월 19일 00:00시부로 쌍방이 통제하고 있는 진지를 기준으로 확정할 것을 제의하였다.

6월 10일 제148차 휴전회담에서 쌍방은 1951년 11월 27일자 잠정 합의에 의거 6월 11일부터 비공개 참모회의를 통해 군사분계선에 관한 협상을 개시하기로 합의하였다. 6월 11일부터 속개된 참모회의에서 쌍방 참모들은 현 전선의 접촉선을 따라 군사분계선을 재설정하는 문제와 정전협정의 문구 수정 등 마무리 작업을 진행하였다. 6월 16일 참모회의에서 군사분계선 문제가 최종 타결되었다.

6월 17일 제149차 휴전회담에서 쌍방은 참모회의에서 합의된 군사분계선을 비준하는데 동의하였고, 이후 속개된 후속회담에서 비무장지대의 북방경계선(Northern Boundary Line)과 남방경계선(Southern Boundary Line)에 대해서도 획정하였다.[22]

그러나 해상의 군사분계선 문제는 유엔군 측의 3해리 연해 입장과 공산군 측의 12해리 연해 입장이 첨예하게 대립되어 끝내 합의를 보지 못했다. 다만 서해 도서의 관할권은 6·25전쟁이 발발하기 이전인 1950년 6월 24일 기준으로 대한민국이 관할하고 있었던 백령도·대청도·소청도·연평도·우도 등 5개 도서에 대해 유엔군사령관의 군사통제에 두기로 합의하였다.

1953년 7월 24일 최종적으로 지상의 군사분계선과 비무장지대, 서해 5도에 대한 유엔군사령관의 군사통제 유지가 획정되었다. 2년 이상 진행된 휴전회담은 마침내 1953년 7월 27일 "한국에서의 적대행위와 무장행동의 완전한 정지를 보장하는 정전을 확립할 목적으로" 하는 「한국군사정전에 관한 협정」이 체결되었다. 「정전협정」은 유엔군 총사령관

---

21) *Ibid*, 295쪽.

22) *Ibid*, 296쪽.

미 육군대장 클라크(Mark W. Clark)가 일방이 되고, 조선인민군 최고사령관 김일성과 중국인민지원군 사령원 펑더화(彭德會)가 다른 일방이 되어 최종 서명됨으로써 마무리된 것이다.

불완전한 정전협정 체결의 배경

정전협정의 체결 목적이 교전 쌍방 간에 적대행위와 무장행동을 중지하는데 있는 만큼 지상은 물론 해상에서도 상호 군사력을 분리시키는 군사분계선과 비무장지대를 설정하는 것은 필수적인 조치이다. 그러나 「한국 군사정전협정」에는 지상의 군사분계선과 비무장지대에 대해서는 규정하고 있으나, 해상의 군사분계선은 어느 규정에도 합의되지 못하고 미완의 과제로 남겨졌다. 그런데 왜 「한국 군사정전협정」이 지상은 물론 해상에서 적대행위를 중지하는 완전성을 갖추지 못한 채 서둘러 체결된 것일까? 그 배경은 다음과 같이 정리할 수 있겠다.

첫째, 3년 이상 진행된 한국전쟁을 조속히 끝내고자 하였던 쌍방의 입장이 불완전한 정전협정의 체결에 영향을 미쳤다. 유엔군 측은 1950년 10월 중국의 군사개입으로 전쟁이 확대·지연되자 평화적 해결을 통한 종전을 추진하였다. 특히 1953년 1월 취임한 아이젠하워 미국대통령은 대선공약으로 내걸었던 한국전쟁의 조기 종전을 적극 추진하였다. 또한 막대한 피해를 당해 조속한 종전을 모색하지 않을 수 없었던 공산군 측도 막후에서 전쟁을 지도하였던 소련수상 스탈린이 사망하자 휴전협상의 진전에 적극적인 자세를 보였다. 양측은 일단 군사적 정전을 이룩한 후 정치적 후속조치를 통해 완전 종전을 모색하려는 입장이었던 것이다.

둘째, 당시 정전협정을 체결하는데 있어서 지상과는 달리 해상의 군사분계선 설정에 대한 필요성이 크지 않았던 상황이 작용한 것이다. 정전 당시 지상에서는 쌍방의 군사력이 직접 대치하면서 치열한 공방이 진행되고 있었다. 그러나 해상에서는 쌍방 해군력 간의 직접적인 접촉이나 교전 자체가 존재하지 않았다. 북한군의 해상전력이 거의 전무한 상태에서 한반도 전 해역의 제해권을 장악하고 있던 유엔군이 북한의 후방해역까지 통제하고 있었기 때문이다. 이러한 해상의 상황에서 양측 모두 해상 군사분계선을 설정해야 할 필요성이 크지 않았다. 특히 공산군 측은 제해권을 상실한 불리한 상황에서 해상 군사분계선이나 서해도서 문제를 협상의제로 끝까지 주장하지 않았다. 대신에 공산군 측은 지상군사분계선의 획정과 후방도서로부터 유엔군의 철수 문제에만 중점을 두고 협상에 임했던 것이다.[23]

셋째, 휴전회담 과정에서 영토나 영해 문제에 대한 논의를 배제하기로 했던 미국과 소련의 협상전략이 영향을 미쳤다. 당시 미 합참은 유엔군사령부에 "엄격히 군사적 문제에 한해서 논의되어야 하며 어떠한 정치적 문제나 영토적 문제를 포함해서는 안 된다"는 협상지침을 하달했었다.[24] 또한 소련 그로미코 외교부장관도 "군사행동 중지에 관한 잠정적인 군사협정은 특별한 절차를 통해서 해결되어야 하는 정치 문제나 영토 문제를 포함시켜서는 안 될 것"이라는 입장을 표명하였다.[25]

---

23) 통일부 정보분석국, 「서해 해상경계선 문제」, 민족통일연구원, 『남북간 불가침경계선 설정방안: 해상 불가침경계선 중심』(1991.11), 3쪽.

24) 미 합참, 「휴전회담안에 대해 미국 합동참모본부가 리지웨이 유엔군사령관에게 보내는 지시문」(1951. 6. 30), *FRUS 1951*, 598~600쪽.

25) 「그로미코 일기: 조선문제의 평화적 해결에 대한 유엔주재 소련대표의 성명과 관련해서 소련주재 미국대사와의 면담」(1951. 6. 27), 국사편찬위원회, 『한

해상 군사분계선 문제는 영해의 기준선과 관련되는데, 유엔군 측의 3해리 영해 입장과 공산군 측의 12해리 영해 입장이 첨해하게 대립되어 연해의 폭에 대한 합의를 도출하지 못했다.

넷째, 교전국 간의 정치협상을 통해 전쟁을 완전 종식시킬 때까지 임시 · 잠정적으로 적용되는 정전협정의 기본성격에서 비롯된 측면도 있다. 「정전협정」 60항에는 "정전협정이 조인되고 효력을 발생한 후 3개월 내에 각기 대표들을 파견하여 쌍방의 한 급 높은 정치회담을 소집"하기로 하였다. 이처럼 조만간에 전쟁을 완전 종결시킬 정치회담을 개최하기로 한 만큼 쌍방은 관련규정이 다소 불완전하더라도 임시적 성격의 군사정전협정을 체결하는데 별 문제가 없다고 인식한 것으로 보인다. 정치회담에서는 전쟁의 책임규명과 처벌, 교전국 간의 관계 설정 등 정치적 문제와 국경선 획정 등 영토 문제가 협의되고 해결될 것이기 때문이다.

그렇지만 해상 군사분계선이 부재하는 「정전협정」의 불완전성은 북방한계선이 출현하게 된 직접적인 원인이 되었다. 그리고 1953년 이래 반세기 이상 한반도 정전체제가 유지되고 있는 동안 북방한계선을 둘러싼 남북 간의 갈등과 충돌이 지속되어 왔다. 이러한 현상은 6 · 25전쟁이 남긴 또 하나의 산물이었다.

국전쟁, 문서와 자료, 1950~1953』, 706쪽.

4. 「정전협정」과 군사분계선 · 비무장지대, 서해 5도

정전협정과 군사분계선 · 비무장지대

순수 군사적 성격의 '정전협정'은 전쟁을 수행 중인 교전 쌍방의 군사령관 사이에 체결되며, 교전국들 간의 정치회담을 통해 평화적으로 전쟁을 종결시킬 때까지 적대행위나 무장행동을 중지하는 임시 · 잠정적 합의를 의미한다.

정전협정의 핵심개념은 교전 쌍방 군대 사이에 전투행위와 같은 적대행위를 중지시키는 것이다. 상호 적대행위를 중지시키기 위해서는 서로 접촉하고 있는 쌍방의 군사력을 분리시키는 조치가 필요하다. 따라서 통상 정전협정을 체결할 경우 양측 군사력을 격리시켜 직접적인 접촉과 전투행위를 방지하기 위한 조치로서 군사분계선과 비무장지대를 설정 · 운용한다. 군사분계선(MDL; Military Demarcation Line)은 쌍방의 군사력을 격리시키는 기준이 되는 경계선을 의미한다. 비무장지대(DMZ; Demilitarized Zone)는 군사분계선을 중심으로 설정되는 일정한 폭의 완충지대를 말한다. 비무장지대 내에서는 병력의 주둔, 무기의 배치, 군사시설의 설치 등을 제한하거나 금지시킨다.

「한국 군사정전협정」과 지상 군사분계선 · 비무장지대

앞에서 살펴보았듯이, 1951년 11월 27일 제28차 휴전회담에서 지상의 군사분계선을 그 당시의 접촉선을 기준으로 결정하고, 그 선을 중심으로 남과 북 각각 2km씩 총 4km 폭의 비무장지대를 설정하기로 합의하였다.

이러한 합의를 반영하여 체결된 「정전협정」의 제1조는 '지상의 군사분계선과 비무장지대'에 대해 구체적으로 규정하고 있다. 제1항 "한 개의 군사분계선을 획정하고 쌍방이 이 선으로부터 각기 2km씩 후퇴함으로써 적대 군대 간에 한 개의 비무장지대를 설정한다. 한 개의 비무장지대를 설정하여 이를 완충지대로 함으로써 적대행위의 재발을 초래할 수 있는 사건의 발생을 방지한다." 제2항 "군사분계선의 위치는 첨부한 지도에 표시한 바와 같다." 제3항 "비무장지대는 첨부한 지도에 표시한 북방경계선 및 남방경계선으로써 이를 확정한다"고 합의한 것이다. 이러한 규정에 따라 1954년 9월까지 군사분계선은 임진강 장단반도에 세워진 표식물 제0001호에서 시작하여 동해안 마지막 표식물 제1,292호까지 표식 되었다.[26)]

이렇게 쌍방 군사력을 격리시키는 군사분계선과 비무장지대를 설정하고, 제6항에서 "쌍방은 모두 비무장지대 내에서 또는 비무장지대로부터 또는 비무장지대에 향하여 어떠한 적대행위도 감행하지 못한다"고 규정하였다. 그리고 군사분계선의 통과와 비무장지대의 출입과 관련하여, 제7항 "군사정전위원회의 특정한 허가 없이는 어떠한 군인이나 민

26) 이문항, *op. cit.*, 82쪽.

간인이 군사분계선을 통과함을 허가하지 않는다"고 하였고, 제8항 "비무장지대 내의 어떠한 군인이나 민간인이나 그가 들어가려고 요구하는 지역의 사령관의 특정한 허가 없이는 어느 일방의 군사통제하에 있는 지역에도 들어감을 허가하지 않는다"고 규정하였다. 요컨대 군사분계선을 통과할 경우에는 양측 대표로 구성되는 군사정전위원회의 허가가 필요하고, 비무장지대를 출입할 경우에는 군사통제 지역사령관의 승인을 득해야 한다는 것을 규정한 것이다.

군사분계선(MDL)과 비무장지대(DMZ)

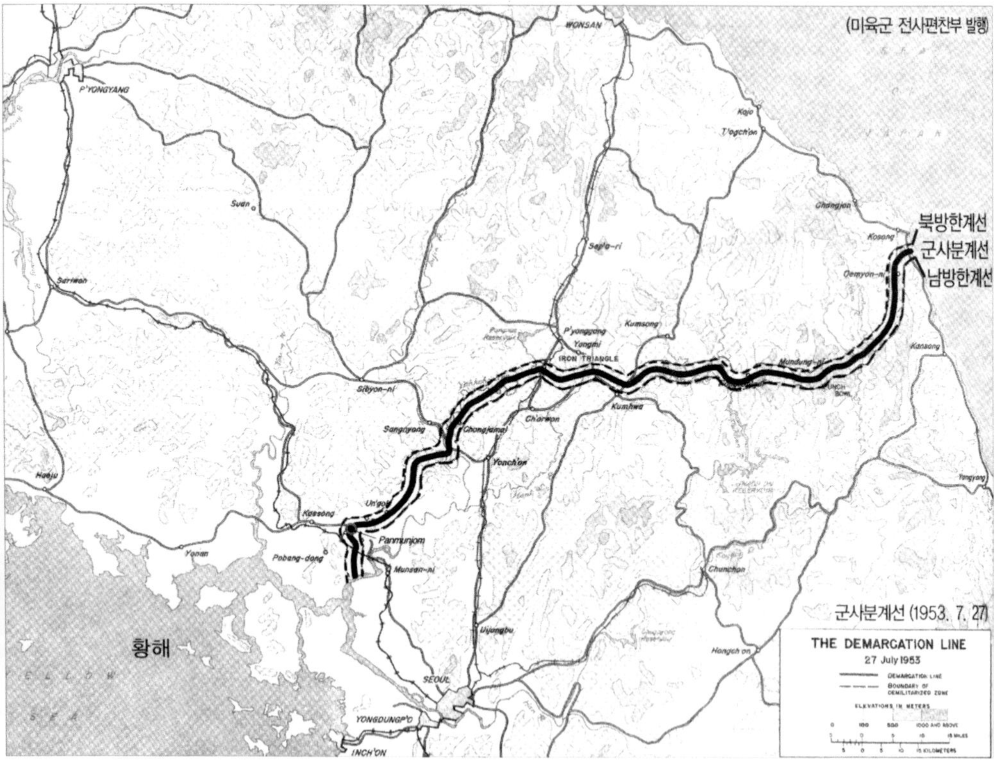

* 출처: 이문항, 『JSA-판문점(1953~1994)』(2001), 362쪽.

「한국 군사정전협정」과 한강하구

「정전협정」에서 특징적인 것의 하나는 '한강하구'에 관한 규정이다. 「정전협정」상의 한강하구(Han River Estuary)는 「정전협정」 부록 지도에서 구체적으로 표식 되어 있다. 한강하구는 지상의 군사분계선이 시작되는 장단반도 임진강으로부터 강화도와 교동도 북방의 한강하구 구역까지 설정되어 있다.[27] 그러나 이러한 한강하구 구역에는 군사분계선이 존재하지 않는다.

「정전협정」 제1조 5항에는 "한강하구의 수역으로서 그 한쪽 강안이 일방의 통제하에 있고 그 다른 한쪽 강안이 다른 일방의 통제하에 있는 곳은 쌍방의 민용선박의 항행에 이를 개방한다. 첨부한 지도(제2도)에 표시한 부분의 한강하구의 항행규칙은 군사정전위원회가 이를 규정한다. 각방 민용선박이 항행함에 있어서 자기 측의 군사통제하에 있는 육지에 배를 대는 것은 제한받지 않는다"라고 규정하고 있다.

「유엔사규정 551-4」(한국 정전협성 준수) 제25항 '한강하구 내의 민간선박 항행에 관한 제 규칙'은 "일정한 규정들을 준수하는 조건으로 쌍방의 민간선박이 항행하도록 한강하구 수역을 개방한다"고 명시한 「정전협정」 조항의 이행규칙들을 정하고 있다.

27) 「정전협정」상에 한강하구를 나타내는 자료는 부록 지도 2a 및 2b를 참조.

한강하구 지도(정전협정 첨부 지도 # 2b)

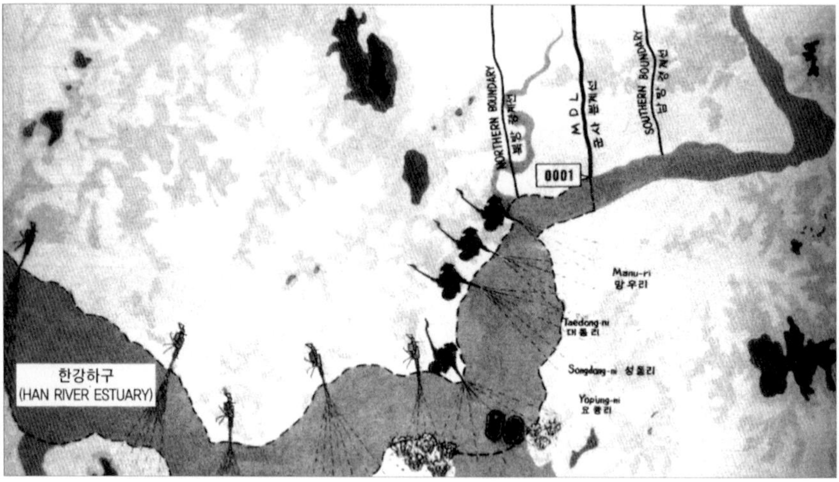

* 출처: 이문항, 『JSA－판문점(1953~1994)』(2001), 364쪽.

그러나 「정전협정」 제5항, 「정전협정 추가합의서」, 「유엔사규정」에 의하면 쌍방의 강변에 거주하는 민간인들이 필요하면 민간선박을 이용하여 항행할 수 있다. 이러한 규정에도 불구하고 정전 이후부터 1989년까지 민간선박이 출입한 경우는 없었다.

그런데 1990년 11월 24일 한국의 준설선이 한강하구를 처음으로 통과하는 사례를 남겼다. 당시 우리 정부는 수해로 인해 한강 하류와 임진강 강변의 유실된 제방을 다시 쌓고 '자유로'를 개설하는 공사를 진행하고 있었다. 민간건설회사는 제방공사를 위한 장비와 자재를 운반할 준설선이 한강하구를 통과할 수 있도록 유엔사 군사정전위원회에 요청하였다.

이에 유엔군 측은 북한군 측 군사정전위와의 비공개 회동을 통해 '수해 방지를 위해서 준설선과 예인선 8척이 인천을 출발하여 교동도를 지나 한강하구로 진입한 후 한강 하류로 운항하는 계획을 설명하고, 사전에 선박·인원·적재물 등에 관한 자료를 제공하겠다는 것을 제시하였다. 북한군 측은 판문점 직통전화를 통해 유엔군 측 제안을 수용한다는 것을 통보해왔다. 이에 따라 판문점에서 쌍방 군정위 공동감시소조 간 협의를 거쳐 세부적인 절차에 합의함으로써 첫 번째로 민간 선박이 한강하구를 통과하게 되었다.

이러한 선례에 따라 1991년 9월 자유로 건설용 골재채취선이 항행하였고, 1999년 8월에는 집중호우로 좌초되었던 준설선을 구조하여 예인하였으며, 2005년 11월에는 한강에 전시할 거북선 모형선이 여수에서 한강하구 수역을 거쳐 항행하였다. 이와 같이 법적으로는 「정전협정」상에 한강하구에서 필요시 민간선박이 항행할 수 있도록 규정되어 있으나, 현실적으로는 사전에 유엔사와 북한군 측 군사정전위 간의 협의절차를 거쳐 이루어졌다.

「한국 군사정전협정」과 해상 군사분계선 및 서해 5도

「정전협정」상에는 지상의 군사분계선과 비무장지대에 대해 명확하게 규정하고 있으나 해상의 군사분계선에 관해서는 분명하게 규정하지 못했다. 그러나 서북 5개 도서의 관할권에 대한 합의는 이루어졌다. 북위 38도선 이남으로부터 황해도와 경기도의 도경계선 서북쪽에 위치한 도서들과 해역은 6·25전쟁 이전에도 대한민국이 관할하고 있었고, 전쟁 중이나 정전 당시에도 한국군과 유엔군이 군사적으로 통제하고 있었다. 이러한 정황에 대한 상호 인정을 전제로 쌍방은 6·25전쟁 발발 이전인 1950년 6월 24일 기준으로 대한민국이 관할하고 있었던 백령도·대청도 · 소청도 · 연평도 · 우도 등 5개 도서에 대해 유엔군사령관의 군사통제하에 두기로 합의하였다.[28)]

「정전협정」 제13항 (ㄴ)목은 "본 정전협정이 효력을 발생한 후 10일 이내에 상대방의 한국에 있어서의 후방과 연해 도서 및 해면으로부터 모든 군사역량과 보급물자 및 장비를 철수한다.…상기 '연해 도서'(coastal islands)라는 용어는 본 정전협정이 효력을 발생할 때에 비록 일방이 점령하고 있더라도 1950년 6월 24일에 상대방이 통제하고 있던 도서를 말하는 것이다. 단, 황해도와 경기도의 도계선 북쪽과 서쪽에 있는 모든 도서 중에서 백령도, 대청도, 소청도, 연평도 및 우도의 도서군들은 유엔군 총사령관의 군사통제하에 남겨두는 것을 제외한 기타 모든 도서들은 조선인민군 최고사령관과 중국인민지원군 사령원의 군사통제하에 둔다. 한국 서해안에 있어서 상기 경계선 이남에 있는 모든 도서들은 유엔군 총사령관의 군사통제하에 남겨 둔다"라고 규정하였다.

그리고 「정전협정」 제15항에 "본 정전협정은 적대 중의 일체 해상 군사역량에 적용되며 이러한 해상 군사역량은 비무장지대와 상대방의 군사통제하에 있는 한국 육지에 인접한 해면(the waters contiguous to the Demilitarized Zone and the land area of Korea under the military control of the opposing side)을 존중하고 항구에 대하여 어떠한 종류의 봉쇄도 하지 못한다"라고 규정하였다. 여기에서 '육지에 인접한 해면을 존중한다'는 것은 상대방의 육지나 도서에 인접한 해면에 들어가지 않는다는 의미이다. 그런데 육지나 도서에 인접한 해면의 폭에 대해서는 합의하지 못했다.

---

28) 이문항, *op. cit.*, 94쪽 ; 제성호, 『한반도 안보와 국제법』(한국국방연구원, 2010), 218쪽.

서북 5개 도서 통제(정전협정 첨부 지도 # 3)

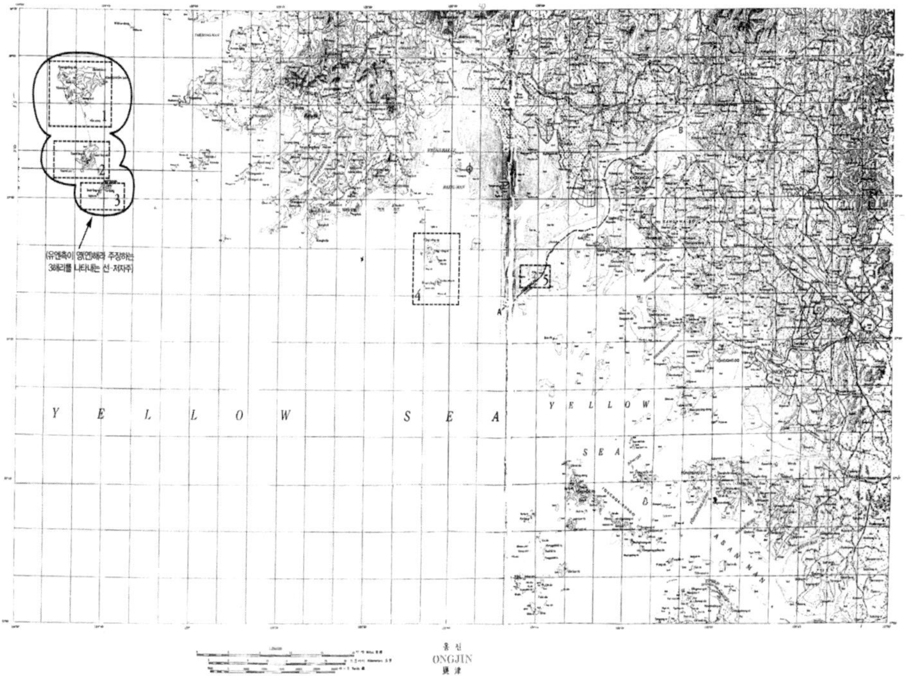

* 출처: 이문항, 『JSA-판문점(1953~1994)』(2001), 365쪽.

이처럼 「정전협정」상에는 해상의 군사분계선이나 '영해'(territory waters)에 대한 합의 조항은 없다. 해상 군사분계선에 대한 명확한 합의를 도출하지 못했던 것은 1950년대 당시 '영해'에 대한 입장 차이가 근본원인이었다. 휴전회담 과정에서 유엔군 측은 당시 국제적 관행이었던 폭 3해리의 영해 입장을, 공산군 측은 유엔군의 해상봉쇄를 우려하여 12해리 영해 입장을 견지하였던 것이다. 그리고 '영해'라는 표현을 사용하지 않은 것은 「정전협정」이 쌍방 군사령관 간에 체결하는 군사적 성격의 협정이기 때문이다. 따라서 「정전협정」에는 쌍방 군사령관이 군사통제하는 구역을 규정하고 있지만 국가를 대표하는 정부 간의 협정이 아니기 때문에 '영토'나 '영해'라는 용어를 사용하지 않았다.

그렇지만 쌍방 군사령관이 군사통제하는 관할해역과 관련하여 '연해'(coastal waters) 또는 '인접해면'(waters contiguous to)이라는 용어를 사용하고 있다. 그런데 해상 군사분계선 설정의 토대가 될 연해나 인접해면의 폭에 대한 구체적인 합의가 없었다. 이것도 영해에 대한 입장 차이에서 비롯된 것이다. 결과적으로 한반도 주변의 연해와 해상 군사분계선에 대한 명확한 합의의 부재는 남북 해상충돌의 위험성이 상존하는 근원이 되었다.[29]

---

29) James M. Lee, *op. cit.*, chapter 2 참조.

5. 유엔군사령관의 북방한계선 설정

북방한계선 설정 배경

「정전협정」은 '해상의 군사분계선'이나 해상 군사분계선의 토대가 될 수 있는 '연해 또는 육지에 인접한 해면의 폭'에 대해 규정하지 못한 불완전한 합의였다. 즉 지상과는 달리 해상에서는 쌍방 군사력을 격리시키는 분계선과 완충구역에 대해 합의하지 못한 것이다. 이처럼 해상 군사분계선이 부재하고 북한 해군력이 전무한 상황에서는 유엔군 측 함정이나 민간어선들이 북한지역 연안 인근까지 자유롭게 접근할 수 있었다. 요컨대 초계활동을 하는 유엔군 측 함정과 항공기들에 의해 북한 항구들이 봉쇄당할 수도 있고, 민간어선들이 북한 연안지역까지 마음대로 진출하여 조기잡이 등 어로활동을 할 수 있게 되는 상황이 조성된 것이다.

이와 같은 상황은 적대행위와 무장행동을 중지하고 상대방 항구에 대해 봉쇄하지 않기로 한 「정전협정」이 해상에서는 제대로 적용되기 어렵게 됐다는 것을 의미한다. 따라서 해상에서도 「정전협정」을 제대로 이행·준수하고 안정적으로 유지하기 위해서는 쌍방의 군사력을 분리시켜 적대행위와 무력충돌이 발생하지 않도록 보장하는 별도의 후속조치가 필요하게 되었다.

북방한계선 설정

「정전협정」을 이행·준수할 책임과 권한을 가진 유엔군사령관은 해상 군사분계선의 부재 상황에 대처해야 했다. 이에 유엔군사령관(Mark W. Clark)은 1953년 8월 30일 「정전협정」의 안정적인 유지·관리를 위해 유엔군 측 함정과 항공기의 해상 초계활동에 대한 북방한계의 범위를 정한 북방한계선(NLL; Northern Limit Line)을 설정하였다.[30] 동해에는 '북방경계선'(NBL; Northern Boundary Line)이란 명칭으로 지상 군사분계선의 연장선을 기준으로 설정되었다. 시해의 '북방한계선'은 당시 국제적으로 통용되던 폭 3해리 영해에 입각하여 서북 5개 도서들(백령도, 대청도, 소청도, 연평도, 우도)과 북한지역과의 대략적인 중간선을 기준으로 한강하구로부터 백령도 서북방까지 12개 좌표를 연결하여 설정되어 있다. 동해의 북방경계선과 서해의 북방한계선의 명칭은 1996년 7월 1일 「유엔사/연합사 규정 524-4」(정전 시 교전규칙)를 개정할 당시 모두 북방한계선의 명칭으로 통일되었다.

동해와 서해에서 유엔군 측 해·공군의 초계활동 범위를 한정하는 북방한계선은 한반도 해역에서 남북간 우발적 무력충돌이 발생할 가능성을 줄이고 예방한다는 목적으로 설정된 것이다. 즉 「정전협정」의 목적인 남북 간의 적대행위와 무력충돌을 방지하고 정전체제를 안정적으로 관리하기 위한 조치였다. 당시 북한군의 해군세력이 거의 전무하였고 유엔군이 한반도의 전 해역을 장악하고 있었던 상황에서 유엔군 측

---

30) 「유엔사/연합사 교전규칙」 S항 (자) 세항에 "북방한계선은 유엔사/연합사 해군 및 항공 초계활동의 북방한계를 한정짓기 위해 유엔군사령관이 일방적으로 설정하였다"고 적시되어 있다. 국방정보본부, 『군사정전위원회편람』(2)(1993), 425쪽.

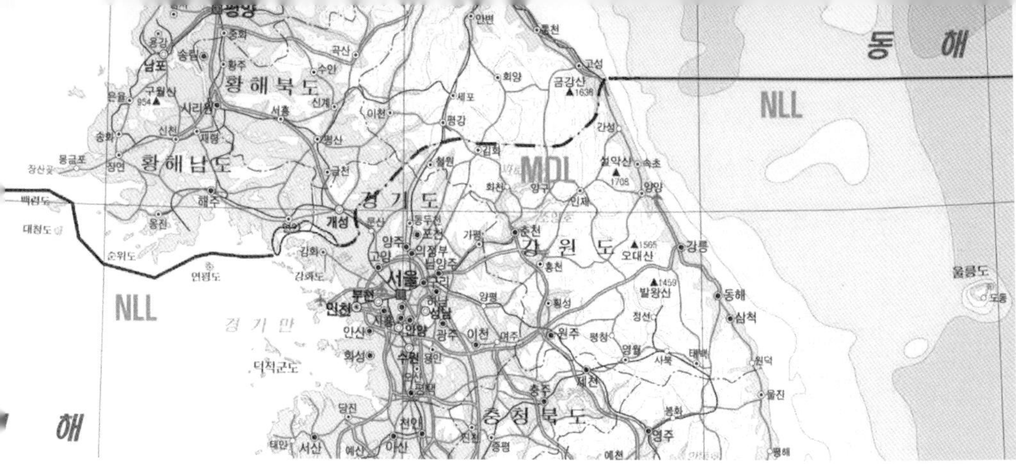

북방한계선

의 활동만 적절히 통제하면 쌍방 간의 무력충돌을 예방할 수 있었기 때문이다.[31]

이로 볼 때 북방한계선은 해상 군사분계선이 부재한 「정전협정」의 불완전성을 보완하기 위한 유엔군사령관의 후속조치였던 셈이다. 군사분계선과 같은 기능을 수행하는 북방한계선을 통해 해상에서도 「정전협정」이 제대로 이행·준수되도록 했던 것이다. 보다 구체적으로 보면, 서해 북방한계선은 「정전협정」 제13항 (ㄴ)목과 15항을 이행·준수하는 의미를 담고 있다. 첫째, 쌍방의 군사통제하에 있는 도서나 육지에 인접한 해면 또는 연해는 해상 군사분계선을 설정하는 기준이 될 수 있는데,[32] 인접해면과 연해의 범위에 대해 당시 국제적 관행이었던 폭 3해리의 영해를 적용하였다. 둘째, 3해리 인접해면을 적용한 서해 5개 도서와 북한지역과의 중간선을 기준으로 설정하였다. 셋째, 유엔군사령관의 서

31) 국방부, 『북방한계선(NLL)에 관한 우리의 입장』 개정판(2007), 7쪽.

32) 휴전협상 과정에서 연해수역(coastal waters)의 폭에 대한 유엔군 측의 3해리 입장과 공산군 측의 12해리 입장의 대립으로 인해 해상 군사분계선이 합의되지 못했던 것은 앞에서 기술하였다.

해 5개 도서군들에 대한 군사통제권을 보장하고, 북한지역 항구에 대한 봉쇄를 예방하기 위한 군사상황을 함께 고려하였다.

이러한 유엔군사령관의 북방한계선 설정에 따라 대한민국 해군은 1953년 8월 30일부터 북방한계선을 기준으로 해상작전을 수행하기 시작하였다. 대한민국 해군본부의 1953년 8월 30일자 「작전경과보고서」 제8항에는 "「해본기밀 제1,235호」(단기 4286. 08. 30자)에 의거 휴전기간 중 한국해군함정에 대한 작전지시" 사항들이 기록되어 있고, 첨부한 별지도(別紙圖)에 지상 비무장지대와 동·서해 북방한계선이 적색으로 표식되어 있다.[33)]

그리고 1953년 11월 25일자 「해본작기밀발(海本作機密發) 제417호」(2급 비밀)에 의하면,[34)] "「군사정전협정」이 성립된 시간부터 최종적인 정치문제 결정에 도달할 때까지 한국해군을 포함한 유엔군과 북한공산군 및 중국공산군 간에도 유효한 작전 지시로서, 한국 해군 및 함정에 대해 남한 해안으로부터 3해리 밖의 해역에서는 경비, 순회, 수색 활동을 하지 않도록" 지시하고 있다.[35)] 이는 육지나 도서의 인접해면 또는 연해에 대해 3해리 영해 원칙을 적용하였고, 「정전협정」 제13항 (ㄴ)목에서 규정한 유엔군사령관이 군사통제하는 서해 5도와 관할해면을 보장하기 위한 대한민국 해군함정의 경비, 순회, 수색 활동을 규정하고 있는 것이다. 또한 1959년 1월 「해본기밀 작전지시」(2급 비밀) 제2장 '해

33) 해군본부, 해군사료 『작전경과보고서』 제13권(1953. 7. 28~1953. 12. 31)(2002), 119~123쪽. 해군의 일일 작전활동을 보고하는 작전경과보고서는 2급 비밀로 작성되었으나, 비밀 해제되어 2002년에 연간 단위로 종합된 영인본으로 발간되었다.

34) 이는 1953년 8월 30일자 「해본기밀 제1,235호」를 개정하여 하달한 해군 참모총장의 작전지시이다.

35) 해군본부, 『작전경과보고서』 제13권(2002), 81~108쪽.

군의 기본임무 및 작전개요'에 북방경비한계선의 9개 좌표(북위 및 동경 표시)가 기록되어 있다.[36)]

북방한계선과 클라크 라인(Clark Line)

북한은 북방한계선에 대해 '클라크 라인'의 후신이라고 주장하고 있다. 2006년 남북장성급군사회담에서 북측은 "1952년 9월 27일 클라크 미군사령관이 북한에 대한 해안봉쇄를 목적으로 클라크 선을 만들었고, 1953년 8월 30일 이 봉쇄선을 되살려서 북측과 아무런 합의도 없이 일방적으로 북방한계선을 설정하였다"고 주장한 것이다.

그러나 클라크 라인과 북방한계선은 상호 성격이 전혀 다른 것이다. 클라크 라인은 전쟁 중에 북한 해안의 봉쇄를 위해 선포되었던 해상봉쇄선의 개념이었으나, 북방한계선은 정전 이후 남북 간의 무력충돌을 방지하기 위해 설정된 해상 군사분계선과 같은 개념이다.

1951년 11월 휴선회남에서 제1의제인 군사분계선과 비무장지대 설정 문제가 타결되었다. 그런데 1952년에 들어서자 공산군 측은 휴전 협상을 유리하게 끌고 나가기 위해 지연전술을 구사하였다. 유엔군 측은 정전협정의 조기 타결을 위해 공산군 측을 압박할 조치가 필요했다. 이러한 의도에서 제해권과 제공권을 장악한 클라크 유엔군사령관은 1952년 9월 27일 전략적으로 한반도 해상을 봉쇄하는, 일명 '클라크 라인'(Clark Line)으로 불린, '한국방위수역'(KSDZ; The Korean Sea Defense Zone)을

36) 해군본부, 『작전경과보고서』 제19권(1959. 1. 1~12. 31)(2002), 15쪽.

선포하였다. 당시 클라크 유엔군사령관은 클라크 라인의 설정 의미에 대해 "해안을 통한 공산군의 공격을 저지하고, 유엔군의 해상통제선(sea lines of control)을 확보하며, 남북 간의 밀수 무역을 저지하고, 이 지역에 대한 적 공작원의 침투를 저지"하는데 있다고 설명하였다.[37] 클라크 라인의 설정은 오로지 전시에 한반도 연안의 경비 및 적의 침입과 금수품 도입을 예방하기 위해 실시한 조치였던 것이다.

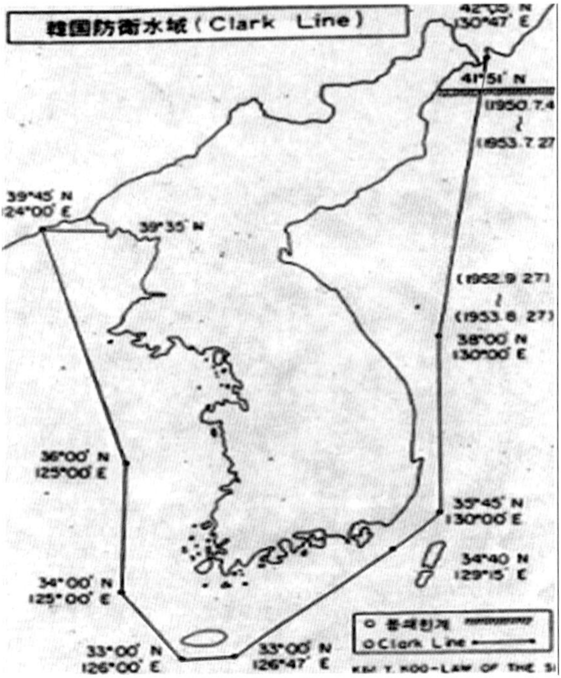

한국방위수역(Clark Line)

37) "Letter from American Embassy in Pusan to the Ministry of Foreign Affairs of Korea" (September 29, 1952), 외교통상부 외교사료관 소장, 『유엔사령부의 해상방위봉쇄선(Clark Line) 설정 및 폐지: 1952~1953』; 신복룡, *op. cit.*, 218쪽 재인용.

클라크 라인의 한국방위수역은 신의주 앞바다에서 제주도 남쪽을 거쳐 대한해협을 지나 두만강 입구에 이르는 한반도 전체 연안 약 100해리 내외의 해역이 포함되었다. 이러한 전시 해상봉쇄선은 해상을 통해 한국 해안에 대한 공격을 방어하고 북한에 무기와 물자가 보급되는 것을 차단하는 효과를 발휘하였다. 또한 클라크 라인은 한국과 제주도 인근수역에서 유엔군이 군사작전을 원활하게 수행하고 작전보안을 유지하기 위해 불필요한 선박들의 접근을 방지하는 역할도 하였다.

이 클라크 라인은 1953년 7월 27일 「정전협정」이 체결된 후에 해제되었다. 1개월이 지난 후인 1953년 8월 27일 유엔군사령관이 유엔군 해군함정의 한국방위수역 통제를 철폐한다고 공개 발표한 것이다. 클라크 라인이 해제된 배경에는 「정전협정」을 이행하는 차원과 함께 한·일 간의 수역 분쟁을 예방하기 위한 목적도 작용하였다.

첫째, 「정전협정」 규정상 전시 해상봉쇄선의 해제가 필요하였다. 즉 「정전협정」 제13항 (ㄴ)목에 "정전협정이 효력을 발생한 후 10일 이내에 상대방의 후방과 연해도서 및 해면으로부터 모든 군사역량, 보급물자 및 장비를 철거한다"는 것과 제15항에 "해상 군사역량은 상대방의 군사통제하에 있는 한국육지에 인접한 해면을 존중하며 항구에 대하여 어떠한 종류의 봉쇄도 하지 못한다"는 것을 규정하고 있다. 따라서 이러한 「정전협정」의 정신과 규정을 준수하기 위한 유엔군 측의 호의에 따라 해제된 것이다.[38] 이러한 유엔사의 한국방위수역 해제에 대해 한국 정부는 휴전 이후 적에게 유리해진다며 즉시 복구할 것을 요구했다.[39]

---

38) "CINCUNC to DS" (Aug. 25, 1953), 12/84 Foreign Service Posts of the Department of State ; 조성훈, 『군사분계선과 남북한 갈등』(2011), 94쪽에서 재인용.

39) 『동아일보』(1953. 8. 30) ; 조성훈(2011), 94쪽에서 재인용.

두 번째, 클라크 라인의 해제는 간접적으로 한·일 간의 어업분쟁과 밀접한 관련이 있었다. 이승만 대통령은 1952년 1월 18일 일본과 중국 등 주변국의 불법 어로행위로부터 어민과 수산자원을 보호하고 독도 등 해양주권을 지키려는 목적으로 해안으로부터 60마일을 우리 영토로 간주하는 '평화선'을 선포하였다. 이런 상황에서 유엔군사령관이 한국방위수역을 설정한 것에 대해 일본은 유엔군사령관이 이승만 대통령의 평화선을 지지하는 것으로 생각하였으며, 이로 인해 일본 어민들의 어업활동이 크게 제약을 받게 됐다고 주장하였다. 한국은 한국방위수역 내의 평화선을 넘어와 어로활동하는 일본어선들을 나포하였던 것이다. 따라서 클라크 라인이 폐지되자 일본 어민들은 크게 환영하였고, 실제로 동·남해에서의 일본 어선들의 출어가 대폭 증가하였다.[40]

일반적으로, '봉쇄선'(blockade line)이란 전시에 교전국의 해군력으로써 선적한 화물의 국적 및 형태와 상관없이 모든 선박에 대해 적국의 항구 또는 해안선과 연해를 출입·교통하는 것을 차단하는 선을 의미한다.[41] 이 봉쇄선 개념에 의하면 적국 선박은 물론 이를 침해하는 중립국 선박에 대해서도 나포나 몰수 등 통제할 수 있다. 그러나 북방한계선은 제3국 선박이 북방한계선을 통과하여 북한지역 항구에 출입하는데 대해 어떠한 통제나 제재도 적용하지 않고 있다.

또한, 남북한 당국은 2005년 5월 「남북해운합의서」와 「남북해운합의

40) 동북아역사재단 편, 『일본 국회 독도관련 기록모음집』(1), 144·147쪽 ; 조성훈(2011), 95쪽에서 재인용.

41) 전시 국제법상 봉쇄의 개념에 관해서는, Ludwig Weber, "Blockade", *Rudolf Dolzer et al, Encyclopedia of Public International Law*, vol. 3 (Use of Force·War and Neutrality, Peace Treaties) (Amsterdam·New York·Oxford: North Holland Publishing Company, 1982), pp. 47~51.

서의 이행과 준수를 위한 부속합의서」에 합의하였다. 이들 합의서는 남북 간의 해상수송을 위해 북방한계선을 통과하는 '남북해상항로대'를 설정하였다. 이 합의에 따라 남북한 선박은 남북해상항로대를 따라 항해하고 상대측 항구에 출입하고 있다. 이는 북방한계선이 북한의 해안을 봉쇄하지 않는다는 점을 전제로 하고 있는 것이다.[42]

따라서 북한이 북방한계선에 대해 「정전협정」상의 봉쇄금지 조항을 위반한 불법적인 선이라거나 '클라크 라인'의 후신인 봉쇄선이라고 하는 것은 사실을 왜곡하는 부당한 주장이다.

북방한계선과 이 대통령의 북진 주장

북한은 이승만 대통령의 북진통일을 막기 위해 북방한계선이 설정되었다고 주장하고 있다. 2006년 남북장성급군사회담에서 북측은 "미국이 북방한계선을 설정한 것은 북측보다도 남측 당국자가 북진통일을 위해서 북한의 서해안을 다시 공격할 가능성이 있다는 정세판단에 따라 남측 해군함정의 반북 군사적 행동을 통제하려고 설정했다"고 주장하였다. 북한은 당초 북방한계선이 북한에 대해 효력을 발휘할 목적이 없었다고 강변하였던 것이다.

그러나 이러한 북한의 주장과는 달리, 유엔군사령관의 북방한계선 설정과 이 대통령의 북진통일 주장과는 아무런 관련성이 없다.

6·25전쟁 기간 중 유엔군은 한반도 제해권을 장악하고 있었다. 대한

42) 제성호(2010), *op. cit.*, 247쪽.

민국 해군도 한반도 해역에서 공산군의 해상활동을 봉쇄하는 해상작전과 기뢰제거 작전을 수행하였다. 그리고 북한지역 동·서해에 산재한 도서들을 장악하여 공산군의 후방을 교란하고 있었던 유격부대를 지원하고 있었다. 서해에서는 전쟁 발발 이전부터 대한민국이 관할하고 있었던 38도선 이남의 도서들은 물론 38도선 이북 황해도 도서들을 한국군과 유엔군이 통제하고 있었다. 특히 한국군 해병대는 1951년 12월 31일 해병 서해부대를 창설한 후 38도선 이북 황해도 도서들인 석도, 웅도, 초도, 그리고 38도선 이남의 백령도와 연평도에 병력을 배치하여 작전활동을 전개하였다.[43] 그 밖의 38도선 이남 도서들인 대청도·소청도·우도를 비롯한 용매도·대수압도·소수압도·무도·순위도·용호도·어화도·창린도·기린도·마합도 등을 해·공군의 지원 하에 통제하였다. 반면에 북한 해군전력은 1951년 전쟁 당시는 12척 정도의 어뢰정과 경비정을 보유하는 수준이었고,[44] 1953년 정전 무렵에는 무력화된 상태였다.[45] 유엔군의 압도적인 해·공군력의 위협 속에서 북한군은 황해도 일대는 물론 북한 후방지역의 도서들조차도 통제권을 상실한 상황이었던 것이다.

---

43) 해군본부, 『NLL, 우리가 피로써 지켜온 해상경계선: 북한의 NLL 해역 도발사』(2011), 2쪽.

44) 미 해군은 1952년 11월 북한 해군이 어뢰정(motor torpedo boats) 및 경비정(patrol craft) 12척 정도를 보유하고 있는 미미한 수준으로 평가하고 있다. Army-Intelligence Project Decimal File 1951~1952, Korea & Pyong Yang, 군사편찬연구소 HD 1620, 조성훈(2011), 91쪽에서 재인용.

45) 6·25전쟁 발발 시 북한의 해군력은 함정 35척이었으나 정전협정 체결 당시는 완전 궤멸된 상태였다. 해군병력은 정전 당시 14,500명이었으나 사실상 해군함정들이 소멸된 상황에서 각 기지에서 지상군을 지원하던 육상근무병의 인원이었다. 반면 대한민국 해군의 함정은 전쟁 발발 시 36척에서 정전 시 57척으로 증가한 상태였다. 국제문제연구소, 『방위총서』(1986), 238쪽.

한편, 휴전회담 당시 이승만 대통령의 정전협정 체결 반대와 북진통일 주장은 「정전협정」 체결 이후 한국의 안보를 보장할 「한·미 상호방위조약」을 체결하기 위한 대미 협상전술의 일환이었다. 1953년 6월 한·미 간에 상호방위조약을 체결하기로 합의함에 따라 이 대통령은 「정전협정」의 이행을 약속하였으며, 이에 따라 「정전협정」이 순조롭게 체결될 수 있었다. 이 대통령은 약속대로 「정전협정」을 이행·준수하였다. 또한 이 대통령이 한국군 단독의 북진통일을 주장하였지만, 현실적으로 실행할 수 없는 주장이었다. 1950년 7월 14일 이 대통령은 유엔군사령관에게 한국군의 작전지휘권을 이양하였다. 유엔군사령관이 한국군의 작전지휘권을 행사하고 있던 상황에서 이 대통령이 북진통일을 위해 북한지역 서해안으로 공격하는 것은 불가능한 것이었다.

1953년 7월 27일 「정전협정」의 체결 및 발효에 따라 유엔군 측은 서해 5개 도서를 제외하고 한국 해병대와 유격대들이 점령하고 있었던 동·서해 북한지역 도서들로부터 인원과 장비·물자들을 철수하였다.[46)]

---

46) 해군본부의 단기 4286년(1953년) 7월 27일자 「작전경과보고서」 3항에는 "7월 27일 10:00부터 10일간 유엔군은 휴전조약에 의하여 공산 치하에 들어갈 동서 해안의 도서로부터 인원(군인 및 민간인), 장비 및 보급물을 철수한다. ① 그 기간 중 해군으로서는 해본기밀발(海本機密發) 제1,012호에 의거 작전해역에 있는 한국해군 단위부대(함정)는 종전과 같이 동서 유엔해군 현지 작전지휘관의 작전지휘 하에 철수지원 및 기타 요구되는 다른 임무에 임하였음. ② 한국 해병대사령부는 동해해병도서부대(약 1개 대대 및 장비)를 진해에 철수시키고 서해도서부대는 하기와 같이 배치하였음. a) 백령도에 있는 한국해병대는 계속 백령도에 재류주둔(在留駐屯)케 하였음. b) 연평도에 있는 한국해병대는 계속 연평도에 재류케 하였음. c) 초도(椒島) 및 석도(席島)에 있는 한국해병대는 장비와 보급물을 휴대하고 백령도로 이동하였음. ③ 해군본부는 동해도서에 차출되어 있는 정보원 및 장비를 부산까지 철수시키고 서해도서에 배치되어 있는 해군정보원은 Lat 37-35 이북 도서에서 백령도와 연평도로 이동하였음." 4항에는 "휴전 조인일부터 10일 이후(단기 4286년 8월 5일까지)는 백령도, 대청도, 소청도, 연평군도 및 우도의 서해도서에 종

그리고 원산과 남포 인근 해역에서 작전활동을 하던 유엔군 및 한국군 해군함정들을 남하시켰으며, 8월 30일 북방한계선을 설정하여 유엔군과 한국군의 해상 초계활동을 북방한계선 이남 수역으로 제한하였다.

이러한 북방한계선은 적대행위를 중지시키기 위한 「정전협정」의 기본 정신에 따라 설정된 것이다. 요컨대 쌍방 군대를 격리시킴으로써 군사적 긴장과 충돌을 억제하는 해상경계선이라는 의미이다. 「정전협정」이 유엔군 측과 공산군 측 모두에게 적용되듯이, 북방한계선도 유엔군 측 일방에게만 적용되는 것이 아니라 피아 모두에게 적용된다.

이러한 일련의 사실들은 유엔군사령관의 북방한계선 설정과 이 대통령의 북진통일 주장과는 관련성이 없다는 것을 말해주고 있다. 북한은 북방한계선의 설정 목적과 기능을 왜곡시키기 위한 억지논리로서 이 대통령의 북진통일 주장을 갖다 붙이고 있는 것이다.

북방한계선과 북한의 이익

「정전협정」에 따라 유엔군사령관은 서해 5개 도서를 제외하고 당시 점령하고 있었던 모든 북한 지역의 도서들로부터 병력과 장비를 철수시켰다. 또한 「정전협정」의 후속조치로서 북방한계선을 설정하여 유엔군 측의 해상·공중 초계활동 범위를 제한하였다. 북방한계선은 남북

전과 같이 후방지원을 계속하였음", 그리고 "※ 휴전조약에 의거 동해해병도서부대가 철수한 도서로 양도(洋島), 난도(卵島), 원산 근해 도서군(麗島, 芽島, 黃土島, 沙島, 薪島, 재도, 瓮島)" 등을 기록하고 있다. 해군본부, 『작전경과보고서』 제13권(2002), 1~3쪽.

해군 사이의 직접적인 대치와 충돌을 방지하고 군사적 긴장을 억제하는 기능을 발휘하였다. 해상에서의 평화와 안정을 유지시켜주는 실질적인 해상경계선으로 작용했던 것이다.

이에 따라 당시의 북한으로서는 북방한계선이 유익할 수밖에 없는 처지였다. 당시 유엔군은 한반도 전 해역에 대한 해상통제권을 장악하고 있었고, 북한의 해군력은 괴멸되어 거의 전무한 상태에 있었으며, 더욱이 「정전협정」에는 해상 군사분계선에 대한 규정도 없었다. 이처럼 북한에게 절대적으로 불리한 상황은 북방한계선이 설정됨으로써 상쇄되었다. 즉 북한으로서는 북방한계선이 울타리 역할을 하게 되어 유엔군 측의 해상봉쇄 위험으로부터 벗어날 수 있었다. 또한 북방한계선 이북의 해역을 얻을 수 있었으며, 이 해역에서는 해군함정과 민간선박의 자유로운 항해와 어로활동을 보장받게 됐던 것이다. 북한이 북방한계선이 설정된 이후 20년 동안이나 아무런 이의를 제기하지 않고 인정·준수해왔던 사실은 자신에게 유리한 것으로 인식하였다는 반증이다.

6. 북한의 북방한계선 인정 · 준수

북한은 1953년 설정된 북방한계선에 대해 아무런 이의도 제기하지 않고 있다가 1973년부터 부정하기 시작하였다. 북한은 북방한계선이 북한과 합의 없이 설정되었고 북한에 통보되기 않았기 때문에 인정하지도 않았고 인정할 수도 없다고 주장한다.

그러나 북방한계선이 설정된 이후 현재까지 북한이 취해온 실제 행동과 정황자료들은 사실상 북방한계선의 존재를 인지하고 이를 인정 · 준수해왔다는 것을 보여주고 있다. 특히 1973년 이후에도 말로는 부정하면서도 실제 행동에 있어서는 인정 · 준수하는 이중적 행태를 보여 왔다.

북한 외무상의 해상봉쇄 해제 요구 발언

북한이 북방한계선의 존재를 인지하고 있었다는 사실은 1954년 제네바 정치회담에서 북한 외무상이 발언했던 데에서 알 수 있다. 「정전협정」 제60항에는 정전협정 서명 후 3개월 이내에 한국문제의 해결을 위해 정치회담을 할 것을 건의하였다. 이에 따라 1954년 4월 26일부터 6월 15일까지 제네바에서 15개 유엔참전국(남아공 불참), 남 · 북한, 중국, 소련 등 19개국 외무장관들이 참석한 정치회담이 개최되었다. 1954년 6

월 15일 제네바 정치회담에서 휴전회담 공산군 측 수석대표였던 북한의 남일 외무상은 "현재까지 계속되고 있는 미국의 북조선에 대한 해안봉쇄는 우리 해안에 대한 비법적인 봉쇄"라고 하면서 해제할 것을 요구하였다.[47]

제네바 정치회담에서 북한 외무상이 언급한 '해안봉쇄'는 북방한계선에 대해 항의한 것으로 보인다. 왜냐하면, 「정전협정」 체결 후 유엔군 측은 한국방위수역을 해제하고, 새로운 북방한계선을 설정하였기 때문이다. 1953년 8월 27일 유엔군사령관은 1952년 9월 27일 북한해안을 봉쇄하기 위해 설정했던 한국방위수역(클라크 라인)에 대한 해제를 공식 발표했다. 이에 대해 한국은 반대하였고, 일본은 환영하였던 사실들이 언론에 보도됐었다. 그리고 1953년 8월 30일 유엔군사령관은 남북간 무력충돌을 방지하기 위해 북방한계선을 설정하였고, 이후 유엔군과 한국군의 해상작전 활동은 북방한계선 이남 수역에서 수행되었다. 클라크 라인이 공개적으로 해제된 지 1년이 지난 1954년 6월 당시의 남일 외무상의 발언은 북한이 북방한계선의 존재를 인지하고 있었고, 이를 해안봉쇄선이라고 비난한 것으로 볼 수 있다.

북한 『조선중앙연감』의 북방한계선 표기

북방한계선에 대해 북한은 최소한 1954년에 인지하고 있었고, 1959년에는 이를 인정하였다. 이에 대한 단적인 증거는 1959년 11월 30일 '조

47) 조선중앙통신사, 『조선중앙연감 1954~1955』, 350쪽 ; 조성훈(2011), 98쪽에서 재인용.

선통신사'라는 북한당국에 의해 공식 발간된 『조선중앙연감』에 북방한계선을 군사분계선으로 표기하고 있다는 점이다.[48] 이는 북한이 북방한계선에 대해 직·간접적으로 알고 있었으며, 군사분계선으로 인식하고 있었다는 것을 보여주는 것이다. 요컨대 북한 스스로 북방한계선을 공인한 것이다.

조선중앙연감(조선중앙통신사, 1959)

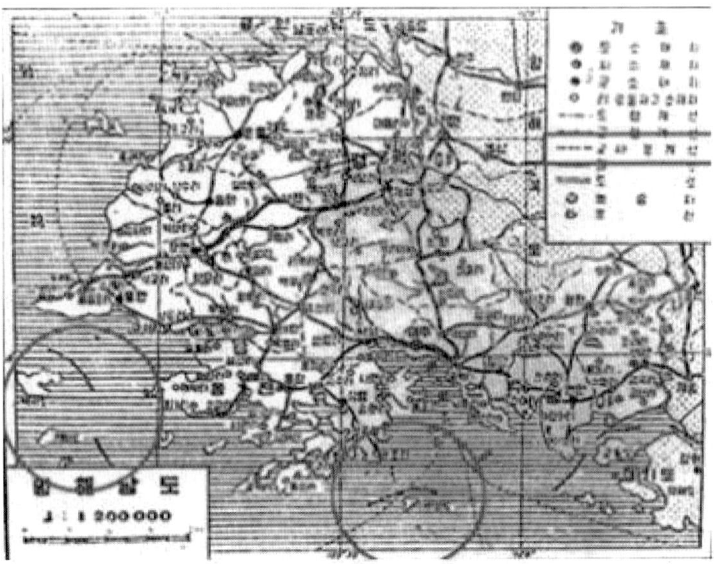

* 출처: 국방부, 『북방한계선(NLL)에 관한 우리의 입장』(2007), 18쪽.

그러나 2004년부터 남북군사회담에서 본격적으로 북방한계선 무실화에 나섰던 북한은 감출 수 없는 증거에 대해 스스로 해명하고 나섰다. 북측은 이러한 명백한 사실을 정면으로 부정하기 어려웠던지 잘못 표

48) 국방부, 『북방한계선(NLL)에 관한 우리의 입장』(2007), 18쪽.

기한 것이라고 변명하였다. 2006년 5월 제4차 남북장성급군사회담에서 북측 대표 김영철은 『조선중앙연감』을 출간한 출판사가 표기를 잘못했기 때문에 인민들의 항의를 받고 출판사가 없어졌으며 3개월 만에 도표를 찢어 버렸다고 말도 안 되는 궤변을 늘어놓았던 것이다.

군사정전위원회에서 북방한계선 인정

북한은 「정전협정」 위반사건을 다루었던 군사정전위원회 본회의에서 북방한계선을 인정하는 발언을 한 바 있다. 이러한 사례는 북방한계선을 침범한 북한 간첩선의 격퇴 문제로 1963년 5월 17일 개최된 군사정전위 제168차 회의에서 북한군 측이 발언한 것을 들 수 있다.[49]

당시 군사정전위 회의에서 북한 간첩선의 침투 및 격퇴 위치에 대한 논란이 벌어졌었다. 유엔군 측은 북방한계선이 그려진 지도를 통해 북한 간첩선의 침투상황을 지적하고 "아군 초계정은 정체불명의 선박이 북방한계선을 침범하여 남쪽으로 이동하여 오는 것을 발견하고 정체를 밝히라고 수차 신호했음에도 불구하고 반응이 없자 그 정체를 확인하기 위해 접근하는데 돌연 발포함으로써 사격하였다"고 항의하였다.[50] 그러자 북한군 측은 "북한 함정이 북방한계선을 넘어간 적이 없다"고 언급하였다.

북한군 측의 이러한 언급은 북방한계선의 존재를 전제로 한 것이다.

---

49) 국방부(2007), *op. cit.*, 28쪽.

50) 국방정보본부, 『군사정전위원회편람』(1986), 274쪽.

즉 북한군 측은 북방한계선의 존재 사실을 인지하고 이를 준수하고 있다는 것을 스스로 인정한 것이다.

북한 간첩선 침투 · 격퇴 위치에 대한 양측 주장(1963)

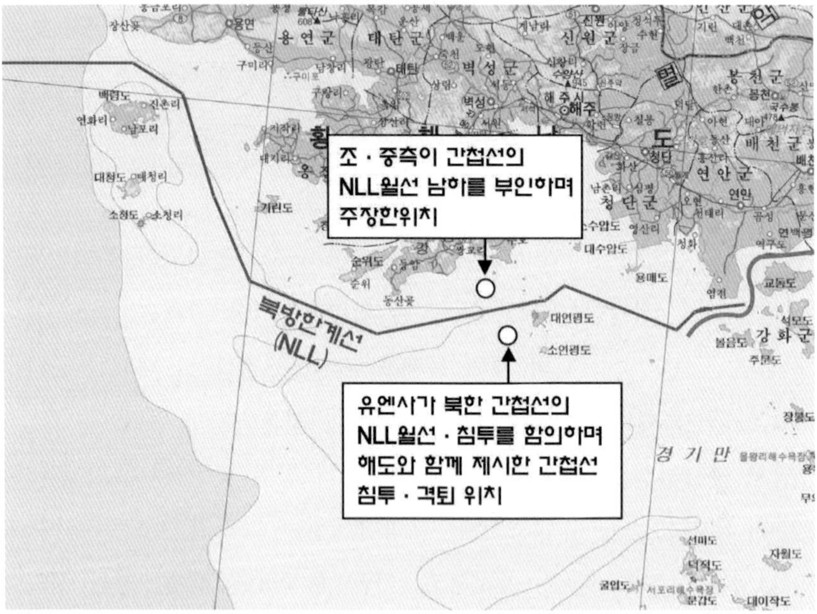

*출처: 국방부, 『북방한계선(NLL)에 관한 우리의 입장』(2007), 28쪽.

북한 수해물자 수송선박의 인수 · 인계 위치

1984년 여름 발생한 우리의 홍수 피해에 대해 북한 적십자사가 수해복구물자를 지원해 주었다. 1984년 9월 29일부터 10월 5일까지 수해 지원물자를 실은 북한 수송선박들이 우리 측 지역으로 넘어와 지원물자를 인도하고 복귀하였다.

북한 수해물자 수송선박과 양측 호송단 상봉위치

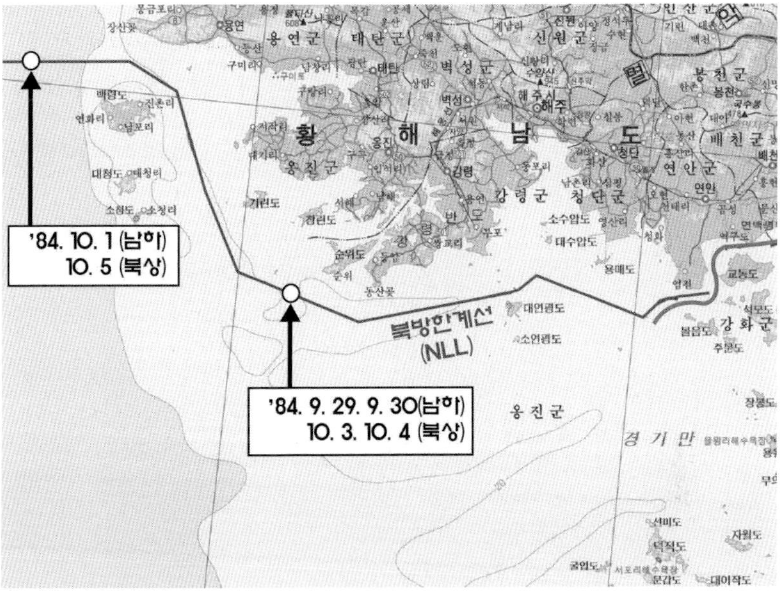

* 출처: 국방부, 『북방한계선(NLL)에 관한 우리의 입장』(2007), 29쪽.

이러한 북한선박의 남하와 북상 과정에서 경비함정 등 군함으로 구성된 양측 호송단이 백령도와 연평도 서북방 북방한계선 선상에서 상봉하여 북한 수송선박을 각각 인계 · 인수하였다.

「정전협정」과 국제법에서 볼 때 군함은 자국의 관할권이 미치는 해역에서만 활동이 가능하다. 따라서 남북의 군함들이 북방한계선 상에서 상봉한 것은 북한이 북방한계선을 실질적인 해상경계선으로 인정하고 있다는 것을 보여주는 것이다.[51)]

51) 국방부(2007), *op. cit.*, 29쪽.

북한의 한국 비행정보구역(FIR) 인정

북한은 국제민간항공기구(ICAO)에 공고되고 발효된 대한민국 비행정보구역(FIR)을 인정하고 있다. 대한민국의 비행정보구역은 북방한계선과 군사분계선을 적용하여 설정된 것이다.

대한민국 비행정보구역(FIR)

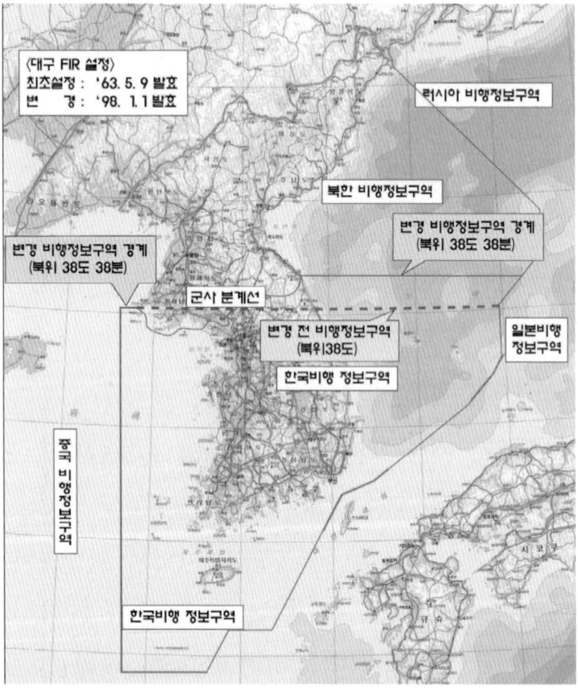

* 출처: 국방부, 『북방한계선(NLL)에 관한 우리의 입장』(2007), 30쪽.

1993년 5월 국제민간항공기구 간행물인 항공항행계획(ANP)에서 북방한계선과 군사분계선을 북쪽 경계로 하여 조정된 한국의 비행정보구역

변경안이 공고되었고 1998년 1월 말 발효되었다.[52] 몰론 국제민간항공기구가 공인하는 비행정보구역이 해당 국가의 영토 · 영공 · 영해를 규정하는 의미를 갖는 것은 아니다. 그러나 조난 항공기에 대한 탐색 및 구조 임무가 있기 때문에 해당 국가의 주권이 미치는 구역을 따라 설정되는 것이 관례이다.

그런데 국제민간항공기구를 통해 대한민국 비행정보구역의 변경사항이 1993년 5월 공고된 이후 1998년 1월 발효될 때까지 북한은 전혀 이의를 제기하지 않았다. 이처럼 북한이 대한민국 비행정보구역을 인정한다는 것은 북방한계선을 묵인하고 있다는 또 하나의 증거이다.

북한 조난선박의 북방한계선상 인수 · 인계

북한 민간선박이 항로착오, 기관고장, 좌초, 기상악화 등으로 북방한계선을 넘어올 경우 우리 측이 구조하여 북측에 인도할 때마다 북방한계선 선상에서 이루어졌다. 우리 측 어선 등 민간선박이 북한지역으로 진입하거나 북한함정에 나포될 경우도 남북당국 간 협의에 따라 북방한계선에서 인수 · 인계가 이루어지고 있다.

2002년 6월 20일 연평도 서방 해역에서 기상악화와 항로착오로 북방한계선을 월선한 북한의 전마선, 그리고 2002년 12월 11일 대청도 북방에서 좌초된 북한 유류바지선의 선원과 선박 등은 우리 측이 구조하여 북방한계선 선상에서 북측에 송환되었다.

---

52) ICAO; International Civil Aviation Organization, ANP; Aeronautical Navigation Plan, FIR; Flight Information Region.

북한 조난선박 인계시 상봉위치(2002)

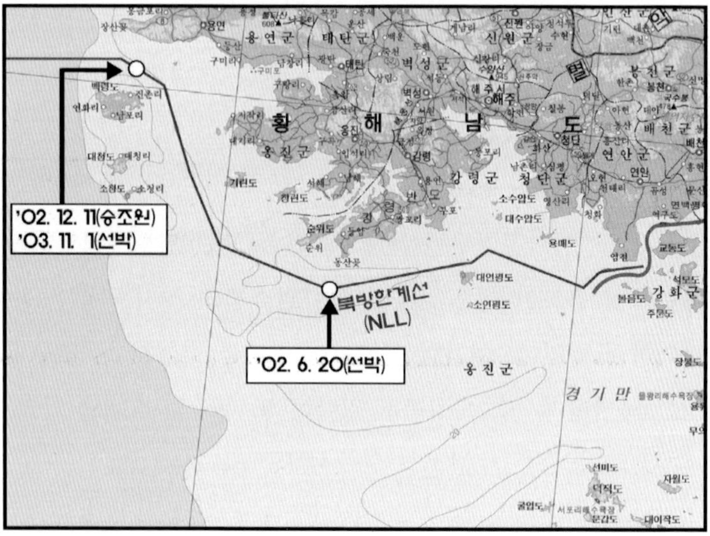

* 출처: 국방부, 『북방한계선(NLL)에 관한 우리의 입장』(2007), 31쪽.

또한 2011년 2월 5일 기상악화와 기관고장으로 표류하여 남쪽으로 넘어온 북한 어선과 주민 27명도 남북당국 간의 협의 등 절차를 거친 후 3월 27일 해상을 통해 송환되었다. 이때 북방한계선 선상(북위 37도 41분 25초, 동경 125도 36분 57초)에서 북한 경비정에게 인도되었다.[53]

남북한 민간선박이 안개와 같은 기상악화 또는 기관고장과 같은 선박의 결함 발생 등으로 조난을 당하거나 항로를 이탈하여 상대측 지역으로 진입하는 경우 이를 구조한 후 남북적십자채널을 통해 합의된 상봉 시간과 위치에서 인도해주고 있다. 사전 남북당국 간 합의에 따라 남·북한 조난선박들이 북방한계선 선상에서 인도·인수되고 있는 사례

53) 『중앙일보』, 「남측 제시한 NLL 좌표 수용 북 경비정 대기하다 데려가」(2011. 3. 28).

들은 북한이 실질적으로 북방한계선을 인정·준수하고 있다는 것을 보여주는 것이다.

북한의 이중적 행태

그동안 북한은 북방한계선에 대해 명확히 인지하고 있었고, 묵시적으로나 실제적으로 인정·준수하는 행태를 보여 왔다. 특히 북한은 북방한계선에 대해 본격적으로 시비를 걸고 나왔던 1973년 이후에도 계속해서 인정하고 준수하는 행동을 보여주었다.

그러나 북한은 스스로 인정·준수해온 실제 행동에 대해 말로는 부정하고 변명하고 나왔다. 예컨대, 2006년 제4차 남북장성급군사회담에서 김영철 북측단장은 "남측이 지난 시기 수해물자를 인도할 때 정하였던 해상 상봉지점도 북측이 마치 인정하는 것처럼 써먹고, 1963년 군정위에서 북측이 인정하는 발언을 했다느니, 1997년 비행정보구역에 북방한계선을 기준으로 했다느니 제 멋대로 여론에 돌린 적도 있다. 그러나 북측은 북방한계선에 대해 합의해준 적도 없고 승인해준 적도 없으며 묵인해준 적도 없다"고 주장하였다.

이처럼 북한은 북방한계선에 대해 실제로는 인정·준수하는 행동과 말로는 부정·부인하는 주장을 병행하는 이중적 태도를 취하고 있다. 남북관계에서 자신들에게 유리한 상황과 불리한 상황에 따라 행동과 주장을 달리하는 이율배반적인 행태를 보여주고 있는 것이다.

제4장 무력충돌의 북방한계선

7. 1950 ~ 1960년대 북한의 해상도발

북한은 1953년 정전 이래 현재까지 수십만 건의 크고 작은 「정전협정」 위반행위를 자행해왔다. 그런데 1950년대 말부터 1970년대 초까지 동·서·남해에서의 민간어선 납치, 해상 포격, 간첩선 침투 등의 도발을 자행해왔지만,[1] 북방한계선에 대한 어떤 이의나 문제 제기도 없었다. 즉 1970년대 초까지 북한의 해상도발은 자신의 어장 보호 또는 해상침투 등 대남공작 차원의 무력도발이었지 북방한계선을 무실화시키겠다는 의도에서 나온 것은 아니었다.

북한은 정전 이후 내부적으로 12해리 영해를 설정하였으나, 이를 대외적으로 인정받는데 있어서 군사적 힘이 뒷받침되지 못했다. 1950년대 후반부터 북한은 해군전력을 증강시켜 서해에서는 우리 민간어선을 나포하기 시작하였고, 동해에서 12해리 영해를 힘으로 유지하려고 하였다. 당시 서해에는 조기잡이, 동해에는 명태와 대구잡이 계절이 되면 수백척의 남한 어선단들이 북방한계선 인근 어장은 물론 북한지역 연안 일대까지 진출하였다. 이러한 상황에서 1955년 5월 10일 북한 경비정이 연평도 근해에서 조업 중이던 우리 어선 5척에 포격을 가해 침몰시켜

1) 1950년대에서 1970년대 초까지 북한이 자행해온 해상 침투 및 무력도발에 대해서는 해군본부, 『NLL, 우리가 피로서 지켜온 해상경계선; 북한의 NLL 해역 도발사』(2011), 8쪽 참조.

선원 30명이 사망하거나 실종되는 피해를 입혔다. 또한, 북한은 서해에서 6척, 동해에서 9척 등 15척을 나포한 1957년부터 우리 어선들을 대대적으로 강제 납치하기 시작하였다. 이후 북한 경비정들은 북방한계선 주변수역에서 어로작업하던 우리 어선들에 대해 1959년 서해 48척, 동해 4척 등 52척을 납치하였고, 1960년 서해 7척, 1964년 서해 54척, 동해 20척 등 74척, 1967년 서해 19척, 동해 27척 등 90척, 1968년 서해 40척, 동해 50척 등 90척, 1970년 서해 10척, 동해 2척 등 12척, 1972년 서해 6척, 동해 9척 등 15척을 나포하였다.[2)]

한편, 정전 이후 1970년대 초까지 북한의 무장간첩선 해상침투와 해안포 사격으로 남·북한 해상출동이 빈번하게 발생하였다. 예컨대, 1959년 8월 18일 북한 비엽도 경비정이 서해 소청도 남쪽 북방한계선 남방 1.7해리까지 침범하였는데, 우리 해군 거문함에 의해 격퇴되었다.

1960년 5월 4일 북한 어뢰정 3척이 서해 북방한계선 남방 20해리까지 침범하여 우리 함정에 대해 기관포와 어뢰를 발사하였고, 7월 22일에는 북한 함정 1척 인천－백령도 정기여객선에 대해 총·포 사격을 가해왔다. 그리고 7월 30일 북한 경비정이 동해 거진 동방 해상을 침범하여 우리 해군 강원함·명량함과 교전이 발생하였고, 8월 24일에도 서해 연평도 서방에서 북방한계선을 침범한 북한 경비정과 우리 독도함 사이에 교전이 발생하여 북한 경비정이 격침되었다. 1961년 4월 7일에는 북한의 대형 경비정 2척과 어뢰정 6척, 그리고 해안포를 동원하여 우리 해역에서 경비 중이던 한산함과 묘향산함을 공격하고 우리 어선 6척을 나포하여 선원 43명을 납북하는 도발을 자행하였다. 동년 4월 12일에는 북한 어뢰정 6척이 집단으로 북방한계선을 침범하자 한국군 강원함·

2) 한국 합참, 「북한의 어선 납치 통계」, 조성훈(2011), 157쪽.

한산함·묘향산함이 격퇴시켰다. 1962년 12월 23일에는 북한 고속정 2척이 연평도 주변수역으로 침범해와 해상순찰 중이던 우리 초계함에 대해 기습사격을 가해와 교전이 발생하였다. 1967년 1월 19일에는 동해 북방한계선 인근 해역에서 어선보호 임무를 수행 중이던 우리 해군 당포함에 대해 북한군이 280여 발의 해안포 사격을 가해와 당포함이 침몰되고 승조원 79명 중 39명이 전사하는 피해가 발생하였다.

그리고 북한은 동해의 공해상에서 정찰임무를 수행 중이던 미 해군 정보함과 정찰기에 대해 무력도발도 감행하였다. 1968년 1월 23일 북한 해안으로부터 12해리 밖에서 첩보수집 활동 중이던 미군 정보수집함 프에블로호를 강제 납북하였고, 1969년 4월 15일에는 미 해군 정찰기(EC-121)가 북한 영공을 침범했다고 미사일을 발사하여 격추시켜 승조원 31명 전원이 사망하였다.

1970년 6월 5일에는 북한 경비정이 연평도 근해에서 우리 어선들의 어로활동을 보호 중이던 우리 해군방송선(Ⅰ-2)을 공격하여 승조원 20여 명을 전사시키고 20명을 납치해가는 도발을 자행하였다.

이처럼 북한은 1957년부터 1973년 이전까지 동해나 서해를 가리지 않고 다양한 해상침투와 해상포격 등 무력도발을 감행하였다. 그런데 이러한 북한의 해상도발 행위는 대남공작 차원 또는 우리 함정이나 민간어선에 대한 적대행위 차원에서 이루어진 것들이었다. 다시 말하면, 북한은 해상에서의 무력도발 행위에 대해 북방한계선과 연관시키지 않았던 것이다. 이는 당시 북한이 해상침투나 해상포격을 자행하면서도 북방한계선 문제에 대해 도발의 명분이나 시비의 대상으로 보지 않았던 것을 의미한다. 그런데 1973년 이후 북한의 해상도발은 전혀 다른 양상으로 전개되었다.

8. 1973년 북한의 서해도발사태

북한은 1973년 10월부터 12월까지 43회에 걸쳐 서해 북방한계선을 의도적으로 침범한 '서해도발사태'를 유발하였다. 북한의 서해도발사태는 1950~1960년대의 단순한 해상침투나 적대행위와는 그 성격이 다른 도발이었다. 즉 1973년 서해도발사태는 서북 5도 봉쇄 및 서해 제해권 확장의 의도로 북방한계선을 무실화시키려는 계획적인 행동이었던 것이다. 이는 1973년 12월 개최되었던 제346차 및 제347차 군사정전위 본회의에서 북한군 측이 북방한계선을 부정하기 시작한데서 확인되었다.

북한은 1973년 10월 23일부터 12월 18일까지 경비정과 어뢰정 60여 척을 동원하여 43차례나 서해 북방한계선 남방 10해리까지 넘어와 연평도·대청도·백령도 인접 수역까지 침범하였다. 북한 어뢰정편대는 우리 경비함정에 대해 어뢰 모의발사훈련을 실시하였고, 백령도를 향해 기동하는 우리 해군상륙함을 포위하고 진로를 가로막는 행동을 하였다. 심지어 인천에서 연평도와 백령도를 오가는 여객선과 화물선의 항해까지 위협하는 도발행위를 자행하였다.[3] 이에 따라 백령도의 해상 항로가 차단되어 군수물자와 생필품을 수송기로 공수하는 상황이 발생했다.[4]

---

3) 해군본부, *op. cit.*, 10쪽.

4) 조성훈, 『군사분계선과 남북한 갈등』(2011), 176쪽.

1973년 서해도발사태 이후 북한 함정들의 고의적인 북방한계선 침범과 적대행위가 계속되었다. 대표적인 사례들을 살펴보면, 1974년 2월 15일 북한 함정 3척이 백령도 서방 북방한계선을 침범하여 우리 어선 1척을 격침시키고 1척을 나포해갔다. 특히 1975년 2월 26일에는 어선단을 가장한 북한 선박 10척이 북방한계선을 침범하다가 그중 1척이 우리 해군함정과 충돌하여 침몰하였다. 이에 다수의 북한 함정들이 백령도 도서군에 근접하여 선회 기동하였고, 북한 항공기들은 백령도 도서군의 영공을 침범하여 무력시위를 벌이기도 하였다.[5] 1975년 7월 12일 북한 함정 5척이, 1976년 9월 2일에도 북한 함정 2척이 서해 북방한계선을 침범하였다. 1987년 10월 백령도 해역에 침투한 북한 함정 1척이 남한 어선 1척을 격침시켜 어민 11명이 사망하였으며, 1989년 2월 14일 북한 경비정 2척이 연평도 서방 북방한계선을 침범했다. 이후 한동안 잠잠하다가 1996년 9월 동해에 북한 잠수함 (상어급) 1척이 침투하였고, 1998년 6월에도 동해 속초항 동방 해역에 북한 잠수함 (유고급) 1척이 침투하였다.[6]

이렇게 북한이 1973년에 대규모 함정들을 동원하여 '서해도발사태'를 일으켜 본격적으로 북방한계선 일대를 분쟁지역화하기 시작한 배경에는 당시 미중관계 개선 및 남북대화 국면, 국제해양법 동향 등 국제정세와 북한군 해군전력의 증강과 관련이 있었다.

첫째, 1970년대 초 미중관계 개선과 남북대화 국면 등 데탕트가 전개되고 있던 국제정세를 호기로 삼아 유엔사 해체의 명분으로 이용하려는 의도와 관련이 있다. 당시 베트남전에서 명예로운 철수를 모색하던

5) 해군본부, *op. cit.*, 11쪽.

6) 조성훈, *op. cit.*, 184~187쪽.

닉슨 행정부는 「닉슨 독트린」에 따라 아태지역 주둔 미군을 감축하는 한편, 미중관계 개선을 추진하고 있었다. 1971년 7월 9일 미 대통령 안보보좌관 키신저의 극비리 방중을 거쳐 1972년 2월 21일 닉슨 대통령의 공식 방중으로 미중관계가 데탕트 국면으로 전환되었다. 미중관계 개선에 영향을 받아 남북관계도 적십자회담과 고위급 비밀접촉이 이루어져 1972년 「7·4공동성명」이 채택되는 등 화해무드가 조성되었다. 이러한 국제정세를 호기로 삼아 북한은 직접적인 대미접촉을 시도하는 한편, 유엔총회에서 유엔한국통일부흥위원회(UNCURK)와 유엔사령부 등 유엔기구를 해체시키려고 기도하였다.[7] 미중관계 개선 과정에서의 사전 합의에 따라 UNCURK는 1973년 12월 28일 제28차 유엔총회에서 만장일치로 해체가 결의되었다. 이렇게 유엔총회에서 UNCURK가 해체되는 상황에서 북한의 다음 목표는 유엔사의 해체 문제가 되었다. 북한이 서해 5도 주변해역의 관할권 문제를 쟁점화하여 북방한계선 일대를 분쟁수역화하려고 한 것은 바로 유엔사의 해체 및 정전협정의 평화협정 전환을 도모하려는 전략적 의도였던 것이다.[8] 북한은 북방한계선 분쟁사태를 명분으로 삼아 미·북 직접협상을 성사시켜 유엔사 해체 및 미·북 평

---

7) 한국문제와 관련한 유엔기구에는 1947년 11월 14일 제2차 유엔총회 결정에 따라 5·10총선거의 공정한 감시 및 관리를 위한 유엔한국임시위원단(UNTCOK), 1948년 12월 제3차 유엔총회 결의안에 따라 UNTCOK의 사업을 계승하여 대한민국 정부수립을 지원하는 유엔한국위원회(UNCOK), 그리고 한국전쟁 중이던 1950년 10월 제5차 유엔총회 결의에 따라 UNCOK의 임무를 인수하여 통일·독립·민주 정부 수립과 경제재건 및 평화회복을 지원하는 유엔한국통일부흥위원회(UNCURK) 등이 있다. UNCURK는 1968년까지 유엔총회에 한국의 정치, 경제, 군사 등 주요 문제에 관한 연례보고서를 제출함으로써 매년 유엔총회에서 한국문제를 의제로 상정하여 토의하도록 하였다.

8) 이러한 배경에 관해서는 홍석률, 『분단의 히스테리: 공개문서로 본 미중관계와 한반도』(창비, 2012), 356~361쪽.

화협정 체결을 시도하려고 한 것이다.

둘째, 국제해양법적으로 영해의 범위가 확대되는 추세를 이용하려고 한 것이다. 1950년대에는 3해리 영해가 국제적 관행이었으나, 1960년대부터 국제해양법회의에서 12해리 영해에 대한 주장이 힘을 얻게 되어 점차 국제적으로 일반화되고 있었다. 한편, 당시 북한은 대외무역을 발전시키기 위해 서해 항구를 통한 해상운수의 확대를 모색하고 있었다. 1973년 12월 7일 김일성이 서해에서의 해상수송과 대외무역을 발전시키기 위해 해주항 개건확장을 강조한 것도 음미해 볼 대목이다.[9] 이처럼 국제해양법회의 등에서 12해리 영해 수장이 일반화되고 있던 국제적 추세와 김일성의 대외무역이라는 경제적 수요에 따른 해주항 확장 발언 등은 북한의 북방한계선 무실화 기도와 관련되는 배경이라 하겠다.

셋째, 북한군이 서해 북방한계선 일대를 분쟁수역화하기 시작한 것은 군사력의 증강에 따라 해군전력의 우세를 달성하고 자신감을 얻었기 때문에 가능한 것이었다. 북한은 1962년 4대 군사노선을 채택한 이후 6·25전쟁 중에 궤멸상태에 빠졌던 해군 전력을 대대적으로 증강하였다. 소련제 W급 잠수함과 유도탄정, 중국제 중소형 경비정과 R급 잠수함 등을 도입하는 한편,[10] 고속정과 어뢰정을 자체 생산하였다. 그리고 해안에 동굴진지를 구축하고 해안포를 설치하였다. 북한은 1968년부터 사정거리 23해리의 소련제 함대함미사일(스틱스)을 도입하였고, 1972년에 미사일을 탑재한 유도탄함정을 서해에 배치했으며, 1973년에는 유도

9) 조성훈, *op. cit.*, 174쪽.

10) 1960년대 초 북한 해군전력에 대한 미 해군의 정보보고에 의하면, 1960년 경비정 43척과 소해적 33척 보유, 1962년 W급 잠수함 2척 식별, 1963년 경비정 47척과 소해적 26척 보유 등으로 파악하였다. CINCPAC, "Command History" (1960~1963), the Nautilus Institute, 조성훈, *op. cit.*, 91쪽.

탄함, 어뢰정, 고속상륙정 등 80여 척의 고속정을 보유하였다. 반면에 우리 해군이 보유한 유도탄 고속함은 단 1척에 불과한 실정이었다.[11] 이와 같이 1960년대 후반부터 해상전력의 상대적 우세를 달성한 북한군은 서해사태를 일으켜 서북해역에 배치된 우리 해군전력의 능력과 대응태세를 확인하고 북방한계선을 부정하기 시작하였던 것이다.

이처럼 1973년 서해도발 사태 이후 북한은 북방한계선의 분쟁수역화 및 무실화 책동을 전개하였다. 이는 해군전력의 증강에 따른 자신감을 바탕으로 자신에게 유리하게 조성되고 있던 국제정세를 적극 활용하려는 의도가 작용한 것으로 보인다.

---

11) 해군본부, *op. cit.*, 7~13쪽 참고.

9. 1999년 제1차 연평해전

1999년 6월 15일 연평도 서방해역에서 발생한 제1차 연평해전은 6월 7일부터 연일 북방한계선을 침범하였던 북한 경비정들을 퇴각시키려는 우리 함정에 기습적인 사격을 가해와 상호 교전이 발생하였던 해전이다.[12)]

제1차 연평해전 발생 지역

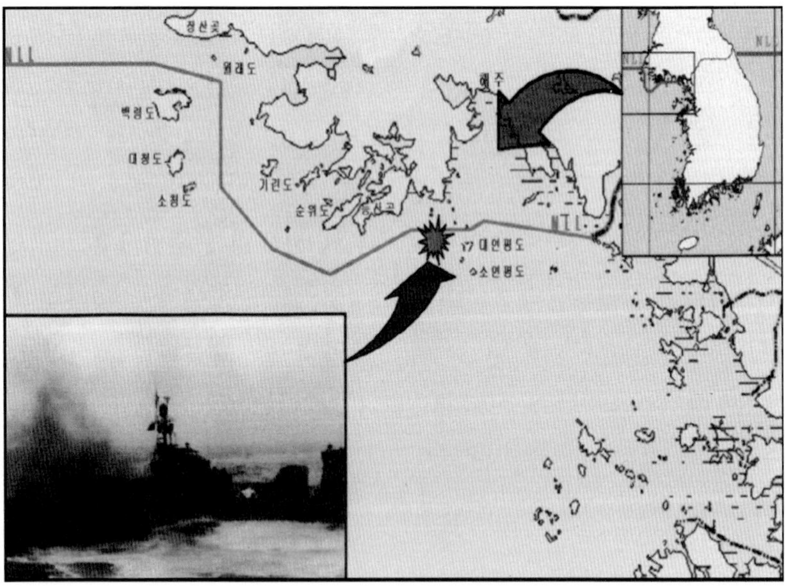

12) 제1차 연평해전의 내용은 해군본부, 『NLL, 우리가 피로써 지켜낸 해상경계선; 북한의 NLL 해역 도발사』(2011), 26~46쪽을 참조하여 요약·정리하였다.

1990년대 중반부터 꽃게잡이에 나선 북한 어선들이 서해 북방한계선을 침범하는 횟수가 점차 증가되어 왔다. 이에 따라 북한 경비정도 북한 어선을 보호한다는 구실로 북방한계선을 침범하는 횟수 또한 증가되어 왔다. 이러한 추세는 유화적인 대북정책을 추진하였던 김대중 정부 당시 1999년에도 계속되었다.

1999년 꽃게잡이철인 6월 7일 북한의 어선들과 경비정이 북방한계선을 침범하기 시작하였다. 6월 7일 오전 연평도 서쪽 10km 해상에서 어로작업 중인 15척의 북한 어선을 경비하던 북한 경비정 1척이 북방한계선을 침범하였다. 이에 대응하여 우리 고속경비정 3척이 출항하여 경고와 함께 시위기동을 하였는데, 북한 경비정이 일정한 침로와 속력으로 계속 돌진하는 등 이례적인 행동을 보였다. 오후 늦게 북한 경비정 2척이 추가로 북방한계선을 침범하자 우리 고속정 5척이 증원되어 대응하였다. 20:30분경 북한 경비정 2척은 북방한계선 이북으로 퇴각하였으나, 1척은 북방한계선 남쪽 2.5km 해상에서 정지상태로 잔류하여 우리 고속정 2척이 근접하여 감시태세를 유지하였다.

6월 8일 새벽 어로작업 중이던 북한어선 15척 중 10척이 북방한계선 남쪽 1.5km까지 넘어와 조업을 하고 북한 경비정 1척이 북방한계선을 침범하여 전날 북방한계선 남쪽에서 잔류하고 있던 경비정 1척과 합류하였다. 이에 우리 고속정 6척이 전날부터 감시임무를 수행 중이던 2척과 합류하여 시위기동에 들어갔다. 그러한 상황에서 북한 경비정 1척이 추가로 북방한계선을 침범하여 우리 고속정들은 2~3척당 1척씩 대응하였다. 오후 들어 북한 경비정 1척이 또 다시 내려와 총 4척이 북방한계선 남쪽 9km까지 침범하였다가 자정 무렵에 모두 퇴각하였다.

6월 9일은 이른 아침인 06:20분부터 북한 경비정 7척이 한꺼번에 북방한계선 남쪽 4km까지 침범하였다. 이에 우리 고속정 12척이 출동하여 시위기동에 들어갔고 초계함 2척이 후방에서 지원태세를 유지하였다. 이러한 상호 대치상황에서 갑자기 북한 경비정이 우리 고속정에 충돌공격을 가하여 양측 함정이 손상당하는 상황이 발생하였다. 북한 경비정이 최초로 물리적 충돌을 일으킨 것이다. 이후 북방한계선 남쪽 해역에서 북한 경비정들은 우리 고속정과의 거리를 0.2~2km 간격을 유지하면서 배회하였다. 자정 무렵에 북한 경비정들이 퇴각하였으나 북방한계선 인근 해역에서 밤새도록 활동하였다.

6월 10일에도 06:00경부터 북한 경비정 4척이 북방한계선을 침범하였고 오전에는 북방한계선 남쪽 7~8km까지 남하하였다. 그리고 오후에 북한 경비정 2척이 추가 침범하여 우리 고속정 8척과 초계함 2척이 대응하여 퇴각하였으나 북방한계선 근해에서 경비활동을 지속하였다. 북한어선 20여 척은 북방한계선 근해에서 조업을 실시하였는데, 이 중 4~5척이 북방한계선을 넘어와 조업하기도 하였다.

6월 11일 전날부터 북방한계선 인근에 배치되어 있던 북한 경비정 5척 중 4척이 03:50경 북방한계선을 침범하여 남하하였다. 이에 우리 고속정 10척이 시위기동에 들어가고 초계함 2척이 후방에서 지원태세를 유지하였다. 09:30경 북한 경비정 2척이 추가로 북방한계선을 침범하였다. 북방한계선 남쪽 해역에서 북한 경비정 6척 중 4척이 우리 고속정에 대해 충돌공격을 시도하자 우리 고속정들은 밀어내기 작전으로 맞대응하였다. 이처럼 남북 함정 간의 충돌로 인해 북한 구잠함 1척과 대형 경비정 2척, 중형 경비정 1척의 함체가 크게 손상되었고 우리 고속정 4척도 경미한 손상을 입었다. 오후 들어 파손당한 북한 경비정 4척과 나머지 2척 모두 북쪽으로 퇴각하였으나, 16:10경 3척, 18:05경 4척이 연이어 북방한계선을 침범하였다가 23:40경 물러갔다.

6월 12일 오전 10:15분경 북한 경비정 4척에 이어 오후 14:45분경 2척이 북방한계선을 침범하였다. 이에 우리 초계함 2척과 고속정 8척이 항로 차단과 포위 기동을 통해 남하를 적극 저지하였다. 북한 경비정들은 전날의 피해를 만회하려는 듯이 우리 고속정에 대한 충돌공격을 시도하였으나 실패하자 17:45경 모두 퇴각하였다. 야간 20:00경 북한 경비정 4척이 재차 침범하였다가 퇴각하였다.

6월 13일 05:00경 북한어선 8척이 북방한계선 남쪽 1.5km까지 남하하여 조업하였다. 06:10경 북측 해역에서 북한 어선군에 합류하여 은폐기동 중이던 북한 경비정 4척이 북방한계선 남쪽 2~2.5km까지 침범하였다. 이들 북한 경비정들은 전날보다 더욱 맹렬한 기세로 충돌공격을 시도하였는데, 우리 고속정들은 회피기동과 포위기동으로 대응하였다. 08:30분경 북한 경비정들이 철수하였다가, 09:45분경 다시 5척의 경비정들이 북방한계선을 침범하여 최대 9km까지 남하하였다. 이에 우리 고속정 8척과 초계함 2척이 적극 대응하였다. 12:30분경 북한 경비정 2척이 추가로 침범하여 북방한계선 남쪽에서 활동 중인 5척과 합류하자 우리 해군은 고속정 4척을 증원시켰다. 17:30분경 쌍방 함정 간의 공방기동이 계속되는 과정에서 북한 순위도에 있던 어뢰정 3척이 46km 속도로 북방한계선 방향으로 남하 기동하는 것이 포착되었다. 이에 우리 초계함 1척과 고속정 4척이 대응 기동으로 대응하자 18:30분경 북한 어뢰정은 북쪽으로 고속 이동하였고, 19:15분경 북한 경비정 7척도 북측으로 철수하였다.

6월 14일 06:00경 이북 해상에서 활동 중이던 북한 경비정 8척 중 2척이 북방한계선 남쪽 3km까지 침범하였다. 그리고 오후 16:15분경 추가로 침범한 3척 등 총 5척이 북방한계선 남쪽 7km까지 남하하여 우리 함정에 대해 충돌공격을 시도하였다. 이에 우리 고속정들은 회피기동과 포위기동으로 압박하였다. 북한 경비정들은 18:50분경 북쪽으로 퇴각하였다.

6월 15일 20여 척의 북한 어선군에 합류한 경비정 4척이 연평도 서방 약 15km 북방한계선 남쪽 2km 해상까지 침범하였다. 우리 해군은 북방한계선 남쪽 5km 해상에 초계함 1척과 고속정 4척으로 구성된 1개 전대와 함께 우측 8km 해상에 다른 1개 전대를 배치하였고, 후방에 고속정 2척을 배치하여 지원태세를 유지하고 있었다. 08:40분경 추가로 침범한 3척의 경비정이 앞서 침범하였던 4척과 함께 우리 고속정 4척에 대해 고속으로 접근하면서 충돌공격을 감행하였다. 이에 우리 고속정들도 북한 함정의 후미를 충돌시키는 '밀어내기 작전'으로 맞대응하여 쌍방 간에 혼전상황이 전개되었다. 09:04분경 연평도 북쪽의 북한 개머리 방향에서 북한 어뢰정 3척이 어뢰 발사관을 개방한 상태로 고속으로 남하하여 우리 함정에 접근하였다. 09:07분경 북한 경비정 7척 중 6척이 재차 충돌공격을 감행하고 우리 고속정도 맞대응하였다.

이러한 상호 공방 과정에서 09:28분경 북한의 중형 경비정에서 우리 고속정에 대해 기관포와 소화기로 기습 사격을 가해왔다. 우리 고속정도 자위권 차원에서 즉각 응사하였다. 남북의 함정들이 혼재된 가운데 상호 교전이 시작되었다. 우리 초계함은 76mm 함포로, 고속정은 40mm와 20mm 포 사격을 실시하였는데, 09:38분경 북한 어뢰정 1척이 우리 초계정 함포에 명중되어 순식간에 침몰하였다. 쌍방 함정들 간의 교전은 09:42까지 14분간 계속되었다.

쌍방 간의 교전 결과는 북한군의 심대한 피해로 나타났다. 북한의 중형 경비정은 절반이 침몰된 상태로 북쪽으로 예인되어 갔고, 구잠함은 충돌로 대파되었으며, 소형 경비정 2척과 대형 경비정 1척이 심하게 파손 당했다. 반면 우리 해군은 초계함 1척의 기관실 일부가 파손됐고, 고속정 4척이 가벼운 피해를 입는데 그쳤으며, 승조원 9명이 경미한 부상을 입었다.

제1차 연평해전 당시 남북함정간 격돌 광경

교전이 벌어진 후 우리 함정들은 북한의 지대함 유도탄과 해안포 공격 등 확전의 방지 차원에서 남쪽의 완충구역으로 남하하였다. 퇴각한 북한 경비정 6~8척은 6월 16일 북방한계선 이북 2~4km 해상에 위치하였으나, 이후 북방한계선 침범을 중단하고 감시활동에 들어갔다.

한편, 6월 15일 교전이 끝난 직후인 10:00 판문점에서는 제6차 유엔사-조선인민군 장성급회담이 개최되고 있었다. 유엔사 대표단은 이러한 남북 해군간 교전사실을 알지 못한 채 회담에 참석했었다. 그런데 북한군 측은 교전 발생사실을 언급하면서 "남측이 먼저 도발해왔다. 북방한계선을 인정할 수 없다. 북방한계선이 국제법상 북한에서 12해리 이내이기 때문에 우리 함정이 출동한 해역은 우리 영해다"라고 주장하였다.[13] 이후 계속된 수차례 유엔사-조선인민군 장성급회담에서도 북한은 북한군과 유엔사 간에 새로운 해상 군사분계선 문제를 협의하자고 반복 요구하였다.

제1차 연평해전 당시 남북함정간 교전상황(1999. 6. 15)

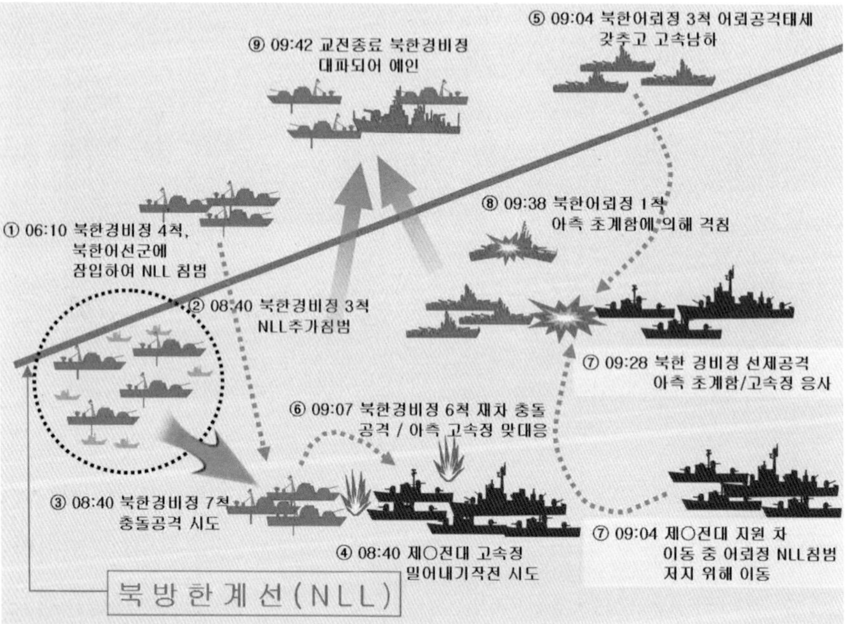

* 출처: 해군본부, 『NLL, 우리가 피로써 지켜낸 해상경계선』(2011), 40쪽.

---

13) 금기연, 「북한의 군사협상행태와 결정요인: 유엔사-북한군간 장성급회담 사례 연구」(경남대학교 박사학위논문, 2009), 79~96쪽.

이처럼 북한은 북방한계선 일대에서 무력도발을 일으킨 후 이를 빌미로 유엔사-조선인민군 장성급회담에서 새로운 해상 군사분계선을 설정하려고 시도하였던 것이다. 새로운 해상경계선을 설정한다면 자연히 북방한계선은 없어지게 된다. 그러나 유엔사 측의 강력한 대응으로 이러한 불순한 기도가 좌절되자 북한은 일방적인 조치를 선포하였다. 북한은 1999년 9월 2일 조선인민군 총참모부 명의로 "북방한계선을 무효임을 선포한다"고 주장하면서 소위 '조선 서해 해상 군사분계선'을 발표하였다. 또한 2000년 3월 23일에는 해군사령부 명의로 '서해 5개 섬 통항질서'를 일방적으로 발표하였다.

10. 2002년 제2차 연평해전

제2차 연평해전은 월드컵대회 대한민국과 터키 간의 4강전이 열리고 있던 2002년 6월 29일 연평도 서남방 북방한계선을 침범한 북한 경비정이 우리 고속정에 대해 기습적인 사격을 가해와 교전이 발생한 해전이다.[14)]

우리 군은 월드컵대회의 성공적인 개최를 보장하기 위해 5~6월을 경계강화기간으로 설정하여 고도의 군사대비태세를 유지하고 있었다. 이에 따라 해군 제2함대사령부는 고속정을 대청도에 4척, 연평도에 6척을 증강 배치하였고, 경비중인 초계함도 상황 발생시 즉각 대응태세를 유지하도록 하였다.

이러한 상황에서 2002년 6월 11일 소청도 동남방 해상에서 북한 함정 수척의 지원 아래 기린도의 경비정이 북방한계선을 침범하였다. 6월 13일과 27일에는 연평도 서방 해상에서 북한 등산곶의 경비정이 북한 어선 단속 등의 구실로 북방한계선 이남 4~7km까지 침범하였다. 6월 28일에도 연평도 서방에서 등산곶과 육도의 경비정 각 1척이 고의적으로 북방한계선 이남 1km까지 침범하였다. 이에 대해 연평도에 배치된 우리 고속정편대는 인근 경비정의 근접지원을 받아 경고통신과 함께

14) 제2차 연평해전의 내용은 해군본부(2011), *op. cit.*, 47~60쪽을 참조하여 요약·정리하였다.

차단기동 등의 대응작전을 전개하여 퇴각시켰다.

6월 29일 06:30분경 우리 연평도 어선 56척이 꽃게잡이를 위해 연평도 근해로 출항하였는데, 우리 고속정 3개 편대 6척도 어선의 어로통제를 위해 함께 출항하였다. 07:30분경 연평도 어선 20여 척이 북방한계선 남쪽에 설정된 어로한계선을 넘어가자 우리 고속정이 통제활동에 들어갔다. 그런데 09:37분 북한 육도 부근에서 중형 경비정이 시속 28km 속도로 우리 고속정이 있는 남서쪽으로 기동하기 시작하였다. 한편, 09:46분 북한 등산곶 부근에서도 대형 경비정이 시속 24km 속도로 남하하기 시작하자, 우리 해군은 대북 경계를 강화하도록 지시하였다.

육도에서 나온 북한 중형 경비정이 09:54분에 북방한계선을 침범하자, 우리 고속정 1개 편대 2척이 북한 함정과 1.8km 거리를 유지하면서 차단 기동에 들어갔다. 또한 등산곶에서 나온 북한 대형 경비정도 10:01분에 북방한계선을 침범하자 우리 고속정 1개 편대 2척이 북한 함정과 2.7km 거리를 유지하면서 차단 기동을 시작하였다. 이렇게 북한 경비정들의 침범행위가 잇따라 발생하자, 우리 해군은 연평도 어선들의 조업을 중단시키고 조기 복귀토록 조치하였다. 10:05분 육도에서 나온 북한 중형 경비정은 우리 고속정편대의 차단기동에 따라 퇴각하였다.

그런데 10:25분 등산곶에서 나온 북한 대형 경비정이 차단기동 중에 있던 우리 고속정 「참수리-357정」을 향해 갑자기 접근하여 대전차 로켓과 함포로 기습사격을 가하였다. 북한 경비정의 기습공격을 받아 정장이 전사한 상황에서 「참수리-357정」 승조원들은 즉각 40mm와 20mm 포로 응사하였다.

10:26분 우리 해군 초계함 2척과 고속정 2개 편대 4척이 교전 현장으로 전속력으로 기동하였다. 10:30분 현장에 도착한 고속정 1개 편대가

북한 대형 경비정에 대해 격파사격을 실시하였고, 10:33분에 도착한 다른 고속정 1개 편대도 격파사격에 들어갔다.

10:40분 북한 함정의 공격으로 「참수리-357정」은 화재가 발생하여 침수되기 시작하였다. 인접한 고속정이 화재를 진압하면서 「참수리-357정」을 예인하여 복귀하기 시작하였다.

제2차 연평해전 당시 남북함정간 교전상황(2002. 6. 29)

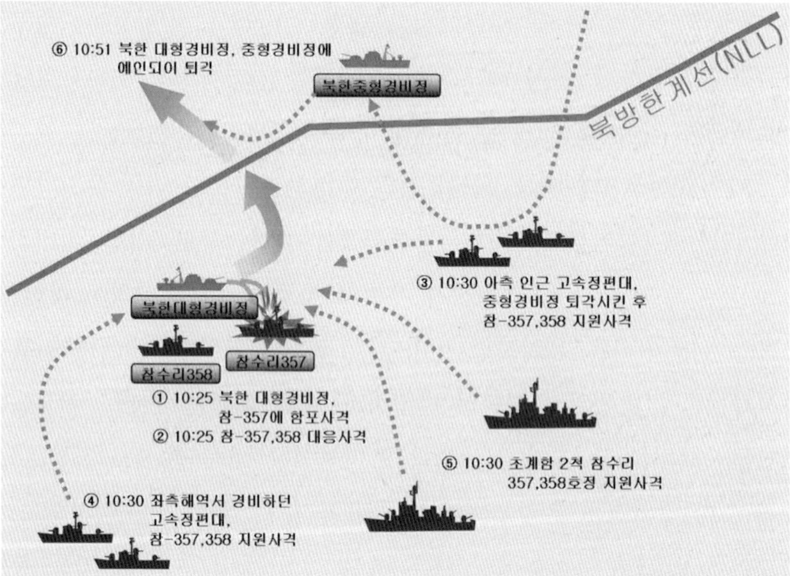

* 출처: 해군본부, 『NLL, 우리가 피로써 지켜낸 해상경계선』(2011), 52쪽.

10:45분 육도에서 나온 북한 중형 경비정은 등산곶 경비정의 엄호를 위해 우리 고속정에 산발적으로 사격을 가해왔다. 10:47분 현장에 도착한 우리 초계함이 기습사격을 가한 북한 대형 경비정에 격파사격을 실시하였고, 10:50분 북한 경비정은 화염에 휩싸인 채 육도 경비정에 예

인되어 북상하여 퇴각하였다.

전쟁기념관에 전시된 참수리-357정 모형

교전 직후 우리 고속정은 「참수리-357정」을 예인하여 안전지역으로 이동시키면서 전사상자 확인과 구조작업을 실시하였다. 그러나 북한 함정의 공격으로 조타실과 기관실이 크게 파손 당한 「참수리-357정」은 피격 이후 1시간 34분만인 11:29분 침몰하였다. 교전 결과 우리 고속정 1척이 침몰하였고, 정장을 비롯한 승조원 6명이 전사하고 19명이 부상을 당하는 피해를 입었다. 북한 경비정도 대파되었고, 승조원 30여 명의 사상자가 발생한 것으로 추정되었다.

북한은 교전 발생 5시간 30분 후인 오후 4시경 조선중앙방송을 통해 "이번 사건은 철저히 남조선 군부의 계획적인 군사적 도발행위"라고 주장하면서 "남조선 군당국자들은 이번 무장도발사건의 책임에서 결코 벗어 날 수 없다"고 강변하였다. 그러나 북한은 7월 25일 "이 사건은 계획적이거나 고의성을 띤 것이 아니라 순전히 현지 아랫사람들끼리 우발적으로 발생시킨 사고였음이 확인되었다"고 자신의 도발행위를 시인하는 전통문을 우리 측에 보내왔다.

11. 2009년 대청해전

대청해전은 2009년 11월 10일 대청도 동방 북방한계선을 침범한 북한 경비정에 대해 우리 고속정이 교전규칙에 따라 경고통신과 경고사격을 실시하였는데, 북한 경비정이 우리 고속정에 대해 직접 조준사격을 가해와 우리 함정들이 대응사격으로 격퇴시킨 해전이다.[15)]

대청해전이 일어나기 전 북한 경비정들은 백령도 동방과 연평도 서방 해역에서 2009년 9월 6회, 10월 8회에 걸쳐 북방한계선을 침범하였다. 북한 경비정들은 어선 단속을 구실로 최소 6분에서 최대 95분 동안 백령도 동방 북방한계선을 집중적으로 침범하여 우리 해군 함정들의 대응태세를 시험하였다. 특히 2009년 북한 경비정들이 북방한계선을 침범할 때는 다른 경비정, 유도탄정, 어뢰정들이 지원태세를 유지하였고, 6월부터 대청해전 이전까지 5회에 걸쳐 북한 함정들이 우리 해군함정을 조준하고 유도탄을 발사하는 가상 기동 및 모의 공격훈련을 실시하였다.

2009년 11월 10일 09:45분 대청도 동방 해상에서 북한 어선으로 추정되는 미식별 선박 1척이 북방한계선 방향으로 이동하자 우리 고속정 1개

15) 대청해전의 내용은 해군본부(2011), *op. cit.*, 61~72쪽을 참조하여 요약·정리하였다.

편대가 대응하기 위해 출항하였다. 10:33분 북한 경비정 1척이 미식별 선박 방향으로 남하하기 시작하자, 10:37분 우리 고속정 편대가 추가로 출항하여 대응태세를 갖추었다.

11:22분 미식별 선박이 북쪽으로 복귀한 이후에도 북한 경비정은 중국 어선 단속을 이유로 북방한계선 방향으로 계속 접근하였다. 이에 11:23분 우리 해군은 호위함 1척과 초계함 2척의 지원태세를 유지하면서 북한 경비정에 대해 북방한계선을 침범하지 말 것을 경고하는 통신을 2회 실시하였다. 우리 고속정의 경고통신에도 불구하고 북한 경비정은 11:27분 북방한계선을 침범하였고, 이에 우리 함정은 재차 경고통신을 실시하였다.

11:31분 수차례 경고통신에도 북한 경비정의 반응이 없자 우리 해군은 경고통신을 2회 추가 실시하였다. 그러나 북한 경비정은 이를 무시하고 북방한계선을 2.2km까지 침범하여 계속 남하하였다. 11:37분 우리 고속정은 제2함대사령부의 지시에 따라 40mm 함포로 북한 경비정 전방 해상에 3발의 경고사격을 실시하였다. 우리 고속정의 경고사격이 있자마자 북한 경비정은 함포 50여 발로 조준사격을 가해왔고, 이 중 15발이 우리 고속정의 좌현 외부격벽을 가격하였다.

북한 경비정의 조준사격을 받은 우리 고속정은 자위권 차원에서 즉각 대응사격을 실시하였다. 11:38경 교전 현장 인근에 위치하고 있던 우리 호위함과 초계함이 격파사격을 실시하였다. 11:40분 우리 해군 함정들의 대응사격으로 손상을 입은 북한 경비정은 검은 화염에 휩싸여 북방한계선 이북으로 퇴각하였다.

대청해전이 발생한 당일 북한은 조선인민군 최고사령부 명의로 "이번 서해상 교전은 남측이 먼저 도발한 무장도발사건"이라고 주장하였다. 그리고 11월 13일에는 남북장성급군사회담 북측단장 명의의 전통문을 통해 "조선 서해에는 오직 우리가 설정한 해상 군사분계선만이 있다는 것을 다시금 상기"시킨다고 하면서 "우리의 무자비한 군사적 조치가 취해질 것"이라고 협박하였다. 또한 12월에는 북방한계선 이남 해역까지 포함된 "평시 해상사격구역"을 선포하고 우리 함정과 어선에 대한 공격도 불사하겠다고 계속 위협하였다.

대청해전 당시 남북함정간 교전상황(2009. 11. 10)

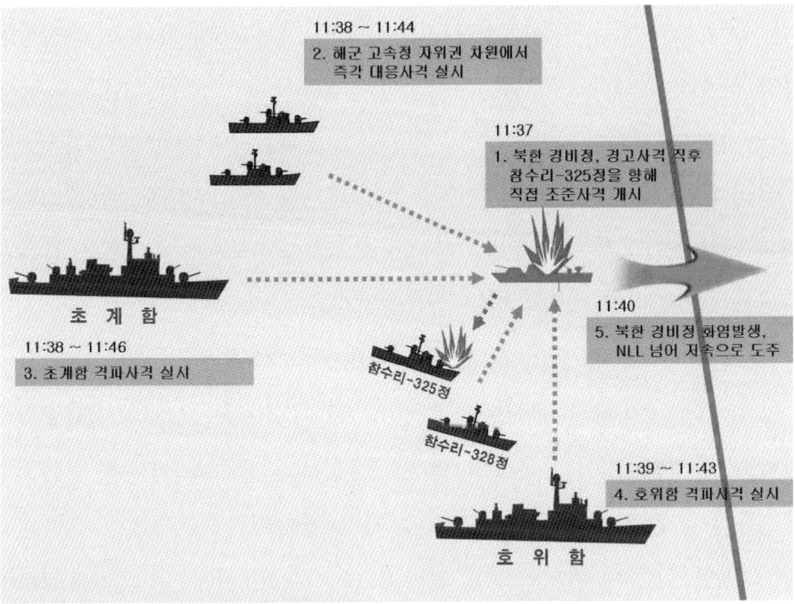

* 출처: 해군본부, 『NLL, 우리가 피로써 지켜낸 해상경계선』(2011), 66쪽.

12. 2010년 천안함 피격사건

천안함 파격사건은 2010년 3월 26일 21:22분경 우리 영해인 백령도 서남방 2.5km 해상에서 경계임무를 수행 중이던 우리 초계함 천안함이 북한 잠수정의 어뢰공격으로 피격되어 침몰하였고 승조원 104명 중 46명이 전사한 사건이다.[16)]

우리 해군 제2함대 소속 천안함은 2010년 3월 16일 백령도 서방 경비구역에 배치되어 사건 당일 3월 26일 정상적으로 경비작전을 수행하고 있었다. 사건 발생 직전 천안함의 함교 전투정보실과 기관실 등에서 승조원 29명은 당직근무 중에 있었고, 나머지 승조원들은 휴식과 취침 중에 있었다.

21:22분경 경비작전 중이던 천안함이 북한 잠수정으로부터 어뢰공격을 받았다. 천안함은 어뢰 폭발의 충격으로 함체가 함수와 함미로 절단되었고, 폭발과 함께 절단된 함미는 곧바로 침몰하였다. 부력으로 침몰되지 않고 있던 함수에 위치하였던 천안함 함장은 2함대에 구조를 요청하고 함수 부분의 승조원들의 구조활동을 지휘하였다. 23:13분 승조원 104명 중 함수 부분에 위치하였던 58명은 우리 해군 고속정과 해양경찰청 함정에 의해 구조되었다. 함수 함체는 3월 27일 13:37분에 침몰하였다.

해군은 해양경찰, 민간선박, 미군 함정들과 함께 3월 26일부터 5월

---

16) 천안함 피격사건에 대해서는 해군본부(2011), *op. cit.*, 76~86쪽 및 대한민국 정부 발간, 『천안함 피격사건 백서』(2011)를 참조하여 요약 · 정리하였다.

20일까지 백령도 근해에서 초동조치, 탐색 및 인명구조 작전, 함체인양 작전, 실종자 및 잔해 인양 작전 등을 실시하였다. 인명구조 작전을 통해 실종자 46명 중 전사자 40구를 함체에서 수습하였으나, 나머지 6명은 발견하지 못했다. 한편, 침몰한 함체의 함미는 4월 15일, 함수는 4월 24일 인양되었다. 탐색 및 구조작전 과정에서 해군 특수전여단(UDT) 한주호 준위가 사망하는 추가 희생도 발생하였다.

국방부는 침몰원인을 명확히 규명하기 위해 민·군 합동조사단을 구성하여 3월 31일부터 조사활동에 들어갔다. 특히 과학적이고 객관적인 정밀조사를 위해 국제 민·군 합동조사단이 편성되었는데, 민·군 전문가, 국회추천 전문인원, 그리고 미국·스웨덴·호주·영국 등 외국 전문가들이 참여한 것이다.

합동조사단은 5월 15일 천안함 침몰위치 부근에서 결정적 증거물인 프로펠러, 추진모터, 조종장치 등 어뢰추진동력장치를 수거하였다. 합동조사단은 조사결과를 5월 20일 공식 발표하였고, 6월 14일에는 유엔안보리에 참석하여 설명하였으며, 9월 13일 최종 조사결과보고서를 발간하였다.

인양된 천안함(제2함대사령부)

합동조사단은 침몰 해역에서 수거된 어뢰추진동력장치, 함체의 변형 형태, 수중폭발 시뮬레이션, 폭약성분 분석, 관련자 진술내용, 부상자 상태와 시신 검안, 지진파 및 공중음파 분석, 백령도 근해 조류 분석, 수거된 어뢰부품들의 분석 등 다각적인 조사활동을 전개하였다. 이러한 조사결과에 따라 합동조사단은 천안함이 어뢰에 의한 수중폭발로 발생한 충격파와 버블효과에 의해 절단되어 침몰된 것으로 확인하였다. 그리고 다국적 연합정보분석TF는 서해 북한 해군기지에서 운용 중인 소형 잠수함정이 사건 발생 2~3일 전에 기지를 이탈하였다가 사건 발생 2~3일 후 복귀한 사실을 확인하였다.

결론적으로 천안함을 침몰시킨 어뢰의 폭발위치는 가스터빈실 중앙으로부터 좌현 3m, 수심 6~9m 정도이며, 무기체계는 북한에서 제조하여 사용 중인 고성능폭약 250kg 규모의 CHT-O2D 어뢰로 확인되었다.[17]

북한의 어뢰설계도와 어뢰추진동력장치

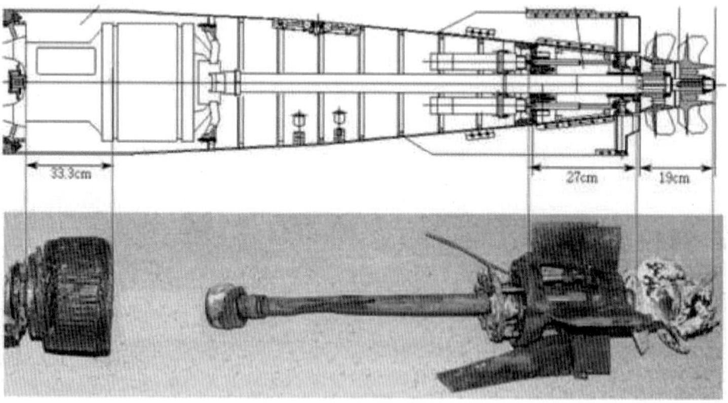

* 출처: 대한민국 국방부, 『천안함 피격사건 합동조사결과 보고서』(2010), 197쪽.

17) 대한민국 국방부, 『천안함 피격사건 합동조사결과 보고서』(명진출판, 2010), 205쪽.

북한은 천안함 피격사건 이후 침묵으로 일관하였다. 그러나 5월 20일 오전 민·군 합동조사단의 조사결과가 발표되자 북한 국방위원회 대변인 명의의 성명을 통해 "합동조사 결과는 모략·날조극이며, 물증 확인을 위해 국방위원회 검열단을 남조선에 파견하겠다"고 억지를 부렸다. 5월 21일에도 북한 조국평화통일위원회와 외무성 대변인은 "천안함 조사결과는 미국의 승인·비호·조장에 의한 자작극"이라고 재차 주장하였다. 그리고 우리 정부의 「5·24 대북 제재조치」에 대한 발표가 있었던 다음날 5월 25일 조국평화통일위원회 대변인은 "북남관계 전면 단절, 북남협력사업 전면 철폐"를 주장하는 담화를 발표하였다.

13. 2010년 북한의 연평도 포격도발

연평도 포격도발은 북한군이 2010년 11월 23일 14:34분 서해 연평도에 해안포와 방사포로 무차별 포격을 가해와 우리 해병대 연평부대가 K-9 자주포로 대응사격을 실시한 사건이다.[18)]

2010년 11월 23일 해병대 연평부대는 사전 고지된 해상사격계획에 따라 북방한계선 이남 우리 관할해역에서 정례적인 해상사격훈련을 실시하였다. 연평부대의 포병중대는 10:15분부터 K-9 자주포 6문중 2문은 대기포로 운용하고 4문으로 오전 사격훈련을 실시하였다. 포병중대는 13:00시부터 오후 사격을 실시하였는데, K-9 자주포 1문에서 불발탄이 발생하자 사격을 중지하고 정비에 들어갔다.

그런데 14:34~14:46분 동안 북한군은 연평도를 향해 140여 발의 방사포 포탄을 발사하였다. 이러한 북한의 제1차 포격에서 80여 발은 해상에 떨어졌으나, 60여 발은 연평도 내의 군부대와 민가로 떨어져 폭발하였다. 이에 연평부대는 해상사격을 위해 진열한 K-9 자주포들을 유개호로 긴급 대피시키는 한편, 연평도 주민들에게 대피하도록 통제하였다.

연평부대는 사격준비가 완료된 K-9 자주포 3문으로 북한지역 무도에

18) 북한의 연평도 포격도발에 대한 내용은 해군본부(2011), *op. cit.*, 87~101쪽을 참조하여 요약·정리하였다.

위치한 해안포 진지에 대해 14:47분부터 15:15분까지 50발의 1차 대응사격을 실시하였다. 이때 연평부대는 북한 개머리 지역의 방사포 진지에서 포격을 개시한 사실을 탐지하였으나 표적제원이 불분명하여 즉각 대응조치 차원에서 무도의 해안포 진지에 포격을 가한 것이었다.

북한군의 포격 직후 K-9 자주포 진지

* 출처: 『국방일보』 2011년 11월 26일자.

15:12분부터 15:29분까지 북한 개머리 지역의 방사포 진지에서 연평부대 포진지를 향해 20여 발의 2차 포격을 가해왔다. 우리 연평부대는 15:12분 대포병레이더로 북한 포격지점의 제원을 파악하고 K-9 자주포 4문으로 15:25분부터 15:41분까지 30발의 2차 대응사격을 실시하였다.

연평도에 대한 북한의 무차별 포격도발에 의해 우리 해병 2명이 전사하고 민간인 2명이 사망하였으며, 민간인 가옥 수십 채와 산림이 불타는 피해가 발생하였다.

북한군의 연평도 포격도발 상황

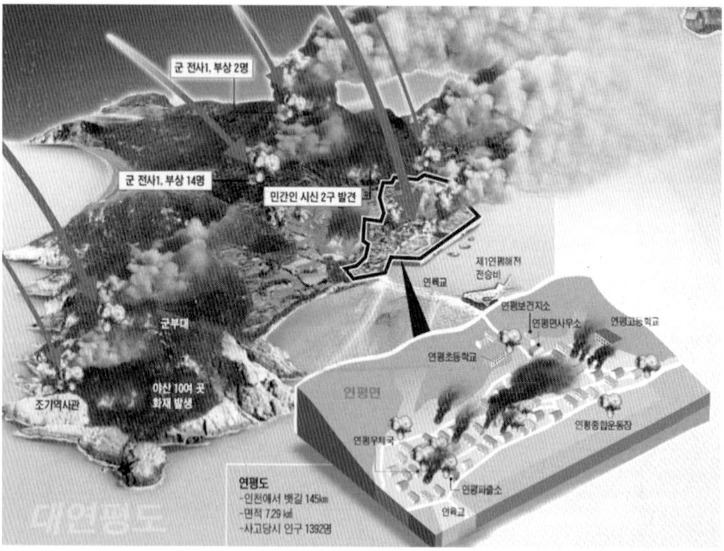

* 출처: 『조선일보』 2011년 11월 25일자.

북한은 연평도 포격도발 당일 조선인민군 최고사령부 대변인 보도를 통해 "남조선 괴뢰들이 우리 영해에 포사격을 가하는 군사적 도발을 감행해 우리 혁명무력이 즉시적이고 강력한 물리적 타격을 가했다"고 하면서 도발의 책임을 우리 측에 전가하였다. 그리고 11월 24일 외무성 대변인 담화에서 "적들은 우리를 자극하지 않기 위해 연평도 남쪽 방향으로 포사격을 했다고 하지만 어느 방향으로 쏘든 우리 측 영해 안에 포탄이 떨어지게 되어 있다"고 주장하였다. 11월 25일에는 유엔사의 장성급회담 제의를 거부하는 전통문을 통해 "서해가 분쟁수역으로 된 것은 미국이 우리 영해에 제멋대로 그은 북방한계선 때문이며, 남한이 또 군사적 도발을 하면 주저 없이 2차, 3차로 물리적 보복타격을 가할 것"이라고 협박하였다.

제5장 회담테이블 위의 북방한계선

14. 1973년 군사정전위원회 : 북방한계선 부정

군사정전위원회 본회의

「정전협정」 제19~35항은 군사정전위원회의 구성, 직책과 권한, 회의 등을 규정하고 있다. 군사정전위원회는 위원장이 없는 공동조직체로서 총 10명으로 구성하되, 5명은 유엔군 총사령관이 5명은 조선인민군 최고사령관과 중국인민지원군 사령관이 공동으로 임명하도록 규정되어 있다. 위원 10명 중 각측의 3명은 장성급에 속하도록 되어 있다.

군사정전위원회는 「정전협정」의 이행 감독, 정전협정 위반사건의 협의 · 처리, 군사정전위원회 본회의 및 기타 회의의 주관, 정전협정의 수정 및 증보에 관한 보고, 필요한 절차 및 규정의 채택, 포로 및 유해 송환 업무처리, 공동감시소조(JOT)의 운영, 쌍방 사령관들 간의 대화통로 유지 등의 임무와 기능을 수행한다.[1)]

군사정전위원회 회의는 어느 일방의 요청에 의해 비무장지대 내에 위치한 판문점 공동경비구역에서 개최된다. 군사정전위원회 회의에는 본회의, 비서장회의, 참모장교회의, 공동일직장교(JDO)회의 등이 있다. 군사정전위원회 본회의에서는 정전협정의 이행을 감독하고 주요 「정전협정」 위반

1) 합참정보본부, 『군사정전위원회 편람』 제5집(2001), 278쪽.

사항에 대해 협의·처리해왔다. 군사정전위원회 본회의는 1953년 7월 28일 제1차 회의로부터 1991년 2월 13일까지 총 459차례 개최되었다. 그러나 1991년 유엔군 측 군사정전위 수석대표로 한국군 장성의 임명을 빌미로 북한군 측은 본회의 참석을 거부하였다. 이후 북한군 측은 군사정전위원회 공산군 측 대표단을 철수시킴으로써 군사정전위 본회의 기능이 마비되었다. 이에 따라 1998년 6월부터 유엔사－조선인민군 정성급 회담으로 대체되어 정전 문제를 협의·처리해오고 있다.

1973년 12월 1일 군사정전위 제346차 본회의

북한의 '서해도발사태'와 관련하여 1973년 12월 1일 군사정전위원회 제346차 본회의가 개최되었다.[2] 회의가 시작되자 북한군 측은 도발의 책임을 우리 측에게 전가하는 발언부터 하고 나왔다. 북한군 대표는 "당신 측은 지난 11월 27일과 28일 구축함 91호와 96호가 서해 백령도, 대청도, 소청도 서쪽 해상에 침투하여 우리 측에 대한 정탐행위와 우리 측 해군함선들의 정상적인 임무를 수행하지 못하도록 고의적으로 방해하는 도발적인 적대행위를 감행했다"고 언급하였던 것이다.

그리고 북한군 측은 "「정전협정」 첨부지도 제3도상 점선으로 표시된 가－나 선(경기도와 황해도의 도경계선)이 서해의 해상분계선"이고,[3] "「정

2) 제346차 군정위 회의의 내용은 국방정보본부, 『군사정전위원회편람』(1986), 359~360쪽에서 인용 및 참조하여 작성.

3) 「정전협정」 첨부지도 제3도상 점선으로 표시된 가－나 선과 관련한 주석(note)에서는 "가－나 선의 목적은 오로지 한국 서해에서 '연해 도서'의 통제를 가리키기 위한 것뿐이다. 그리고 이 가－나 선은 다른 중요성을 가지고 있지

전협정」 제13항 (ㄴ)목에 보면 '황해도와 경기도의 도계선 북쪽과 서쪽에 있는 모든 섬 중에서 백령도 · 대청도 · 소청도 · 연평도 · 우도의 도서군들은 유엔군 총사령관의 군사통제하에 남겨두는 것을 제외한 기타 모든 섬들을 조선인민군 최고사령관과 중국인민지원군 사령원의 군사통제하에 둔다'라고 규정하고 있다. 이 5개 도서군은 우리 측 연해 안에 있다. 「정전협정」 어느 조항에도 서해의 해면에서 '계선'이나 '정전해협'이라는 것이 규정되어 있지 않다. 서해의 5개 섬들의 수역을 포괄하는 이 해면은 우리의 연해이다. 우리의 연해에서 우리의 해군함선들이 자유로이 항행하는 것은 정상적인 것이다"라고 황당한 주장을 하였다.

이에 대해 유엔군 측은 "지난 11월 28일 아침에 두 척의 당신 측 초계함들이 「정전협정」 제15항을 위반하고 소청도 인접수역을 침범하였다. 당신 측은 서해 5개 도서가 당신 측 연해 내에 있다고 말했다. 그러나 「정전협정」 제13항 (ㄴ)목은 그 같은 규정을 기술하고 있지 않다. 우리 측 선박들은 공해상 또는 우리 측 도서들에 인접한 수역에서만 활동해왔다"라고 반박하였다.

그러자 북한군 측은 "황해도와 경기도의 도경계선 북쪽의 해면은 우리 측의 연해이다. 도대체 우리 측 연해가 어떻게 공해라고 할 수 있는가? 만일 당신 측이 앞으로 서해의 우리 측 연해에 있는 백령도 · 대청도 · 소청도 · 연평도 · 우도 해상으로 드나들려 하는 경우는 우리 측에 신청하고 사전 승인을 받아야 한다"고 억지를 부렸다.

이에 유엔군 측은 "우리 측이 서해 5개 도서로 항행하는데 허가를 요청해야 한다는 당신 측의 주장은 전적으로 가소로운 짓이다. 우리 측은

않으며, 그렇게 해도 안 된다"라고 규정하고 있다. 북한군 측의 주장은 이러한 규정을 부정하고 있는 것이다.

「정전협정」이 서명된 이래 20년에 걸쳐 자유롭게 이들 섬들을 선박으로 왕래해 오고 있다"고 지적하였다.[4] 그리고 "「정전협정」이나 후속합의서 또는 그 어떤 이행관례에도 찾아볼 수 없는 해상분계선을 서해에 그으면 긴장이 극도로 조성된다"고 경고하면서, "서해 5개 도서군의 인접수역은 엄연히 유엔군 측 연해이므로 북한 측의 주장은 전적으로 용납할 수 없는 궤변"이라고 강경하게 대응하였다.

1973년 12월 24일 군사정전위 제347차 본회의

1973년 12월 24일 개최된 군사정전위원회 제347차 본회의도 서해 문제가 다루어졌다. 북한군 측은 "당신 측은 지난 12월 6일, 11일, 13일에 구축함, 로켓트함, 경호함 등을 우리 측 서해 연해에 침투시켜 정탐행위를 하였다. 또한 SR-71 고공정찰기를 우리 지역 상공에 침투시켜 정찰활동을 하였다"고 비난하였다.

이에 유엔군 측은 "서해 5개 도서들은 두 말할 여지도 없이 우리 측의 군사통제하에 있다. 당해 섬들에는 약 15,000명의 대한민국 시민이 살고 있는 바, 그들은 이들 섬들을 왕래하는 선박들의 정기적 운항에 의존하고 있다. 우리 측은 이들 주민들에 대한 책임을 지고 있다. 당신 측은 우리 측 선박을 괴롭히고 도발하는 범죄를 자행해오고 있다. 지난 12월 18일 당신 측은 인천과 백령도 사이를 운행하는 여객선이 항해하도록 되어 있는 항로상의 소청도 인접수역에 들어 왔다"고 반박하였다.

---

4) 국방부정보본부, 『군사정전위원회편람』 제4집(1986. 12. 31), 312~313쪽.

그리고 "5개 도서들은 육지이며, 유엔군의 통제하에 있는 바, 이 섬들에 인접한 해면은 대한민국의 다른 어떠한 육지에 인접한 해면과 마찬가지로 존중되어야 한다. 당해 도서들에 자유로운 항해를 방해하는 것은 「정전협정」 제15항을 위반하는 것이다"라고 지적하였다.[5)]

이와 같이 1973년 12월에 열렸던 군사정전위 본회의에서 북한군 측은 서해 5개 도서군들이 북한의 연해 내에 위치하고 있다고 「정전협정」 규정을 왜곡하면서, "남측 해군함정들이 북한 해주항에 드나드는 외국 선박들의 항행을 방해했다"고 비난하였다. 이처럼 북한이 서해 5도 주변해역을 자신의 연해라고 한다든가, 서해 5개 도서에 항행하려면 사전 승인을 받아야 한다고 주장한 것은 우리 측이 북한 해주항을 봉쇄하지 못하도록 하기 위한 전술의 일환으로 해석할 수도 있다.[6)] 그렇지만 이러한 북한 주장의 근본적인 문제는 북방한계선을 부정한다는데 있다. 이때부터 북한은 그동안 이의를 제기하지 않았던 북방한계선에 대해 시비하기 시작하였다.

이처럼 1973년 서해도발사태 이후 북한의 북방한계선 무실화 책동이 집요하고도 반복적으로 전개되었다. 북한은 무력도발과 함께 협상논리를 개발하여 북방한계선 일대를 분쟁수역(disputed waters)으로 만들려고 기도해왔다. 북한이 주장하는 논지는 '서해상에 쌍방이 합의한 해상경계선이 존재하지 않는데도 남측이 북방한계선을 주장하기 때문에 무력충돌이 발생하고 군사적 긴장이 조성되고 있으며, 이를 근본적으로 해결하기 위해서는 유엔사와 북한군 사이에 새로운 해상 군사분계선을 설정해야 한다'는 것이다.

---

5) 국방부정보본부, 『군사정전위원회편람』 제4집(1986. 12. 31), 313쪽.

6) 이문항, 『JSA-판문점(1953~1994)』(소화, 2001), 102쪽.

15. 1992년 남북고위급회담 : 불가침 경계선 · 구역

남북고위급회담 개최

1980년대 말 동구 공산권의 몰락에 따라 동 · 서 간의 이념 · 정치 · 군사적 대결의 냉전체제가 종식되었다. 이러한 국제정세의 변화는 한반도에도 영향을 미쳐 1988년 출범한 노태우 정부는 「7 · 7특별선언」을 발표하는 등 북방정책을 적극 추진하였다.[7] 특히 노태우 대통령은 1988년 「8 · 15경축사」에서 아무런 조건 없이 남북정상회담을 개최할 것을 제안하였고, 10월 18일 유엔총회 연설에서도 남북정상회담을 개최하여 남북 간 불가침 또는 군비축소 등 군사문제를 포함한 모든 문제를 논의할 것을 제의하였다.

이러한 노태우 대통령의 제의에 대해 북한은 1988년 10월 19일 강석주 외교부 부부장의 유엔총회 연설을 통해 남북정상회담의 전제조치로서 남북고위급 정치 · 군사회담을 개최하자고 반응하였다. 그리고 동년 11월 16일 북한의 이근모 총리는 정치 · 군사적 대결상태를 완화하는 문제를 협의하기 위한 남북고위급 정치 · 군사회담을 열 것을 제안하였다.

7) 「7 · 7특별선언」(민족자존과 통일번영을 위한 특별선언)이란 1988년 7월 7일 노태우 대통령이 남북 간의 상호 교류, 이산가족 생사확인, 교역 증대, 국제적 협력 등을 추진하겠다고 발표한 것을 말한다.

이에 대한민국 강영훈 국무총리는 12월 18일 북한 연형묵 정무원총리에게 보낸 서한을 통해 「남북고위당국자회담」을 개최하자고 공식 제의하였다. 북한은 1989년 1월 16일 연형묵 정무원총리의 답신을 통해 「남북고위급 정치 · 군사회담」을 개최하고, 사전에 예비회담을 갖자고 수정 제안해왔다.[8)]

남북고위급회담 개최를 위한 예비회담 광경(1990)

남과 북은 1989년 2월 8일부터 1990년 7월 26일까지 8차례 예비회담과 2차례 실무대표접촉을 개최하여 「남북고위급회담 개최에 관한 합의서」를 채택하게 되었다.[9)] 이에 따라 분단사상 최초로 남북의 총리가

8) '하나의 조선' 정책을 견지해온 북한이 남북고위급회담에 호응한 것은 개혁 · 개방에 대한 외부 압력을 회피하고 대서방 접근을 위한 방편으로 이용하는 한편, 우리 내부에 통일전선을 형성하기 위한 명분을 조성하려는데 그 의도가 있었던 것으로 평가된다. 통일원, 『남북기본합의서 해설』(1992), 183쪽.

9) 노태우, 『노태우 회고록(하): 전환기의 대전략』(조선뉴스프레스, 2011), 289쪽.

마주 앉은 「남북고위급회담」이 1990년 9월 4일부터 1992년 9월 18일까지 8차례에 걸쳐 서울과 평양에서 개최되었다. 남북고위급회담에서는 남북관계 전반을 규율하는 「남북기본합의서」와 정치 · 군사 · 경제사회 분야의 부속합의서를 채택하였다.

1992년 「남북기본합의서」와 불가침 경계선 · 구역

남북고위급회담에서 불가침 경계선과 구역 문제는 첨예한 쟁점의 하나였다. 우리 측은 최초 불가침의 '영역'을 「정전협정」에 따라 각기 관할하여 온 영역으로 할 것을 제의하였는데, 이는 지상의 군사분계선과 서해 5도 등을 감안한 방안이었다. 이에 대해 북측은 불가침의 '경계선'을 「정전협정」상의 군사분계선으로 정할 것을 주장하면서, '영역'은 국가 간에 사용되는 개념이므로 수정되어야 한다는 의견을 제시하였다. 이후 우리 측은 북측의 용어에 대한 주장을 감안하여 지상의 경우는 군사분계선으로, 해상의 경우는 각기 관할해 온 '구역'으로 수정 제시하였다. 북측도 우리 측의 주장을 고려한 수정안을 내놓았다. 쌍방은 이러한 절충과정을 거쳐 제5차 남북고위급회담에서 불가침의 경계선은 군사분계선으로, 불가침의 구역은 쌍방이 관할하여 온 구역으로 하는데 합의하게 되었다.[10)]

1990년 10월 17 ~ 18일 평양에서 개최된 제2차 남북고위급회담에서 북측은 「북남불가침에 관한 선언」(초안) 제3조에 "북과 남 사이의 불가침

10) 통일원, 『남북기본합의서 해설(Ⅱ): 합의과정에서의 쌍방 주장』(1992), 112~117쪽 참조.

의 경계선은 1953년 7월 27일부 조선군사정전에 관한 협정에 규정된 군사분계선으로 한다"는 입장을 처음으로 제기하였다.

1990년 12월 12~13일 서울에서 개최된 제3차 남북고위급회담에서 우리 측은 「정치군사분과위원회에서 협의할 남북불가침에 관한 방안」 제3항에 "불가침의 영역은 1953년 7월 27일자 군사정전에 관한 협정에 따라 남과 북이 각각 관할해 온 영역으로 한다"는 입장을 밝혔다. 북측은 「북남 불가침과 화해, 협력에 관한 선언」(초안) 3항에 "북과 남은 불가침의 경계선을 1953년 7월 27일부 조선군사정전에 관한 협정에 규정된 군사분계선으로 하며 군사분계선 비무장지대를 평화지대로 전환시킨다"는 안을 제시하였다.

1991년 10월 23~24일 평양에서 개최된 제4차 남북고위급회담에서는 북측이 쌍방의 합의서 안을 통합하여 「북남 불가침과 화해 및 협력교류에 관한 선언」(초안)을 내놓았다. 그러나 「선언」 제3조에 "북과 남의 불가침 경계선은 1953년 7월 27일부 조선군사정전에 관한 협정에 체결된 군사분계선으로 한다"고 기존 입장대로 제시하였다. 이에 대해 우리 측은 "지상의 경우는 군사분계선으로 하지만, 해상의 경우 군사분계선이 획정되어 있지 않으므로 휴전 이후 현재까지 관할하여 온 구역으로 하자"고 제기하였다.

이와 같은 쌍방의 입장 차이를 절충하기 위해 판문점에서 4차례의 실무대표접촉이 이루어졌다. 제1차 실무대표접촉은 1991년 11월 11일 판문점 「통일각」에서 개최되었다. 우리 측은 「남북 사이의 화해와 불가침 및 교류협력에 관한 합의서」(초안)를 제시하면서, 제13조에 "남북간 상호불가침의 영역은 1953년 7월 27일자 군사정전에 관한 협정에 따라 쌍방이 각기 관할해 온 영역으로 한다"는 안을 제안하였다. 북측은 「북남 사이의 화해와 불가침 및 협력교류에 관한 합의서」(초안) 제9조에 "북과 남의 불가침 경계선은 1953년 7월 27일부 조선군사정전에 관한 협정에 체결된 군사분계선으로 한다"고 기존의 주장을 반복하였다. 그리고 우리 측의 '영역'이란 용어에 대해 "남쪽의 국어대사전을 봐도 '영역'이라는 것은 '국명 밑에 붙어서 해당 나라의 영토를 밝히는 것이다'라고 풀이되어 있는데, 불가침의 경계선은 군사분계선으로 하자"고 언급하였다.

1991년 11월 15일 판문점 「평화의 집」에서 개최된 제2차 실무대표접촉에서도 북측은 "나라와 나라 사이의 국경이 접하지 않을 때에는 '영역' 문제가 논의된 적도 있으나, 쌍방 군사력이 대치되어 있을 때의 불가침 문제는 반드시 불가침 경계선으로 명기하는 것이 이상적이다"고 주장하였다. 또한, 1991년 11월 26일 제4차 실무대표접촉에서도 북측은 "남측이 불가침 경계선을 「정전협정」에 규정된 군사분계선으로 하는 것이 당연함에도 불구하고 '영역'으로 할 데에 대한 문제를 들고 나온 것은 사실상 장애를 조성하자는 것이다"라고 계속 시비하였다. 불가침의 경계선과 구역 문제에 대한 쌍방의 입장 차이는 제4차 남북고위급회담과 4차례 실무접촉에서도 타협점을 찾지 못해 제5차 남북고위급회담에서 계속 논의하게 되었다.

제5차 남북고위급회담은 1991년 12월 10~13일 서울에서 개최되었다. 그런데 북측 대표단이 판문점에서 서울로 이동하는 도중에 합의서 채택에 상당히 서두르는 모습을 보여 주었다. 연형묵 총리는 "김일성 주석의 지시이니 이번에는 꼭 합의하자"고 하였고, 최우진 대표도 "이번에는 반드시 합의해야 한다. 서로 체면을 살리는 수준에서 양보하고 절충하면 쟁점 조항들을 타결할 수 있다. 합의서에 찍을 도장을 갖고 왔다"고 언급하였던 것이다.11) 특히, 4차례 실무접촉에서도 입장을 굽히지 않았던 "불가침 경계선 문제는 남측이 만족할 만한 내용으로 양보하겠다, 군사적 신뢰구축 문제도 남측에서 주장하는 대로 받아 주겠다"고 하는 등 유연하게 변화된 태도로 나왔다.[12)]

1991년 12월 10일 제5차 남북고위급회담 1일차 회의에서 쌍방은 기조발언을 통해 자기 측 입장을 밝혔다. 우리 측은 「남북 사이의 화해와 불가침 및 교류·협력에 관한 합의서」(안) 제11조에 "남북간 불가침 경계선은 1953년 7월 27일자 군사정전에 관한 협정에 따라 군사분계선으로 하며, 해상에서의 불가침 구역은 「군사정전협정」 발효 이후 쌍방이 각기 관할해 온 구역으로 한다"고 제시하면서, 북측이 문제 제기한 '영역'이란 용어를 사용하지 않았다.

북측은 합의서 채택을 위해 양보안을 내놓겠다고 하면서 해상 불가침 경계선은 앞으로 협의해서 해결하도록 하되 그때까지는 우리 측 주장을 수용하여 "쌍방이 관할하여 온 구역"으로 하자고 하였다.[13)] 그리고 연형묵 총리는 기본발언을 통해 「북남 사이의 화해와 불가침 및 협력·교류에 관한 합의서」(초안) 제10조 "북과 남의 불가침 경계선은 1953년 7월 27일부 조선 군사정전에 관한 협정에 규정된 군사분계선과 지금까지 쌍방이 관할하여 온 구역으로 한다"고 수정 제의하였다. 그리고 우리 측이 주장해온 정전상태의 평화상태로의 전환, 군사적 신뢰구축, 연락사무소 설치, 신문·방송·텔레비전 및 출판물의 개방·교류, 기본합

---

11) 노태우, *op. cit.*, 321쪽.

12) 송한호, 「남북기본합의서 회고 및 평가」, 『남북기본합의서 채택의 의미와 대북정책방향』, 통일연구원 주최 남북기본합의서 채택 18주년 기념 국제회의(2009. 12. 10) 발표논문 ; 임동원, 『피스 메이커: 남북관계와 북핵문제 20년』(중앙books, 2008), 218~219쪽 참조.

13) 임동원, *op. cit.*, 220쪽.

의서와 기존 조약·협정과의 상호관계, 합의사항의 집행기구로서 공동위원회 구성 문제들에 대해 절충할 용의가 있다는 입장을 표명하였다.

1일차 오전 전체회의에서의 합의에 따라 오후에는 합의서 문안정리를 위해 우리 측의 김종휘, 송한호, 임동원 대표와 북측의 안병수, 백남준, 최우진 대표로 구성된 6인 실무대표접촉이 개최되었다. 이 실무대표접촉은 북측의 제의로 마이크를 사용하지 않고 녹음기록도 하지 않는 자유로운 대화형식의 비공개 회의로 진행되었다.[14)]

제1차 실무대표접촉에서 "남북연락사무소를 판문점에 설치한다"는 절충안과 "해상경계선은 쌍방이 관할하여 온 구역으로 잠정 합의한다"는 조항들은 이미 양측의 수정안에 포함되어 있어서 합의하는데 전혀 문제가 없었다.[15)] 그러나 북측 대표들은 연형묵 총리의 기본발언과는 달리 불가침 이행 보장조치, 정전상태의 평화상태로의 전환, 군사적 신뢰구축 문제에 대해서는 완강히 반대하는 등 비타협적 태도를 보였다. 이에 우리 측 대표들은 북측의 양보를 끌어내기 위해 지연전술을 구사하였다. 저녁 식사 후 북측이 실무대표회담의 속개를 요구해왔으나 우리 측은 차후에 연락을 주겠다고 하면서 밤늦은 시간에 연락관을 통해 "입장 정리에 시간이 걸린다"는 이유를 들어 2일차 전체회의 이후 오후에 만날 것을 통보하였던 것이다.

그런데 우리 측 연락을 받은 후 밤 12시경 북측의 안병수, 백남준, 최우진 대표가 우리 측 김종휘, 송한호, 임동원 대표에게 각각 전화를

---

14) 임동원, *op. cit.*, 220~221쪽. 남북회담의 관례는 모든 회담 시 반드시 마이크를 사용한다. 이 마이크는 각각 서울과 평양으로 연결되어 협상통제본부에서 모니터가 가능하도록 되어 있다. 회담대표들은 수시로 각각 협상통제본부로부터 훈령을 받아 협상을 진행한다.

15) *Ibid.*, 221쪽.

걸어와 그들 숙소에서 만날 것을 요청해왔다. 이에 따라 심야에 김종휘－안병수, 송한호－백남준, 임동원－최우진 간의 비공식 접촉이 이루어졌다. 새벽 2시까지 진행된 임동원－최우진 간의 비공식 접촉에서 최우진 북측대표는 "이번에 반드시 기본합의서를 채택해야 한다"고 하면서 쟁점이 된 정전상태를 남과 북 사이의 평화상태로 전환하는 조항을 수용할 수 있음을 시사했고, "현재 협상의 걸림돌이 되고 있는 '불가침의 이행조치' 조항의 타결안을 우리 둘이 만들어 각각 상부에 건의하자"고 제안하였다. 양측 대표들은 "구체적 조치와 원칙 등을 명시한 남측의 입장을 모두 포함하되 북측의 체면을 고려하는 선에서 절충한다"는 원칙에 합의하고 시안을 마련하였다. 쌍방은 우리 측 안에 4개 조항으로 되어 있던 불가침 이행조치들을 모두 하나의 조항으로 묶되 '군사공동위원회의 과업'으로 표현하는 타결안을 마련하였다. 이러한 임동원－최우진 간의 심야접촉 결과는 다음날 아침 관계장관회의와 청와대에 보고되어 승인을 받았다.

12월 11일 2일차는 사전 합의한 대로 제2차 실무대표접촉이 오전 10:00시부터 개시되었다. 이미 쟁점사항들이 모두 타결된 상태에서 진행된 2차 실무대표접촉은 비공개 자유대화 형식으로 합의서 문안의 정리와 조항의 나열순서 등에 관한 조율작업이 이루어졌다. 7시간 동안 진행된 2차 실무대표접촉에서 불가침 경계선과 구역 문제도 합의가 이루어졌다. 마침내 12월 10일 10:00시에 시작되어 11일 18:00시까지 32시간이라는 마라톤협상 끝에 「남북기본합의서」가 최종 타결되었다. 불가침 경계선·구역 문제는 「남북기본합의서」 제11조에 "남과 북의 불가침 경계선과 구역은 1953년 7월 27일자 군사정전에 관한 협정에 규정된 군사분계선과 지금까지 쌍방이 관할하여 온 구역으로 한다"고 규정되었다. 그리고

불가침의 이행에 대한 보장조치 문제는 제12조의 내용으로 담았다.[16)]

1991년 12월 13일 09:00시 정원식 대한민국 국무총리와 연형묵 조선민주주의인민공화국 정무원총리 간에 「남북 사이의 화해와 불가침 및 교류협력에 관한 합의서」(남북기본합의서)를 채택하기로 합의하였다. 「남북기본합의서」는 1992년 2월 19일 제6차 남북고위급회담에서 서명 · 발효되었다.

제5차 남북고위급회담에서 「남북기본합의서」를 타결한 후 쌍방 대표단의 대변인들이 언론 기자회견을 갖고 협의과정에서의 자기 측 입장과 소회를 밝혔다. 북측대표단 안병수 대변인은 "불가침 경계선은 원래 군사분계선을 불가침의 경계선으로 할 데 대해서 우리가 제기했는데, 남측에서는 이 경계선뿐만 아니라 해상에 있는 도서라든가 이런 것도 염두에 두고서 경계선을 긋자고 제기를 해왔다. 우리는 이것을 수용했다"고 발표하였다. 이러한 북측 대변인의 언급은 우리 측 입장을 수용하여 합의했다는 것을 명백히 밝힌 것이다. 우리 측대표단 대변인도 "불가침의 경계선 문제에 관해서 오늘 북측에서 타협안을 가지고 나왔고, 이는 우리 측의 안과 아주 근접하여 거의 같은 거나 마찬가지이다"고 평가하였다.[17)]

1992년 2월 19일 평양에서 개최된 제6차 남북고위급회담에서 서명 · 발효된 「남북기본합의서」는 전문에서 "쌍방 사이의 관계가 나라와 나라 사이의 관계가 아닌 통일을 지향하는 과정에서 잠정적으로 형성되는 특수관계라는 것을 인정하고, 평화 통일을 성취하기 위한 공동의 노력을 경주할 것을 다짐"한다고 규정하였다. 이렇게 「남북기본합의서」는 현

---

16) 임동원, *op. cit.*, 224~225쪽.

17) 통일원, 『남북기본합의서 해설(Ⅱ)』(1992), 117쪽.

남북관계를 '잠정적 특수관계'로 규정하여 분단체제로서의 남북 간에 적용되는 특수한 합의임을 밝히고 있다. 이는 적대적인 관계에 있는 쌍방이 과도적으로 상호 협력관계를 맺는 약속으로, 국제법상 분쟁해결을 위하여 당사자 간에 편의적으로 체결하는 잠정적인 협정임을 가리키고 있다.[18)]

「남북기본합의서」는 제1장 정치 분야의 '남북화해', 제2장 군사 분야의 '남북불가침', 제3장 사회·경제 분야의 '남북교류협력'에 대한 규정을 담고 있다. 제2장 '남북불가침' 조항은 제9조부터 제14조까지 구성되어 있다. 제9조 "남과 북은 상대방에 대하여 무력을 사용하지 않으며 상대방을 무력으로 침략하지 아니한다." 제10조 "남과 북은 이견대립과 분쟁문제들을 대화와 협상을 통하여 평화적으로 해결한다." 제11조 "남과 북의 불가침 경계선과 구역은 1953년 7월 27일자 군사정전에 관한 협정에 규정된 군사분계선과 지금까지 쌍방이 관할하여 온 구역으로 한다." 제12조 "남과 북은 불가침의 이행과 보장을 위하여 이 합의서 발효 후 3개월 안에 남북군사공동위원회를 구성·운영한다. 남북군사공동위원회에서는 대규모 부대이동과 군사연습의 통보 및 통제문제, 비무장지대의 평화적 이용문제, 군인사 교류 및 정보교환 실현문제, 검증문제 등 군사적 신뢰조성과 군축을 실현하기 위한 문제를 협의·추진한다." 제13조 "남과 북은 우발적인 무력충돌과 그 확대를 방지하기 위하여 쌍방 군사당국자 사이에 직통전화를 설치·운영한다." 제14조 "남과 북은 이 합의서 발효 후 1개월 안에 본 회담 테두리 안에서 남북군사분과위원회를 구성하여 불가침에 관한 합의의 이행과 준수 및 군사적

---

18) 통일원, 『남북기본합의서 해설』(1992), 28쪽.

대결상태를 해소하기 위한 구체적 대책을 협의한다"는 것을 규정하고 있다.

「남북기본합의서」 제11조는 남북한 간의 불가침 경계선이 군사분계선이고, 불가침 구역은 지금까지 쌍방이 관할하여 온 구역, 즉 비무장지대와 상대방의 군사통제하에 있는 구역이라는데 합의한 것을 의미한다. 특히 「정전협정」에 명기되지 않은 북방한계선에 대해 「남북기본합의서」에서 "지금까지 지켜온 관행을 인정한다"고 명문화한 것이다.[19)]

그런데 「남북기본합의서」에서는 불가침의 기준선으로 '경계선'이라는 용어를 사용하고 '국경선'으로 표기하지 않았다. 일반적으로 불가침협정에서는 '국경선'으로 표시하는 것이 통례이나 남북한 관계가 민족 내부의 특수관계임을 고려하여 국가와 국가 간의 관계에서 인정되는 '국경선'이라 하지 않고 '경계선'으로 규정한 것이다. 그리고 남북한 간의 경계선은 1953년 7월 27일 「정전협정」에 의한 군사분계선이 40여 년 동안 남과 북을 분계(分界)해 온 현실을 존중하여 '군사분계선'으로 정한 것이다.[20)]

1992년 「불가침부속합의서」와 북방한계선

1992년 2월 19일 제6차 남북고위급회담에서는 「남북기본합의서」의 서명·발효와 함께 「남북고위급회담 분과위원회 구성·운영에 관한 합의서」가 채택되었다. 이에 따라 정치·군사·교류협력 3개 분야의 분과위

---

19) 노태우, *op. cit.*, 288쪽.

20) 통일원, 『남북기본합의서 해설』(1992), 59~60쪽.

원회 회의가 판문점에서 개최되었다. 이중 「남북기본합의서」 제2장 남북불가침 조항에 대한 구체적인 이행대책을 협의하는 군사분과위원회 회의가 1992년 3월 13일부터 9월 5일까지 8차례 개최되었다.

남북군사분과위 회담 광경(1992)

남북군사분과위 회의에는 우리 측 국방부 군비통제관 박용옥 육군준장과 북측 인민무력부 부국장 김영철 육군소장(우리 측 준장에 해당)이 위원장으로 참석하여 회의를 진행하였다.[21] 8차례의 군사분과위 회의에서도 해상 불가침경계선 문제에 대한 논쟁이 치열하게 벌어져 입장 차이를 좁히는 것이 쉽지 않았다. 결국 1992년 9월 15~16일 개최된 제8차 남북고위급회담에서 「남북불가침부속합의서」를 최종 타결시키고, 「화해부속합의서」와 「교류협력부속합의서」와 함께 서명·발효시켰다.

21) 우리 측 군사분과위 박용옥 위원장의 계급은 최초 준장이었다가 소장으로 진급하였다.

남북군사분과위원회 제1차 회의는 1992년 3월 13일 판문점 「통일각」에서 개최되었다. 1차 회의에서 북측은 기조발언을 통해 군사분과위원회 제1차 회의가 300여 차례 남북회담에서 군사당국자 간의 첫 번째 회담이라고 그 의의를 평가하면서 군사분과위원회를 협의기구이지 실행기구가 아니라고 주장하였다. 그리고 군사분과위에서는 불가침 분야의 이행·준수를 위한 구체적 대책을 협의한데 기초하여 포괄적인 단일 부속합의서를 작성해야 한다고 하면서 「남북기본합의서의 제2장 북남불가침 이행과 준수를 위한 부속합의서(초안)」을 제시하였다. 북측이 제시한 7개 조항의 불가침부속합의서 초안은 「남북기본합의서」 조항별로 작성된 것이었다. 특히 「남북기본합의서」 제11조 불가침 경계선과 구역에 관한 조항과 관련하여, 북측의 초안에는 "제3조 북과 남의 불가침 경계선과 구역은 1953년 7월 27일부 「조선군사정전에 관한 협정」에 규정된 군사분계선과 지금까지 쌍방이 관할하여 온 구역으로 한다. ① 지상불가침 경계선과 구역은 현 군사분계선과 지금까지 쌍방이 관할하여 온 구역으로 한다. ② 해상불가침 경계선과 구역은 동해에서는 군사분계선을 위도상으로 연장한 선으로 하며, 서해에서는 「조선군사정전에 관한 협정」 해당조항에 따라 지금까지 쌍방이 관할하여 온 계선과 구역으로 한다. ③ 공중불가침 경계선과 구역은 지상 및 해상 불가침 경계선에 수직되게 공중으로 연장한 선으로 한다. ④ 북남불가침 경계선을 담보하기 위한 구체적인 대책은 북남군사공동위원회에서 협의 추진한다"고 정리되어 있었다. 북측의 부속합의서 초안은 「남북기본합의서」 채택시 반영하지 못했던 사항들을 추가하는 한편, 구체적 실천대책은 제시하지 않은 채 원칙적·선언적인 내용으로 채워져 있었다. 또한 북측은 군사분과위에서는 부속합의서만 작성하고 실천에 따르는 제반사항은 군사공동위원회로 넘기자고 주장함으로써 사실상 군사분과위원회를 무실화시키려는 의도를 드러냈다.

우리 측은 기조발언을 통해 "군사분과위에서는 「남북기본합의서」 불가침 분야의 이행과 준수를 위한 구체적 대책에 대해 협의·해결해야 하고, 그러한 협의 결과에 따라 각각의 부속합의서를 작성해야 한다"는 입장을 밝혔다. 그리고 군사분과위에서 협의·실천할 사항에 있어 우선순위를 두어 「남북기본합의서」 제12조에 "합의서 발효 3개월 이내"로 명시되어 있는 군사공동위원회를 발족시키는 문제와 군사적 대치상태에 따른 우발적 무력충돌과 확대 방지를 위해 시급하고 합의·이행이 용이한 군사당국자 간의 직통전화를 설치·운용하는 문제를 우선적으로 협의하자고 제의하였다. 이에 따라 2개의 합의서로서 「남북군사공동위원회 구성·운영에 관한 합의서(안)」 및 「남북군사당국자 사이의 직통전화 설치·운영에 관한 합의서(안)」을 제시하였다.

1992년 3월 31일 제2차 군사분과위 회의에서는 부속합의서 작성의 방식과 시기 문제가 집중 논의되었다. 우리 측은 「남북기본합의서」 발효 이후 3개월 이내에 구성·운영하기로 합의한 남북군사공동위원회를 시한 내에 발족시키고, 우발적 무력충돌 방지를 위한 시급한 실천조치로서 남북군사당국자간 직통전화의 설치·운영 문제를 우선적으로 협의·해결하며, 불가침 분야의 여타 합의사항은 조속한 시일 내에 축차적으로 부속합의서를 채택해나갈 것을 제안하였다. 이에 반해 북측은 불가침 분야의 매개 조항별로 이행대책을 옮겨 담는 원칙에 따라 단일의 부속합의서를 작성해야 하며, 군사공동위의 발족시한이 5월 19일이므로 그 기초가 되는 부속합의서는 그 이전에 작성되어야 한다고 주장하였다.

1992년 4월 30일 제3차 군사분과위 회의에서는 「남북군사공동위원회 구성·운영에 관한 합의서」를 타결하였고, 이는 5월 5~8일 개최된 제7차 남북고위급회담에서 서명·발효되었다. 한편, 우리 측은 「남북기본합의서」 불가침 분야에 대한 올바른 이해와 남북간 군사적 대치의 현실을 기초로 해서 실천적 행동지침이 될 수 있는 부속합의서로서 「남북사이의 불가침 이행과 준수를 위한 무력불사용 및 우발적 무력충돌 방지에 관한 합의서(안)」을 제시하였다. 이에 대해 북측은 침략을 막기 위한 예방조치보다 사후처리로 일관되어 있고, 불가침을 근본적으로 보장하지 못하고 부차적인 문제 위주로 작성되었으며, 특히 기본합의서 제11조 불가침 경계선의 내용이 누락되어 일관성이 없다고 비난하였다.

1992년 5월 25일 개최된 제4차 군사분과위 회의부터 쌍방이 수정하여 제시한 부속합의서의 구성체계와 내용에 대해 본격적으로 협의에 들어갔다. 북측이 제기한 불가침 경계선 조항에 대해, 우리 측은 "「군사정전협정」 이후 지금까지 40여 년 동안 준수해 온 경계선과 관할구역을 지키면 된다. 이 문제는 기본합의서 정신으로도 충분하다. 앞으로 교류협력이 진전되고 남북관계가 더욱 발전하게 되면, 공동어로구역과 같은 것을 검토해볼 수도 있을 것이다. 그런데 지금 이 시점에서 북측이 제시한 경계선 조항을 보면 기본합의서의 내용 그대로다"라고 평가하였다. 요컨대 기본합의서 조항을 동의 반복하는 내용으로 작성된 북측의 초안은 사실상 아무런 의미도 없는 것으로 평가한 것이다.

6월 19일 제5차 군사분과위 회의에서 북측은 제4차 회의에서 제시한 부속합의서에 '장' 제목을 달고 조항 배열을 조정한 수정안을 제시하였다. 그러나 북측은 제3장 '불가침 경계선'이란 제목 하에 "제12조 지상불가침 경계선과 구역은 현 군사분계선과 지금까지 쌍방이 관할하여 온 구역으로 한다. 제13조 해상불가침 경계선과 구역은 동해에서는 군사분계선을 위도상으로 연장한 선으로 하며, 서해에서는 「조선정전에 관한 협정」 해당조항에 따라 지금까지 쌍방이 관할하여 온 계선과 구역으로 한다. 제14조 공중불가침 경계선은 지상 및 해상 불가침 경계선에 수직되게 공중으로 연장한 선으로 한다. 제15조 북남불가침 경계선을 담보하기 위한 구체적인 대책은 북남군사공동위원회에서 협의 추진한다"고 최초 제시한 안과 똑같은 내용을 내놓았다.

이와 관련하여 북측은 "불가침 경계선 문제에 대해 (기본합의서에는) 정전협정에 규정된 대로 쌍방이 지금까지 유지한 계선을 구획으로 한다고 일반적으로 규정하고 있다. 그래서 (부속합의서에는) 지상·해상·공중 불가침 경계선을 어떻게 하겠는지, 문건상 갖춤새를 갖추자는 것이다. 즉 (부속합의서에) 경계선은 이렇게 한다고 넣은 것으로, 다른 의미가 없다. 그리고 지금까지 유엔군사령부와 조선인민군 최고사령부 사이에는 불가침 경계선 문제가 협약에 확정돼 있다. 그렇지만 이것은 남북 사이에 확약하는 합의서이다. 그렇기 때문에 북남 사이에 문건을 완벽하게 만들자는 목적도 있다"고 하였다. 이러한 북측의 언급에 대하여 우리 측은 "이 문제는 물론 「정전협정」이 있지만 남북 간에 할 때에는 고려해야 할 것이 많다. 예컨대, 동해에 위도를 연한 선으로 한다면 명확히 위도·경도가 나온 거나 다름없다. 그러면 서해에 대해서도 위도·경도를 표시하는 것이 필요하게 된다. 또한 서로가 방공식별구역, 해상작전구역, 군사작전구역 등 여러 가지 문제가 있다. 그런데 이러한 문제들은 단순히 경계선 문제라는 군사적 차원에서만 얘기할 문제가 아니다"라고 지적하였다.

7월 16일 제6차 군사분과위에서 우리 측은 기조발언을 통해 북측의 '제3장 불가침 경계선'에 대한 입장을 밝혔다. "북측안 제13조는 '동해에서는 군사분계선을 위도상으로 연장한 선으로 하며, 서해에서는 「정전협정」 해당조항에 따라 지금까지 쌍방이 관할하여 온 계선과 구역으로 한다'고 되어 있다. 「정전협정」에는 해상경계선에 관한 해당조항이 없다. 그러나 「정전협정」 체결 이후 지금까지 남북 쌍방은 서로의 관할구역을 존중해왔다. 그래서 「남북기본합의서」 제11조에서도 남북 간의 불가침 경계선과 구역은 「군사정전협정」에 규정된 군사분계선과 지금까지 쌍방이 관할하여 온 구역으로 하기로 합의한 것이다. 더구나 제15조에서 군사공동위원회가 불가침 경계선 보장문제를 다루자는 것은 군사공동위원회의 임무와 기능에 비추어 볼 때 부적절할 뿐만 아니라, 불가침 경계선을 무엇으로 어떻게 보장하자는 것인지 그 개념부터가 분명하지 않다"고 지적하였다.

그리고 우리 측 부속합의서 초안에 "제3장 불가침 경계선 및 구역. 제12조 남과 북의 지상불가침 경계선은 1953년 7월 27일자 「군사정전에 관한 협정」 제1조 2항에 규정된 군사분계선으로 한다. 제13조 남과 북의 해상불가침 구역은 1953년 7월 27일자 「군사정전에 관한 협정」 이후 지금까지 쌍방이 관할하여 온 구역으로 한다"고 제시하였다. 그런 다음 우리 측은 불가침 경계선에 관한 규정은 「남북기본합의서」 제11조만으로 충분하다는 입장이지만, 지상불가침 경계선과 해상불가침 구역을 구분하여 조문화한 부속합의서를 작성 · 제시하였음을 부연 설명하였다. 쌍방은 부속합의서의 명칭, 전문, 일부 장의 제목에 합의하는 등 내용토의에서 일부 진전을 보았으며, 별도의 위원장 접촉을 통해 계속 협의해 나가기로 하였다.

7월 23일 제6차 회의 후속의 위원장접촉이 판문점에서 개최되었다. 제3장 불가침 경계선과 구역 문제와 관련하여, 북측은 제15조 '불가침

경계선의 담보대책을 군사공동위에서 협의·추진한다'는 조항에 대해 "불가침의 이행을 위한 전담기구인 군사공동위의 기능상 반드시 다루어야 될 문제"라고 주장하였다. 북측이 군사공동위에서 불가침 경계선 문제를 토론해야 한다고 제기한 것은 해상경계선 설정 문제를 계속 쟁점화하겠다는 의도로 평가되었다. 이에 대해 우리 측은 "불가침 경계선 문제는 40년 동안 유지되어 온 관행이 중요하며, 군사공동위에서 별도로 다룰 필요가 없다"는 입장을 표명하였다. 쌍방은 위원장접촉에서 개괄적 토의를 완료한 후 앞으로 위원접촉을 통해 계속해서 조항별 토의를 진행하고 필요시 위원장접촉을 재개하기로 합의하였다.

8월 3일 제6차 회의 후속의 1차 위원접촉이 이루어져 쌍방의 부속합의서 내용 중에서 공통사항과 절충 가능한 사항을 중심으로 조항별 토의를 진행하였다.[22] 8월 12일 2차 위원접촉에서는 우리 측이 대폭 수정한 부속합의서 안을 제시함으로써 쌍방은 이를 중심으로 전체 조항에 대한 토의를 진행하였다. 특히 우리 측 부속합의서 '제3장 불가침 경계선 및 구역'의 제11조 지상불가침 경계선 조항은 북측안 제12조 중 '쌍방이 관할하여 온 구역'을 수용하였고, 제13조 공중불가침 경계선 조항은 '남과 북은 상대방 관할구역 상공을 존중한다'는 내용을 신설하였다.

8월 20일 3차 위원접촉에서 쌍방은 '제3장 불가침 경계선 및 구역'과 관련 지상불가침 경계선 조항을 타결하였다. 즉 "남과 북의 지상불가침 경계선과 구역은 군사정전에 관한 협정에 규정한 군사분계선과 지금까지 쌍방이 관할하여 온 구역으로 한다"고 합의한 것이다. 그러나 해상

---

22) 우리 측에서는 임태순(통일원 남북대화사무국 자문위원)과 이영호 육군대령(국방부 회담운영 1부장)이, 북측에서는 박림수(조선인민군 대좌)와 리길청(조선인민군 대좌)이 대표로 참석하여 토의를 진행하였다.

및 공중 불가침 경계선과 관련해서는 쌍방의 입장만 제시되었다. 우리 측은 "남과 북의 해상불가침 구역은 군사정전에 관한 협정 이후 지금까지 쌍방이 관할하여 온 구역으로 한다"고 절충안을 제안하였고, 북측은 "북과 남의 공중불가침 경계선과 구역은 지상 및 해상 불가침 경계선을 수직되게 공중으로 연장한 선과 관할구역 상공으로 한다"는 수정안을 제시하였다.

8월 26일 제7차 군사분과위 회의에서 우리 측은 일부 문안을 수정한 8개 조항의 부속합의서 수정안을 제시하였고, 북측의 제의로 우선 합의되지 않은 장 제목 문제를 처리한 후 쌍방이 수용 불가능하거나 합의하기 어려운 조항을 확인하는 형식으로 진행되었다. 해상 및 공중 불가침 구역과 관련하여, 북측은 「남북기본합의서」 합의정신에 맞게 부속합의서는 북측안처럼 확실하게 해야 하며, 정 어렵다면 군사공동위로 위임해야 한다고 주장하였다. 우리 측은 「남북기본합의서」와 「군사정전협정」에 나와 있는 데로 무리 없이 문안조정하는 것이 타당하나 해상 불가침구역을 서해상은 북방한계선(NLL)으로 동해상은 북방경계선(NBL)으로 검토할 수 있으며, 이러한 문제는 추후 군사분과위원회에서 계속 협의해야 한다고 대응하였다.

우리 측은 북측의 주장을 감안하여 공중에 대한 조항을 추가한 부속합의서 초안을 제시하였다. 즉 제3장 '불가침 경계선과 구역'에 대해 "제13조 남과 북의 지상불가침 경계선과 구역은 군사정전에 관한 협정에 규정한 군사분계선과 지금까지 쌍방이 관할하여 온 구역으로 한다. 제14조 남과 북의 해상불가침 구역은 군사정전에 관한 협정 이후 지금까지 쌍방이 관할하여 온 구역으로 한다. 제15조 남과 북의 공중불가침 구역은 지상 및 해상 관할구역의 상공으로 한다"고 조정한 것이다. 우리 측 안에 대해 북측은 "해상과 공중에서 충돌을 방지하자면 해상·공중 불가침 경계선 문제를 확정해야 한다"고 하면서, "군사학적으로 '구역'이라는 것은 계선으로 한정된 지역을 말하며, 대치된 데에서는 그 계선이 있어야 된다"고 주장하였다.

우리 측은 다시 한 번 북측의 부당성을 지적하였다. 즉 "해상에서 경계선을 긋자는 것은 말이 성립되지 않는다. 북측은 황해도와 경기도 도 경계선을 계선이라고 얘기하는데, 이는 「정전협정」 제13조 (ㄴ)목과 부록 지도를 볼 때 상식 이하의 주장이다. 남북한 간에 (합의된 해상)경계선이 없지만, 1953년 7월 「정전협정」 체결 직후에 선포한 북방한계선을 지금까지 쌍방이 지켜왔다. 그것을 경계선으로 정하는 것은 검토할 수 있다. 당연히 우리는 지난 40년 동안 지켜오고 있는 준용에 따라서 관할구역이라고 하면 이미 서로가 잘 알고 있다. 아직 완전한 평화상태가 되기 전인 「정전협정」 상태에서는 이제까지 준수하고 지켜온 관행을 존중해야 한다. 그런데 북측에서 너무나 엉뚱하게 내놓은 해상경계선 문제를 협상하다가는 회담이 진행되지 못할 것이다. 따라서 우리 측은 「기본합의서」 수준으로 규정하자는 입장이다"라고 대응하였다. 이에 북측은 "남측은 북측이 내놓은 조항에 대해 받아들일 수 없다는 입장이다. 그러나 이 문제는 정확히 확정돼야 할 문제이다. 그렇기 때문에 이 문제는 앞으로 고위 군사당국자들이 참여하는 군사공동위원회에서 더 깊이 있게 논의한다"고 주장하였다. 우리 측은 "불가침 경계선과 구역 문제는 군사공동위원회만의 소관사항이 아니다"는 점을 들어 수용불가 입장을 분명히 하였다.

9월 5일 제8차 군사분과위 회의에서는 부속합의서 1장부터 6장에 이르는 전체 조문에 대한 토의를 진행하여 합의서의 제목, 전문, 6개 장

제목 등 구성체계에 합의하고 총 22개 조문 중 9개 조문에 대해 의견 접근이 이루어졌다. 그러나 입장 차이를 좁히지 못한 쟁점사항에 대해서는 제8차 남북고위급회담 기간 중 위원장 접촉을 통해 계속 토의하기로 하였다.

주요 쟁점사항은 군사공동위원회 관련조항의 처리 문제와 해상 불가침 경계선·구역의 문제였다. 군사공동위원회 관련조항과 관련하여 북측은 부속합의서에 군사공동위원회로 위임한다는 내용을 명문화할 것을 고집하였는데, 이는 군사공동위원회만이 부속합의서의 이행기구라는 일관된 입장에서 부속합의서 타결 이후 모든 문제를 군사공동위원회 위주로 운영하려는 의도였다.

한편, 해상 불가침 경계선 문제와 관련하여, 북측은 「군사정전협정」에서 규정하고 있고 암시하고 있는 내용대로 확실하게 표현해야 하며, 이 문제를 군사공동위원회에 위임하여 계속 협의할 것을 고집하였다. 이에 대해 우리 측은 "현 시점에서 해상경계선의 명기는 「남북기본합의서」에 명시된 수준으로 하면 될 것이다. 한편 북측안 제15조 불가침경계선의 보장대책을 군사공동위원회에서 협의·추진한다는 조항은 「남북기본합의서」 제14조의 규정에 맞지 않는 것이다. 군사분계선 및 접경구역 일대 활동 시 식별표지, 신호규정 등과 관련한 일부 내용에 대해서는 군사공동위원회에서 다룰 수 있으나, 기타 중대한 대책들은 군사적 측면에서만 다룰 수 있는 문제가 아니기 때문에 군사공동위원회가 아닌 남북고위급회담 차원에서 다루어야 한다"는 입장을 재차 설명하였다.

북측은 "해상불가침 경계선과 구역은 「정전협정」에 규정한 해상경계선과 지금까지 쌍방이 관할하여 온 구역으로 하자"고 반복 주장하였다. 이에 우리 측은 "「정전협정」에 규정한 해경경계선이 무엇인지?" 물었다.

북측은 "「정전협정」에 따라 해상경계선을 규정하자면 황해도와 경기도의 도경계선을 연장한 선으로 할 수 있다"고 대답하였다. 그리고 "이 문제는 복잡한 문제라는 것을 알고 있다. 그러나 불가침을 하자고 하는 마당에 해상불가침 경계선 문제를 확정하는 것이 민족의 이익에 맞는 것이다"라고 덧붙였다. 우리 측이 "이 문제는 앞으로 논의해야 할 사안이다"고 대응하자, 북측은 "이 문제를 남북 간에 유일한 이행기구인 군사공동위원회에 위임하여 토론하도록 하자"고 고집하였다.[23] 우리 측은 "군사공동위원회가 고위급회담보다 상위가 될 수 없다. 고위급회담에서 이 문제를 군사분과위 또는 별도의 기구에서 논의하도록 하면 되겠지만, 군사공동위라는 하나의 군사기구에게 논의토록 국한시키는 것은 반대한다"는 점을 재차 강조하면서, "상호 입장이 다르기 때문에 현 시점에서 이 문제를 간단하게 해결할 수 없다"는 점을 지적하였다. 북측은 "쌍방 대표들이 이 문제를 타결하기 어렵다는 것을 인정했다. 그렇지만 불가침에 관한 부속합의서를 내놓아야겠다는 의지를 표명하였다"고 언급한 후, "앞으로 이 문제를 어디서 논의하는지, 어디에다 명기할 것인지 그 방법론을 취해 가지고 제8차 고위급회담에서 계속 협의하자"고 제의하였다.

1992년 9월 15~18일 평양에서 개최된 제8차 남북고위급회담에서는 화해·불가침·교류협력 3개 분야의 부속합의서가 채택되었다. 특히 9월 16일과 17일 진행된 고위급회담에서 불가침 경계선 및 구역 문제 등 남아있던 이견들에 대한 조율이 이루어져 「불가침부속합의서」가 나오게 되었다. 「'남북 사이의 화해와 불가침 및 교류·협력에 관한 합의

---

23) 당시 북측은 분과위원회를 무실화시키려는 의도에서 군사공동위원회가 불가침 관련 유일한 이행기구이며 고위급회담의 '바깥 기구'라고 주장하였다.

서'의 '제2장 남북불가침'의 이행과 준수를 위한 부속합의서」의 제3장 '불가침 경계선 및 구역'은 「남북기본합의서」 제11조 불가침 경계선 및 구역에 대한 조항을 지상·해상·공중으로 나누어 재규정하고 있다. "제9조 남과 북의 지상불가침 경계선과 구역은 「군사정전에 관한 협정」에 규정한 군사분계선과 지금까지 쌍방이 관할하여 온 구역으로 한다. 제10조 남과 북의 해상불가침 경계선은 앞으로 계속 협의한다. 해상불가침 구역은 해상불가침 경계선이 확정될 때까지 쌍방이 지금까지 관할하여 온 구역으로 한다. 제11조 남과 북의 공중불가침 경계선과 구역은 지상 및 해상 불가침 경계선과 관할구역의 상공으로 한다"고 합의된 것이다.

우선, 지상에 대해 「남북불가침부속합의서」 제9조는 "남과 북의 지상불가침 경계선과 구역은 「군사정전에 관한 협정」에 규정한 군사분계선과 지금까지 쌍방이 관할하여 온 구역으로 한다"고 규정하고 있다. 제9조는 남북한 간의 지상불가침 경계선에 대해 '군사분계선'으로 분명히 정함으로써, 지상의 불가침 구역으로 '쌍방이 관할하여 온 구역'이란 군사분계선 이남지역은 남측이, 그 이북지역은 북측이 관할하여 온 구역임을 밝히고 있다. 「정전협정」상 군사분계선 이남의 비무장지대에 대한 관할권은 유엔군사령관과 군사정전위원회에 있으며, 군사분계선 이북의 비무장지대에 대한 관할권은 북한군 최고사령관과 중국인민지원군 사령원 및 군사정전위원회에게 있다. 그렇지만, 이들 비무장지대 지역도 각각 쌍방이 관할하여 온 구역으로 보아야 할 것이다.[24)]

해상을 규정하고 있는 제10조는 "남과 북의 해상불가침 경계선은 앞

---

24) 통일원, 『남북기본합의서 해설』(1992), 60쪽.

으로 계속 협의한다. 해상불가침 구역은 해상불가침 경계선이 확정될 때까지 쌍방이 지금까지 관할하여 온 구역으로 한다"고 합의하였다. 해상불가침 경계선과 구역에 대해 북측은 최초 '동해에서는 군사분계선을 위도상으로 연장한 선으로 하고, 서해에서는 「조선정전에 관한 협정」 해당조항에 따라 지금까지 쌍방이 관할하여 온 계선과 구역으로 한다'는 안을 제시했었다. 북측은 서해 해상경계선의 경우 경기도와 황해도 도 경계선을 염두에 둔 "「조선정전에 관한 협정」 해당조항에 따라 관할하여 온 계선"라는 문구를 사용하였다. 이에 대해 우리 측은 「정전협정」 제13조 (ㄴ)목과 첨부 지도를 왜곡 해석해서 주장하는 부당성을 지적하고, '북방한계선이 지난 40년 동안 지켜져 오고 유지되어 온 관행을 존중해야 한다'는 우리 입장을 강조하면서 '해상불가침 구역은 지금까지 쌍방이 관할하여 온 구역으로 한다'는 안을 제시했었다. 한편 북측은 불가침 경계선 문제를 군사공동위원회에서 계속 협의한다는 것을 규정하자고 주장하였으나, 우리 측은 앞으로 협의할 수 있는 사안이나 군사공동위만의 소관사항으로 국한하는 것에 대해 반대 입장을 분명히 했었다. 결국 북측은 최초 제시하였던 "서해에서는 「조선정전에 관한 협정」 해당조항에 따라 지금까지 쌍방이 관할하여 온 계선"이라는 문구와 "불가침경계선을 담보하기 위한 구체적인 대책을 군사공동위원회에서 협의 추진한다"는 조항을 삭제하였고, 최종적으로 "해상불가침 경계선은 앞으로 계속 협의한다"고 합의하였다.

이렇게 북측이 자신의 주장을 포기하고 우리 측 입장을 수용한 것은 북방한계선에 대해 사실상 동의한 결과이다. 해상의 경우 지상과는 달리 「정전협정」에 군사분계선이 설정되어 있지 않으나, 「정전협정」 이후 유엔군사령관에 의해 설정된 북방한계선이 40년 동안 남북한에 의해 관행으로 유지·준수해 왔으므로 남북 간의 해상구역은 북방한계선으로 구획되는 것이다. 「정전협정」은 해상 군사분계선과 관련하여 6·25전쟁 이전의 관할권 존중, 유엔군사령관의 서해 5개 도서에 대한 군사통제권 보장, 육지나 섬의 인접수역에 대한 존중, 경기도와 황해도 도경계선에 대한 다른 의미의 부여 불가 등의 원칙을 규정하고 있는데, 북방한계선은 이러한 규정을 구체화한 것이다.[25] 따라서 제10조에서 "해상불가침 구역은 해상불가침 경계선이 확정될 때까지 쌍방이 지금까지 관할하여 온 구역으로 한다"고 합의한 것은 해상불가침 경계선에 대해 협의·확정할 때까지는 북방한계선을 존중하겠다는 의미를 나타낸다.

그리고 공중의 경우 제11조에서 "남과 북은 공중 불가침 경계선과 구역은 지상 및 해상 불가침 경계선과 관할구역의 상공으로 한다"고 규정하였다. 여기에서 '해상 불가침 경계선과 관할구역의 상공'이란 기존에 유일하게 존재하고 있는 북방한계선과 실제적으로 양측이 각각 관할하고 있었던 북방한계선 이남과 이북 해역의 상공을 의미하는 것이다.

결론적으로 「남북기본합의서」와 「불가침부속합의서」는 남북 간에 합의된 해상불가침 경계선이 없으므로 앞으로 계속 협의해 나가되, 해상불가침 경계선이 확정될 때까지 쌍방의 해상 관할구역을 존중하고 지켜야 한다는 것을 규정하고 있다. 여기에서 '쌍방이 지금까지 관할하여 온 구역'이란 지금까지 유일하게 유지되어 온 북방한계선을 기준으로 양측이 관할하여 온 구역임을 뜻한다. 즉 남측의 해상 관할구역은 북방한계선 이남 수역을 말하고, 북측의 해상 관할구역은 북방한계선 이북 수역을 의미한다. 요컨대, 해상불가침 경계선과 구역에 관한 제10조는

---

25) 통일원, 『남북기본합의서 해설』(1992), 60~61쪽.

쌍방 모두가 기존에 실질적인 해상경계선으로 작용해온 북방한계선을 사실상 인정·존중한다는 것을 전제로 합의되었다는 것이다.

남북군사분과위회담의 주역(북측 김영철 위원장과 우리 측 박용옥 위원장)

그러나 이러한 합의에도 불구하고 북한은 1999년 6월 의도적으로 북방한계선을 침범하여 제1차 연평해전을 일으켰고, 이 문제로 개최된 유엔사–조선인민군 장성급회담에서 '북방한계선 문제가 「정전협정」과 관련되므로 유엔사 측과 북한군 측 사이에 새로운 해상 군사분계선 설정 문제를 협의·해결하자'고 주장하였다. 이에 유엔사 측은 「남북기본합의서」에 합의한 대로 남북군사공동위원회에서 군사적 신뢰구축조치 등 여타 합의사항과 함께 협의할 수 있다는 입장으로 대응하면서 북측의 주장을 일축하였다.[26]

이처럼 자신의 의도가 먹혀들지 않자 북한은 1999년 9월 2일 '서해 해상 군사분계선'을, 2000년 3월 23일 '서해 5개 섬 통항질서'를 일방적으로 선포하였다. 이는 「남북기본합의서」와 「불가침부속합의서」의 관련 합의조항을 파기하겠다는 것과 다름없는 불법적인 주장이다.[27] 그러면서도 북한은 2006년 이후 「불가침부속합의서」 제10조 "해상 불가침경계선은 앞으로 계속 협의한다"는 합의사항을 명분 삼아 북방한계선을 폐기시키려고 기도하였다. 2006년과 2007년 개최된 남북군사회담에서 북측은 「불가침부속합의서」 제10조를 거론하면서 남북 군사당국이 주체가 되어 '서해 해상 군사분계선' 문제를 협의·해결할 것을 집요하게 주장하였던 것이다.

26) 이에 대한 구체적인 내용은 다음 절에서 기술하였다.

27) 구본태, 「남북기본합의서 이행과 회담 의제화 방안; Grand Bargain의 의안 설정과 관련한 제언」, 통일연구원 주최 남북기본합의서 채택 18주년 기념 국제회의(2009. 12. 10) 발표논문, 32~33쪽.

16. 1999년 UNC－KPA 장성급회담 : 해상 군사분계선

1998년 유엔사－조선인민군 장성급회담 출범

1991년 3월 25일 유엔사 군사정전위 수석대표에 한국군 장성(황원탁 소장)이 임명된 것을 빌미로 북한은 군사정전위원회 본회의 참여를 거부하였다. 이어서 북한은 공산군 측의 군사정전위원회 대표(북한, 중국)와 중립국감독위원회 대표(체코, 폴란드)를 일방적으로 철수시켜 한반도 정전체제를 무력화시키려고 하였다. 또한 북한은 1994년 5월 24일 「조선인민군 판문점대표부」를 설치한 후 평화보장체제 협상을 위한 미·북 군사대화를 요구하였다. 이러한 와중에 1994년 12월 17일 군사분계선을 월선한 미군 헬기의 격추사건을 계기로 북한은 1995년 3월 2일 "한반도 평화 및 안전보장 대책과 관심사항에 대한 논의를 위해 미군－조선인민군간 장령급대화를 가질 것"을 공식 제의하였다.[28)]

북한의 정전체제 와해 책동과 미·북 장성급대화 제의에 대해 유엔사는 한국 국방부와 협의하에 군사정전위의 정상적인 가동을 위한 「유

28) 유엔사-조선인민군 장성급회담의 추진 배경과 경위에 대해서는 합참정보본부, 『군사정전위원회편람』 제4집(1999), 437~441쪽 ; 합참정보본부, 『군사정전위원회 편람』 제5집(2001), 111~118쪽 참조.

엔사-조선인민군간 장성급회담(UNC-KPA General Officer Talks)을 위한 절차」(안)를 마련하였다.[29] 이에 따라 유엔사와 북한군은 1995년 6월부터 9월까지 11차례의 군사정전위 비서장 및 참모장교 접촉을 갖고 동 문제에 대한 협의를 진행하였다. 그러나 동년 10월 4일 접촉에서 북측이 군사정전위 대표로 「정전협정」 관련사항을 다루어야 한다는 유엔사 측 입장에 반대함으로써 더 이상 진전되지 못하였다.

1998년 1월 16일 유엔사는 한국 국방부와의 협의를 거쳐 군사정전위 틀 내에서 장성급회담을 개최한다는 최종안을 마련하여 2월 11일 북측에 통보하였다. 쌍방은 1998년 3월 3일부터 5월 29일까지 7차례의 비서장 및 참모장교 접촉을 거쳐 6월 8일 「정전협정」 틀 내에서 「유엔사-조선인민군간 장성급회담 개최를 위한 절차」에 합의하였다. 유엔사-조선인민군 장성급회담은 「정전협정」에 규정된 군사정전위 회담체제를 대신하여 진행되는 유엔사와 북한군 간의 대화창구라 할 수 있다.

이러한 합의에 따라 제1차 유엔사-조선인민군 장성급회담이 1998년 6월 23일 개최되었다.[30] 이어서 개최된 6월 30일 제2차 회담, 그리고 7월 16일 제3차 회담에서는 6월 22일 발생한 북한 유고급 잠수정의 동해 침투사건을 다루었다. 유엔사 측은 북측 잠수정의 침투 증거를 제시하면서 「정전협정」 위반행위에 대한 항의와 함께 책임 있는 기관의 사실 인정, 관련자 처벌, 재발방지 약속을 요구하였다.[31]

---

29) KPA; Korean People's Army(조선인민군; 북한군).

30) 유엔사-조선인민군 장성급회담은 1998년 6월 23일부터 2009년 3월 6일까지 16차례 개최되었다.

31) 1996년 9월 18일 동해 강릉 지역에 북한 잠수정이 침투하고 잠수정에 탑승한 무장공비 23명이 내륙에 침투한 사건에 대해, 북한 외교부는 12월 29일 '잠수함 사건에 유감을 표시하며 이와 같은 일이 다시는 일어나지 않도록

1999년 2월 11일 제4차 회담과 3월 9일 제5차 회담에서는 북한군 측이 1998년 10월 9일 비공식 남 · 북 · 미 3자회동에서 제시하였던 "「정전협정」을 효과적으로 이행하고 군사적 긴장완화를 위해 항구적인 평화협정 체결 시까지 잠정적으로 남 · 북 · 미 3자 장령급회담을 가질 것"을 재차 주장하였다. 유엔사 측은 장성급회담의 정례화, 유엔사와 북한군 간 통신수단 개선 등에 대해 토의할 것을 제안하였다.[32]

1999년 제6차 UNC-KPA 장성급회담

제6차 유엔사-조선인민군 장성급회담은 제1 연평해전이 발발하였던 당시 1999년 6월 15일 개최되었다.[33] 제6차 장성급회담은 6월 7일 이후 연속적인 북한 함정들의 북방한계선 침범행위로 조성된 긴장상태를 해소하기 위해 개최된 것이었다. 먼저 유엔사 측은 "금번 회담에서는 6월 7일부터 서해 북방한계선을 침범한 북한 함정들의 위험한 행동으로부터 야기되는 긴장을 완화하기 위한 문제를 해결할 것"을 강조하였다. 또한 "수십 년 동안 쌍방은 동 · 서해에 실질적인 분계선이 존재하고 있다는 사실을 인정해 왔으며, 이 분계선이 쌍방 간의 무력을 분리하는 경계선의 역할을 해왔음"을 지적하고, "긴장을 완화하고 평화를 유지하기 위해 북측이 북방한계선 북쪽지역으로 무력을 철수시킬 것과 쌍방

할 것임을 다짐'한다고 사과성명을 발표하였다.

32) 제1~5차 유엔사-조선인민군 장성급회담의 협의내용은 합참정보본부, 『군사정전위원회편람』 제4집(1999), 437~451쪽 참조.

33) 제6차 UNC-KPA 장성급회담의 내용은 합참정보본부, 『군사정전위원회편람』 제4집(1999), 451~454쪽 참조.

장성급 장교들이 이러한 조치들을 완수하기 위해 판문점에서 최대한 빠른 시일 내에 회의를 가질 것"을 제의하였다.

그런데 북한군 측은 "당신이 빈말을 하고 있는 이 시각에 당신이 언급한 현장에서 09시 15분에 당신 측 함정들이 우리 배에 총포사격을 가하기 시작했는데, 이 사실을 알고 나왔는지 당신의 명백한 입장을 밝히라"고 공격하였다. 당시 유엔사 측은 북방한계선 일대에서 벌어진 남북 함정들의 충돌상황을 모르고 있었다.

유엔사 측은 15분간 정회를 제의하여 제1차 연평해전의 상황을 확인하였다. 회의가 재개되자 유엔군 측은 "유엔사에 확인한 결과 북한군 측이 먼저 우리 함정에 사격을 가한 것"이라는 점을 지적하고, "이러한 서해 충돌사태의 문제 해결을 위해 쌍방의 무력을 분리시키는 등 긴장완화 조치를 취할 것"을 재차 강조하였다.

북한군 측은 "당신 측 사격에 의해 우리 측 함정이 침몰되었으며, 더 이상 회담이 필요 없다. 당신 측 함정을 철수하겠는가? 아니면 5개 섬을 잃겠는가?"라고 위협하였다. 그리고 "당신 측이 멋대로 그어놓은 분계선은 우리가 인정한 적도 없고, 당신 측이 우리에게 통보한 적도 없으며, 쌍방이 합의한 적도 없다. 당신 측이 그 분계선까지 함정을 배치시킨 것은 「정전협정」의 위반이며 우리 영해의 침범행위"라고 억지 주장을 하였다.

이에 대해 유엔사 측 한국군대표는 "북방한계선 이남은 명백히 우리의 영해이며, 5개 도서는 우리의 영토이다. 북방한계선은 실질적인 해상경계선으로 지켜 온 것이며, 이는 「남북기본합의서」 제11조와 「불가침부속합의서」 제10조에 명시된 대로 우리 측이 관할하여 온 구역이다"는 점을 강조하였다.

1999년 제7차 UNC-KPA 장성급회담

제1차 연평해전 사태에 대한 협의를 위해 제7차 유엔사-조선인민군 장성급회담이 1998년 6월 22일 속개되었다.[34] 북한군 측은 "서해사건은 남조선이 유발했으며, 문제의 수역은 「정전협정」에 명시된 바와 같이 우리의 영해이다. 당신 측은 모든 책임을 시인하고 관련자를 처벌해야 하며, 재발방지 약속과 피해 보상을 해야 한다"고 적반하장식으로 강변하였다.

이에 유엔사 측은 서해 북방한계선에 대한 우리의 기본입장을 재강조하면서 서해상 긴장완화를 위한 실질적인 방안으로서 함정간 신호규정 합의, 함정간 공용주파수 설정, 유엔사-북한군간 직통전화 설치, 인근 함대간 직통전화 설치 등을 제의하는 한편, "사실을 시인하고 피해를 보상해야 할 쪽은 북측임"을 지적하였다.

이에 맞서 북한군 측은 서해상 긴장완화를 위한 4가지 방안으로 사실의 시인·사과 및 재발방지 보장조치, 북방한계선의 무조건 철회, 재발방지와 관련한 실제적 토의를 위한 남·북·미 3자 군사공동기구 구성, 새로운 조치가 마련될 때까지 유엔군 측 함정의 충돌지역에서 철수 등을 주장하였다.

1999년 제8차 UNC-KPA 장성급회담

1999년 7월 2일 개최된 제8차 유엔사-조선인민군 장성급회담은 북

---

34) 제7차 UNC-KPA 장성급회담의 내용은 합참정보본부, 『군사정전위원회편람』 제4집(1999), 455~457쪽 참조.

측의 요구에 따라 개최되었다.[35] 북한군 측은 "서해 무장충돌과 관련하여 두 차례 장령급회담을 갖고 우리 측은 군사적 도발을 당장 중지할 것을 요구했으나 남조선은 6월 15일 이후 이 시간까지 함정을 우리 측 영해에 침투시켜 70여 차례 도발을 감행하였다"고 하면서, 「정전협정」의 법적 요구를 이행하고 영해 침범을 중지하라고 억지를 부렸다.

유엔사 측은 "북측이 긴장완화 조치를 주장하고 있는데, 우리 측 함정은 쌍방이 40여 년간 존중해 온 북방한계선 남쪽에 위치하고 있고, 긴장완화를 위해 유엔사와 북한군이 만나고 있으며, 우리들은 회담을 통해 긴장상태를 해결하고 있다는 것을 각방의 국민과 군대에 알리고 있다"고 강조하였다.

1999년 제9차 UNC－KPA 장성급회담

1999년 7월 21일 개최된 제9차 유엔사－조선인민군 장성급회담에서도 서해상 무력충돌 문제가 이슈였는데, 북한군 측은 새로운 해상 군사분계선을 설정할 것을 최초로 주장하였다.[36] 북한군 측은 "조속히 해결해야 할 당면한 문제로 「정전협정」과 국제법에 기초하여 서해상에서 해상분계선을 똑바로 확정할 것"을 주장하였던 것이다. 북측은 구체적으로 "우리가 제안하는 경계선은 ① 황해도와 경기도 도계선 가－나 선을 연장하여 '가' 점과 우리 측 강령반도 끝단인 등산곶, 당신의 관할섬인 굴업

35) 제8차 UNC－KPA 장성급회담의 내용은 합참정보본부, 『군사정전위원회편람』 제4집(1999), 457~460쪽 참조.

36) 제9차 UNC－KPA 장성급회담의 내용은 합참정보본부, 『군사정전위원회편람』 제4집(1999), 460~463쪽 참조.

도 사이의 등거리 점, ② 우리 측 섬인 웅도와 당신 측 관할섬인 서격렬비도, 서엽도 사이의 등거리 점, ③ 우리나라와 중국 사이의 반분선과 사귐 점을 연결하는 선"이라고 제시하면서, "새로운 해상경계선이 설정되면 유엔군 측이 관할하는 5개 도서를 출입하는 문제는 해상분계선 설정과 별도로 협의할 용의가 있다"고 주장하였다.

이에 대해 유엔사 측은 "북방한계선은 협상의 대상이 될 수 없으며, 해상경계선에 관한 협상은 1991년 체결된 「남북기본합의서」에 따라 남북군사공동위원회에서 협의해야 하고, 새로운 해상 불가침 경계선이 확정될 때까지 현재의 북방한계선은 반드시 준수되어야 한다"는 점을 강조하는 한편, 실제적인 긴장완화 방안에 호응할 것을 촉구하였다.

북한군 측은 "서해 해상경계선은 철저히 「정전협정」과 관련된 문제로서 지난 '73년과 '74년도에도 서해 해상경계선 문제에 대해 여러 번 협의한 바 있고, 남북 간에는 협의할 통로가 없어 협의가 불가능하기 때문에 책임당사자인 우리들(북한군-유엔사) 사이에 해결해야 한다"고 강변하였다. 그리고 "해상분계선이 확정되면 충돌방지대책에 대한 협의도 가능한데, 이를 위해 전문가들이 포함된 실무자협의와 북·남·미 군사관계자들 간의 해상경계선 협상에 적극 임하라"고 주장하였다. 그리고 "새로이 제의한 해상경계선 설정 및 이를 위한 실무급 접촉을 거절한다면 장령급회담도 영원히 막을 내릴 것"이라고 위협하였다.

1999년 제10차 UNC-KPA 장성급회담

1999년 8월 17일 개최된 제10차 유엔사-조선인민군 장성급회담에서도 북한군 측은 새로운 해상경계선 설정 문제를 계속 제기하였다.[37] "우리가 제시한 서해 해상 군사분계선은 「정전협정」과 국제법에 따른 선으로, 「정전협정」 13항 (ㄴ)목에 따라 황해도와 경기도 도경계선을 가-나 선의 연장으로 한 사실을 명백히 하고 있다"고 하면서, "미국 정부도 「정전협정」과 국제법을 고려하여 북조선 12마일 가상 영해선을 유엔군 측 관할하의 5개 섬 바깥 남쪽에 두었으며 서해 해상에서의 북남 가상 등거리선을 우리가 제시한 서해 해상 군사분계선과 거의 유사하게 설정했고, 북조선 12마일 가상 영해선과 북남 가상 등거리선 사이의 수역을 서해 해상에서 북조선 군사 및 경제수역이라고 했다"고 주장하였다.

이에 유엔사 측은 "해상경계선 문제는 남북 간에 「남북기본합의서」에 따라 남북군사공동위원회에서 협의할 사안"임을 재차 지적하였다.

북한군 측은 "당신 측은 해상경계선 자체에 대한 논의를 장령급회담에서 할 수 없다고 하는데, 누가 북방한계선을 그었는가에 따라 누구 사이에 이 문제가 논의되어야 하는 것을 제시해 준다. 내가 알고 있기로는 미군사령관이 그었다고 했는데 이 문제를 명백히 해주기 바란다. 당신들이 일방적으로 선을 그을 때 세상에 공개하든가 우리한테 미리 통보하든가 또는 합의를 본다든가 했으면 문제가 없겠는데 이거 어떻게 하겠는가? 이 문제는 누가 논의하는가?"라고 공격하였다.

이에 대해 유엔사 측은 "누가 선을 그었느냐 하는 것은 상관이 없으며, 당신 측은 남측과 협의를 해서 문제를 해결할 수 있는 방법이 있음"을 지적하였다.

북측은 재차 "서해 해상분계선 설정 문제는 「정전협정」과 관련된 문제

---

37) 제10차 UNC-KPA 장성급회담의 내용은 합참정보본부, 『군사정전위원회편람』 제5집(2001), 119~139쪽 참조.

로서 「정전협정」 당사자들 사이에 토의되어야 할 것이다. 첫째, 쌍방이 준수해야 할 「정전협정」이 서해 해상 군사분계선 문제를 「정전협정」 체결당사자인 북한과 미국 간에 협의할 것을 요구하고 있다. 둘째, 해상수역과 해상무력에 대한 군사통제 권한으로 볼 때 서해 해상 군사분계선 문제는 북·미 쌍방만이 해결할 수 있다. 「정전협정」에 따르면 군사분계선 북쪽에 있는 모든 해상수역과 해상무력에 대한 군사통제권은 북측이, 남쪽 해상수역과 해상무력에 대한 통제권은 유엔군 측이 가지게 되어있다. 그러므로 서해 해상 군사분계선 설정 문제는 군사통제권을 행사할 수 있는 당사자들 사이에 협의되어야 한다"고 주장하면서, "지금처럼 쌍방 함선들을 분리시켜 놓는 똑똑한 해상분계선이 확정되지 않는 상태에서 제각기 자기 영해까지 함선들을 들이민다면 충돌은 불가피하다. 이처럼 문제해결의 기본이며 출발점이 되는 해상 군사분계선을 설정하지 않고 신호체계나 세워 가지고서는 서로 충돌을 막을 수 없다. 우리 쌍방이 해결해야 할 근본적인 문제는 해상 군사분계선을 설정하는 것이며, 그 다음 당신 측이 제기한 신뢰조성 방안도 토의할 용의가 있다"고 압박하였다.

그러나 유엔사 측은 남북 간에 협의해야 한다는 입장은 확고하다고 대응하였다. 이에 북한군 측은 "서해상에서 엄중한 군사적 충돌이 발생한 것은 쌍방이 합의한 해상 군사분계선이 없기 때문이며, 이를 해결하기 위해 북측이 제기한 문제에 대하여 다시 한 번 연구해보고 긍정적인 대답을 해줄 것을 기대한다. 당신의 답변에 따라 장령급회담과 관련한 북측의 입장을 결정할 것이다. 서해 해상 군사분계선 설정 문제를 가지고 9월 1일 다시 장령급회담을 가질 것을 제의한다"고 하면서 회의를 종료하였다.

1999년 제11차 UNC-KPA 장성급회담

1999년 9월 1일 제11차 유엔사-조선인민군 장성급회담이 속개되었다.[38) 북한군 측은 "서해 해상 군사분계선 설정과 관련한 결심을 채택하기 앞서 미군 측의 입장을 확인하기 위해 이 회담을 제기했다"고 하면서, "오늘 회담에서 북방한계선에 대한 귀측의 부당한 입장과 태도를 포기하지 않는다면 우리의 자주권을 수호하기 위한 선택을 하지 않을 수 없다. 「정전협정」 관련 문제를 토의할 수 없게 된 장령급회담은 더 이상 필요 없다고 생각한다. 당신 측은 서해 해상 군사분계선 설정과 관련한 실무접촉 제안에 대한 최종적인 공식입장을 발표해주기 바란다"고 요구하였다.

이에 유엔사 측은 "서해상에서 긴장완화 및 충돌방지를 위한 실질적인 군사분계선 역할을 해 온 북방한계선은 협상의 대상이 될 수 없다. 서해상에서 새로운 해상경계선을 설정하는 문제는 「남북기본합의서」와 「불가침부속합의서」에 따라 군사적 신뢰구축조치 이행 문제와 함께 남북군사공동위원회를 개최하여 협의할 수 있다. 그러나 남북 간에 별도의 협의를 통해 새로운 해상 불가침경계선이 확정될 때까지는 현재의 북방한계선을 반드시 준수해야 하며, 우리는 이 같은 확고한 입장을 지켜 나갈 것이다. 우리는 지난번 회담에서 서해상에서 우발적 충돌방지를 위한 여러 가지 방안을 제의한 바 있다"고 강조하였다.

북한군 측은 "당신 측은 서해 해상 군사분계선을 설정하자는 우리의 제의를 끝까지 거부하고 나섰으며, 비법적이고 부당한 북방한계선을 견

38) 제11차 UNC-KPA 장성급회담의 내용은 합참정보본부, 『군사정전위원회편람』 제5집(2001), 139~147쪽 참조.

지하려고 하였다. 이는 「정전협정」과 국제법에 따른 우리의 정당한 해상수역에 대한 노골적인 침해행위로서 절대 용납할 수 없다. 우리는 협상을 통하여 문제를 해결하려 하지만 미군 측이 거절한 조건에서 부득이하게 일방적인 선택권을 행사하지 않을 수 없게 되었다. 조선인민군 측은 「정전협정」에 따른 우리 해상 군사통제수역을 수호하기 위한 단호하고 결정적인 조치를 취하게 될 것"이라고 위협하면서, 회담을 종료하였다.

결국, 북한은 1999년 9월 2일 그동안 유엔사-조선인민군 장성급회담에서 주장하였던 대로 '서해 해상 군사분계선'을 설정한다고 일방적으로 선포하였고, 2000년 3월 23일 서해 해상 군사분계선 설정의 후속조치로서 '서해 5개 섬 통항질서'를 공표하였다.

2000년 제12차 UNC-KPA 장성급회담

제12차 유엔사-조선인민군 장성급회담은 2000년 11월 17일 개최되었다. 약식으로 열렸던 이 회담에서는 제1차 남북국방장관회담에서 합의한 남북간 비무장지대 철도·도로 연결공사를 군사적으로 지원·보장하기 위해 유엔사와 북한군 간에 비무장지대 일부를 개방하여 남북관리구역으로 설정하는 합의서를 채택하였다.[39]

39) 「비무장지대 일부구역 개방에 대한 국제연합군과 조선인민군간 합의서」로서, 이 합의에 따라 비무장지대 내에서 철도·도로 연결공사의 군사적 보장조치를 협의하는 남북군사실무회담이 2000년 11월 28일부터 개최되었다.

2002년 제13차 UNC-KPA 장성급회담

2002년 8월 6일 개최된 제13차 유엔사-조선인민군 장성급회담에서는 6월 29일 발발한 제2차 연평해전에서 북한 함정의 기습사격을 받아 침몰하였던 우리 경비함정의 인양문제를 협의하였다.[40)]

유엔사 측은 먼저 북측에게 관련자 처벌, 재발방지 약속 등 납득할 만한 조치를 요구하였다. 그리고 유엔사 특별조사반을 파견하여 서해에서 발생한 「정전협정」 위반행위를 조사하였으며 다음 단계로 침몰한 대한민국 함정 자체를 조사할 계획임을 통보하였다. 유엔사 측의 현장조사에는 「정전협정」 28항에 의거 중립국감독위 스웨덴, 스위스, 폴란드 위원들에게 특별참관을 요청했고, 유엔회원국과 비회원국 소속의 참관인은 물론 국제언론도 포함될 것이며, 조사활동에 사용되는 3척의 선박에는 모두 유엔기를 달고 「정전협정」에 따른 표식을 할 것임을 설명하였다. 그리고 인양작업을 할 때 적대행위 재발을 위해 북한 측 군대를 분리시켜 줄 것을 요구하였다.

또한 유엔사 측은 조사가 종결되면 조사결과를 토의하고 재발방지 절차들을 마련하기 위해 다시 만날 것을 제의하면서, 서해상 긴장완화와 충돌방지를 위한 신뢰구축조치로서 북한 제8전대와 남한 제2함대사령부간 직통전화 설치·활용, 남북 함선들 간의 공용주파수 설정·활용, 서해상 해상활동을 위한 신호규정의 설정·활용, 공동일직장교 및 참모장교 회의 설치 및 정례화, 「정전협정」 위반사건 해결 및 적대행위 방지를 위한 직통전화 설치, 판문점 공동일직장교들 사이의 통신체계 현대

---

40) 제13차 UNC-KPA 장성급회담의 내용은 합참정보본부, 『군사정전위원회편람』 제6집(2003), 75~91쪽 참조.

유엔사－조선인민군 장성급회담 광경

화, 상대방 함정들의 피해 확인을 위한 장교 교환방문 등을 제안하였다.

이에 대해 북한군 측은 서해상에서 무장충돌의 재발을 막기 위해서는 장성급회담에서 쌍방이 이해되고 수용될 수 있는 공정한 해상경계선을 설정하는 문제를 토의하고, 당면한 함선 인양과정에 불필요한 긴장이 조성되지 않도록 하기 위한 대책을 협의하자고 하였다. 그리고 함선 침몰수역에 대해 쌍방이 자기 군사통제수역이라고 주장하고 있는 형편에서 함선인양 문제를 해결하지 못하면 또다시 무장충돌이 일어날 수 있는데, 유엔사 측이 인양작업과 관련하여 통보한 것은 다행스런 일로 인도주의적으로 고려하여 반대하지 않는다고 하였다. 이에 따라 북측은 유엔사의 인양작업계획에 맞춰 작업이 순조롭고 안전하게 진행되도록 적절한 안전보장조치를 취할 것이므로 유엔사 측이 인양작업 보장 이유로 군용비행기나 해군함선을 이 지역에 파견하는 등 불필요한 대비태세를 취하지 않아야 한다고 강조하였다.

제13차 유엔사-조선인민군 장성급회담 이후 쌍방은 수차례 대령급 접촉을 통해 구체적인 실무협의를 거쳤으며, 8월 21일 유엔사 군사정전위 및 중립국감독위 대표들이 참관하는 가운데 연평도 서방 북방한계선 근해에 침몰된 참수리정이 인양되었다.[41]

41) 유엔사-조선인민군 장성급회담은 2009년 3월까지 16차례 개최되었으나, 본 저술에서는 북방한계선 문제와 관련된 회담만 기술하였다.

17. 2000년 이후 남북당국간 회담 : 남북공동어로

1950 ~ 1960년대 북한의 남북공동어로 주장

앞에서 살펴보았듯이, 1953년 정전 당시 북한의 해군전력이 거의 전무한 상태에서 유엔군사령관은 북방한계선을 설정하여 유엔군 측 해·공군의 초계활동을 통제하였다. 그런데 1950년대 후반기부터 1960년대까지 조기잡이와 명태잡이 계절에 우리 민간어선들이 해군의 통제와 단속을 피해 북측으로 진입하는 상황이 자주 발생하였다. 1957년 11월 서해에서 이렇게 북측 연안까지 들어간 우리 민간어선 56척이 북한 해군에 의해 처음으로 나포 당하는 사태까지 발생하였다.

이러한 상황에서 북한은 1950년대 말부터 북방한계선 이북의 북한어장에서 우리 어선들이 어로활동을 하는 남북공동어업을 제의하였다. 예를 들면, 1958년 12월 29일 군사정전위원회 제92차 본회의에서 북한군 측은 북한 내무성과 어업성의 공동제안으로서 "동해에서는 명태잡이 계절에, 서해에서는 조기잡이 계절에 남쪽 어민들이 일정한 규칙을 지키면 북한어장에서 고기잡이를 할 수 있도록 허락하겠다"고 제의하였다.[42)]

---

42) 합참정보본부, 『군사정전위원회편람』 제4집(1999), 68~69쪽.

이에 대해 유엔사 측은 북한의 어로작업 문제는 군사정전위원회의 권한을 벗어나는 것이며, 북측이 남한어선을 납치하면서 공동어로를 제안하는 것은 선전 노력이 일환이 아니냐고 반박하였다.[43] 이후 북한 측은 북한어장에서의 공동어업에 대해 1962, 1963, 1967년에도 되풀이 주장하였으나, 우리 측은 이를 수용하지 않았다. 당시 북한이 남북공동어로를 반복 주장했던 것은 우리 어선들의 북상 어로활동을 방지하는 한편, 대남 선전차원에서 나온 것으로 보인다.[44]

1982년 남한의 공동어로구역 제의

1980년대 초 남북관계에서는 북한의 연방제 통일방안 주장과 남한의 남북 고위급 당국자 대화 및 민족화합 민주통일방안 제의로 상호 통일방안에 대한 공방이 전개되었다. 이 과정에서 우리 측은 통일 이전까지 남북관계 정상화를 위한 남북한 20개 시범사업 중 공동어로구역 설정을 최초로 제의하였다.[45]

1980년 10월 10일 북한의 김일성은 조선노동당 제6차 대회 연설을 통해 「고려민주주의연방공화국 창립방안」이라는 연방제 통일방안을 주장하였다. 이에 10월 15일 우리 측은 연방제와 같은 일방적인 선전을 지양하고 남북조절위원회 재개와 남북총리회담 개최를 통해 남북이 제기하는

43) 조성훈, 『군사분계선과 남북한 갈등』(국방부 군사편찬연구소, 2011), 68~69쪽.

44) 이문항, 『JSA-판문점(1953~1994)』(소화, 2001), 92~93쪽.

45) 통일원, 『남북한 통일 · 대화 제의비교』 제1권〈1945~1987〉(통일원 남북대화사무국, 1986), 285~304쪽.

모든 문제에 대해 논의할 용의가 있음을 밝혔다. 이후 북한은 11월 11일 제 정당·사회단체 연석회의에서 고려민주연방공화국 창립준비위원회를 구성할 것을 촉구하는 대남서한을 발표 하는 등 대남공세를 강화하였다.

1981년 1월 12일 전두환 대통령은 국정연설을 통해 아무런 조건 없이 남북한당국 최고책임자의 상호방문을 제의하였다. 북한은 1월 19일 우리 측의 제의를 비난하면서 대화의 전제조건을 제시함으로써 거부하였고, 3월 16일에는 「동아시아 비핵·평화지대 창설」을 주장하였다.

1982년 1월 22일 국정연설에서 전두환 대통령은 민족자결 원칙, 민주적 절차, 평화적 방법 등의 통일원칙과 통일과정 등을 제시한 「민족화합 민주통일 방안」을 천명하면서 「남북한 기본관계에 관한 잠정협정」을 체결할 것을 제안하였다. 이 잠정협정은 통일이 이루어지기 이전까지 남북관계를 정상화하기 위해 호혜평등의 원칙에 입각한 상호관계 유지, 분쟁문제의 평화적 해결, 상대방 체제 인정 및 내정 불간섭, 현 휴전체제의 유지 및 군사적 대결상태 해소, 상호 교류·협력, 쌍방의 현존 조약·협정 존중, 서울과 평양에 상주연락대표부 설치 등을 담고 있다.

이러한 대북제안을 뒷받침하기 위해 2월 1일 손재식 국토통일원장관은 남북 간에 시범적으로 추진할 수 있는 「20개 시범실천사업」을 제의하였다. 20개 시범사업에는 '사회개방' 분야에 서울–평양 도로 연결·개통, 이산가족 우편교류·상봉, 설악산·금강산 자유관광 공동지역 설정, 인천–진남포항 시범개방, 모략방송 중지 및 상대방 정규방송 자유청취 허용 등, '상호 교류·협력' 분야에 공동어로구역 설정, 쌍방 기자 자유취재활동 보장, 일용생산품 교역, 자연자원 공동개발·이용 등, '긴장완화' 분야에 비무장지대 내의 공동경기장 마련·이용, 자연생태계 공동학술조사, 군사시설 완전제거, 남북간 군비통제조치 협의 및 군사 책임자간 직통전화 설치·운용 등 획기적인 방안을 포함하고 있다.

남북공동어로구역 설정 등 당시로서는 매우 전향적인 제안에 대해 북한은 호응하지 않은 채 연방제 통일방안에 대한 대남공세를 이어갔다. 당시 북한은 남북한 교류·협력과 군사적 긴장완화에 전혀 관심이 없었던 것으로 보인다.

1996～2002년 꽃게잡이 계절 북방한계선 침범

1990년대에 들어 심각한 경제난에 직면한 북한은 외화벌이의 일환으로 서해 꽃게잡이에 어선을 동원하였다. 특히 1996년부터 매년 꽃게 성어기에 북한 어선들은 집단으로 북방한계선 근해까지 내려와 어로작업을 실시하였다. 이러한 꽃게잡이 과정에서 북한 어선들이 북방한계선을 침범하는 행위가 해가 갈수록 점증해왔는데, 1996년과 1997년에는 연간 3~5회 정도였으나 1998년에는 34회로 대폭 증가하였고, 1999년 3~4월에는 3차례 발생하였다.

이처럼 꽃게잡이 계절에 북한 어선들의 조업활동이 증가함에 따라 북한 경비정들이 어선들을 보호·통제한다는 명분으로 북방한계선을 침범하는 사례도 함께 증가하였다. 북한 경비정의 북방한계선 침범행위는 1996년 4차례, 1997년에 2차례, 1998년 2차례 등 지속적으로 이루어졌다. 급기야 북방한계선을 침범한 북한 경비정이 우리 경비정에 대해 선제 기습사격을 가해옴에 따라 1999년 6월 15일 제1차 연평해전과 2002년 6월

29일 제2차 연평해전이 발생하였다.

1990년대 중반 이후 꽃게잡이철마다 북한 어선과 함정들에 의한 북방한계선 침범과 무력도발 행위는 내외의 우려와 관심사항으로 부각되었다. 특히 2000년 남북정상회담 이후 남북교류협력이 진전되고 있는 상황에서 북방한계선 일대의 군사적 긴장과 충돌 문제는 남북관계를 일시에 악화시키는 핵심요소가 되었다. 이에 따라 우리 내부에서는 북방한계선 부근 남북공동어로구역 설정, 민간차원의 어업협력사업, 북측 해역에서 입어료를 지급하는 공동어업사업 등 다양한 해결책들이 제기되었다.

2004년 북·중 동해 공동어로협약 체결

북한은 경제난 타개의 일환으로 어업활동에 나섰으나 빈약한 어선들의 자체 어로활동으로는 한계가 있을 수밖에 없었다. 이에 북한은 외화벌이의 한 수단으로 북한 수역에서 중국 어선들이 어로활동을 할 수 있도록 입어권(入漁權)을 제공하여 왔다. 특히 2004년 북한과 중국회사 간에 「동해 공동어로협약」을 체결하였는데, 계약기간을 2009년까지 5년으로 하되 필요시 연장 가능하도록 하였고, 이윤은 북한 25%, 중국 75%씩 배분하기로 하였다고 한다.[46]

이에 따라 동해의 북한 수역에서 조업하는 중국 어선은 2004년 114척, 2005년 944척, 2006년 582척, 2007년 497척에 달하게 되었다. 북한은

46) 「해양수산부의 국정감사 보도자료」(2004. 10. 7).

중국 어선들에 대해 연간 단위로 조업계약을 체결하여 한 척당 25,000~30,000달러의 입어료를 받았고, 연간 입어료 수입이 최대 3,000만 달러에 달한 것으로 알려졌다.[47]

그런데 이러한 중국 어선들의 북한 수역에서의 조업활동으로 인해 우리 어선들의 어획량이 대폭 감소하는 경제적 피해가 발생하였다. 예컨대, 인천시 옹진수협에 따르면 서북해역 일대의 어획량이 2003년 3,940톤이었으나, 중국 어선들의 본격적인 조업이 이루어진 2004년 이후에는 1,738톤으로 줄어들었다. 그리고 동해에서도 중국 어선들이 오징어, 명태, 꽁치, 대구 등 회유성 어류를 대규모로 잡아들여 수산자원이 고갈되는 상황이 초래되었다.

2000년 이후 남북공동어로 협의

최초 남북 간의 어업협력 문제는 1998년 7월 북경에서 우리 측 수협중앙회와 북한 측이 접촉하여 협의된 것처럼 민간차원에서 시작되었다. 그리고 남북 당국차원에서는 2000년 12월 16일 개최된 남북장관급회담에서 북측의 어업협력회담 제의로 협의가 시작되었다. 동 회담에서 북측은 북한 동해수역에서 남측 어선의 입어사업을 제안하였으나 여러 사정으로 실행되지 못했다.[48]

그러다가 동·서해 공동어로 문제는 2005년부터 본격적으로 협의되기

47) 『세계일보』(2007. 10. 25).

48) 성숙경, 「북한의 수산협력 제의와 북한 수산업 개발지원 방향」, 『북한 해양수산 리뷰』 제18호(한국해양수산개발원, 2010. 9. 28), 4쪽.

시작하였다. 2003년 출범한 노무현 정부는 서해 공동어로 문제를 적극 검토하였다. 그리고 2005년에 우발적 무력충돌 방지와 군사적 긴장 해소를 통한 평화정착, 남북 어민들의 공동이익 증대, 제3국 불법조업의 방지를 위한 서해 평화정착방안을 제시하였다.

이러한 방침에 따라 2005년 방북한 정동영 통일부장관이 김정일 국방위원장과의 면담에서 남북수산당국회담을 제의하자, 김정일은 남북장성급회담을 통해 서해 긴장완화 문제를 협의하자고 긍정적인 반응을 보였다. 이를 바탕으로 남북당국 간에 공동어로 문제가 공식 의제로서 협의되었다.

2005년 6월 23일 개최된 제15차 남북장관급회담에서 "남과 북은 서해 해상에서의 평화정착을 촉진하기 위하여 남북경제협력추진위원회 산하에 수산협력실무협의회를 구성·운영하기로 하고, 이 협의회를 7월 중으로 개최하여 공동어로 등 수산협력문제들을 협의·해결하기로 하였다"고 합의하였다.

그리고 당일 개최된 남북경제협력추진위원회 제10차 회의에서도 "남과 북은 각기 국장급을 수석대표로 하는 3~4명 규모의 남북수산협력 실무협의회를 구성하고 서해상의 평화정착과 남북 어민들의 공동이익을 보장하는 방향에서 공동어로·양식·수산물 가공 등 어업협력 문제들을 협의·해결해 나가기로 한다"고 합의하였다.

제10차 경추위에서 합의한 남북수산협력실무협의회 제1차 회의가 2005년 7월 27일 개최되어 공동어로에 대한 구체적인 합의사항을 도출하였다. 즉 "남과 북은 평화정착과 공동이익의 원칙에서 서해상의 일정한 수역을 정하여 공동어로를 진행하기로 한다. ① 공동어로 수역과 공동어로 시작 시기는 남북군사당국회담에서 합의되는 데 따라 확정하기로 한다. ② 공동어로에서의 어로기간, 어선 수 및 어구 이용, 입어료 등에 대해서는 쌍방이 합의하여 정한다"고 합의하였다.

이러한 남북수산당국 간의 합의에 따라 2006년 3월과 5월 개최된 제3, 4차 남북장성급군사회담에서는 남북공동어로 실현 문제를 협의하였다. 그러나 북측이 새로운 해상 군사분계선의 설정 문제부터 협의할 것을 고집하여 논의가 진전되지 못하였다. 이어서 2007년 5월 개최된 제5차 남북장성급군사회담에서 "남북간 군사적 긴장완화 및 평화정착을 위해 서해해상 충돌방지와 공동어로 실현문제를 지속 협의해 나가기로 하고, ① 서해 평화정착 및 공영공리 도모의 원칙에서 공동어로 실현, ② 서해해상 충돌방지 및 공동어로수역 설정과 관련하여 지속 협의, ③ 군사적 신뢰가 조성되는데 따라 북한 민간선박의 해주항 직항문제 협의" 등에 합의하였다.

2007년 7월 개최된 제6차 남북장성급군사회담에서도 서해 공동어로구역 설정 문제를 협의하였다. 그러나 북측은 새로운 해상 군사분계선 설정 문제부터 우선적으로 협의할 것과 공동어로구역을 북방한계선 이남해역에 설치하자는 입장을 고수하였다.

이어서 2007년 10월 제2차 남북정상회담에서 「서해평화협력특별지대」 구상의 일환으로 서해 해상에 공동어로구역과 평화수역을 설정하기로 합의하였다. 이에 따라 11월 제2차 남북국방장관회담과 12월 제7차 남북장성급군사회담에서 공동어로구역 및 평화수역 설정 문제를 논의하였으나, 쌍방의 입장 차이로 타협점을 찾지 못하였다.

한편, 2007년 11월 남북경제협력공동위원회 제1차 회의에서는 2005년 제1차 남북수산협력실무협의회의 합의내용을 적극 추진하기로 하였는데, 북한 동해수역에서의 입어사업, 수산물 가공 및 우량품종 개발, 양식협력사업 등을 추진하고 남북농수산협력분과위원회를 개최하기로 합의하였다.

이에 2007년 12월 14~15일 개성에서 개최된 남북농수산협력분과위원회 제1차 회의에서 수산분야 협력사업 문제를 협의하였다. 동 회의에서 남과 북은 수산분야에서 공동이익을 위해 협력사업을 적극 추진해나가기로 하고, 2008년 중에 북측 동해수역의 일정한 어장에서 남측 어선이 입어 및 어로를 진행하도록 적극 협력하기로 합의하였다.

이처럼 이 회담에서 합의한 남북간 수산분야의 협력사업은 북한 동해수역에서 남측 어선의 입어사업을 추진한다는 것이 핵심이었다. 쌍방은 북방한계선 갈등이 내재되어 있는 서해 공동어로 문제는 군사회담에서 우선 해결이 선행되어야만 가능하다는 점을 공동 인식하고 있었기 때문이다.[49]

그러나 여러 차례 남북당국간 회담을 통해 동해수역 공동어로 등 수산분야 협력사업의 추진에 합의했음에도 불구하고 남한 어업인들 내부의 이해관계, 북한의 일방적인 합의 취소, 남북관계의 경색 등으로 인해 제대로 추진되지 못했다.[50]

---

49) 홍성걸, 「서해공동어로와 북방한계선의 오해와 진실」, 『북한 해양수산 리뷰』 제21호(한국해양수산개발원, 2010. 12. 29), 4~5쪽.

50) 성숙경, *op. cit.*, 5쪽.

18. 2004년 제1~2차 남북장성급군사회담 : 우발충돌 방지

2004년 남북장성급군사회담 출범

대북화해협력정책을 추진했던 김대중 정부 시절 두 차례 연평해전이 발생하였다. 특히 제2차 연평해전은 「6·15남북공동선언」 이후 조성된 화해협력의 남북관계가 얼어붙는 상황을 초래하였다. 2003년 출범한 노무현 정부는 남북관계를 일순간에 경색시키는 서해에서의 무력충돌을 방지할 수 있는 조치가 시급하다고 판단하였다. 특히 매년 꽃게잡이 계절에 반복되는 북한의 북방한계선 침범과 무력도발 문제를 해소할 방안을 적극 검토하였고, 서해 해상에서의 우발적 무력충돌 방지 문제를 협의하는 군사회담을 북측에 제의하였다.

이러한 우리 측의 노력으로 2004년 2월 3~6일 개최된 제13차 남북장관급회담에서 한반도의 군사적 긴장완화를 위한 군사당국자회담을 조속히 개최하자는데 합의하였다. 그리고 5월 4~7일 개최된 제14차 남북장관급회담에서도 이를 재확인하였다. 이러한 과정을 거친 후 5월 12일 북측은 대남 전통문을 통해 남북장성급군사회담을 5월 26일 금강산에서 개최할 것을 제의해왔고, 우리 측이 이에 동의함으로써 제1차 남북장성급군사회담이 개최되었다.

남북장성급군사회담은 2004년부터 2007년까지 7차례 개최되어 군사적 긴장완화, 서해 공동어로, 교류협력의 군사적 지원 등의 문제가 집중 협의되었다. 남북장성급군사회담은 남과 북의 군사당국자들이 직접 만나 군사적 긴장을 완화하기 위한 실천적 조치를 논의했다는데 그 의의가 있겠다. 그런데 북한은 남북장성급군사회담을 북방한계선을 무력화 시키려는 협상장으로 악용하였다.

2004년 제1차 남북장성급군사회담

2004년 5월 26일 북측 금강산 지역 초대소에서 제1차 남북장성급군사회담이 개최되었다.[51] 우리 측 수석대표 박정화 해군준장과 북측 단장 안익산 소장(우리 측 준장에 해당)이 마주 앉은 제1차 장성급군사회담에서는 군사적 긴장완화와 관련하여 자기 측 관심사항을 의제로 제안하고 기본입장을 개진하였다.

5월 26일 오전 제1차 전체회의에서 우리 측은 남북장성급군사회담에서는 한반도의 군사적 긴장완화와 신뢰구축을 위한 실질적인 방안을 본격적으로 협의하여 추진해나가야 할 것을 강조하면서, 서해상에서 우발적 무력충돌을 방지하기 위한 구체적인 방안으로 서해 함대사간 직통전화 설치·운영, 경비함정간 공용주파수 설정·운영, 경비함정간 시각신

51) 제1차 남북장성급군사회담 내용은 통일부 인터넷 홈페이지 북한자료센터 남북회담 자료를 참조. http://dialogue.unikorea.go.kr/data/kdialogue/1296(2011. 8. 22 검색).

호 제정·활용, 제3국 어선의 불법 어로활동 단속과 관련한 정보교환 등 4가지 조치를 제시하였다.

반면에 북측은 서해상 우발적 충돌방지와 관련해서는 언급하지 않은 채, 군사분계선 일대에서 상대방을 자극하는 선전활동을 중지하고 선전수단들을 제거하는 문제가 '절박한 과제'라고 하면서, 6월 15일부터 전연일대에서의 모든 선전활동 완전 중지, 8월 15일까지 확성기·구호·전광판 등 모든 선전수단의 전면 제거 등의 방안을 내놓았다.

오후에는 제2차 전체회의와 2차례의 실무대표접촉을 갖고 추가 협의를 진행하였다. 우리 측은 매년 꽃게잡이철이 되면 서해상의 군사적 긴장이 높아진다는 점을 지적하고, 본격적인 꽃게잡이철이 시작되기 전에 서해상 우발적 충돌방지 방안을 우선 협의·조치할 것을 제의하였다. 그러나 북측은 군사분계선 일대에서의 선전활동 중지와 선전수단 제거에 대한 일정부터 협의할 것을 주장하였다. 쌍방은 한차례 회담으로는 합의 도출이 어려운 만큼 일단 상호 제시한 방안을 검토한 후 6월 3일 우리 측 설악산 지역에서 제2차 장성급군사회담을 개최하여 계속 협의하기로 하고, 제1차 회담을 종료하였다.

2004년 제2차 남북장성급군사회담

제2차 남북장성급군사회담은 2004년 6월 3~4일 우리 측 설악산 「켄싱턴 스타 호텔」에서 개최되었다.[52] 6월 3일 1일차 전체회의에서 우리

52) 제2차 남북장성급군사회담 내용은 통일부 인터넷 홈페이지 북한자료센터 남북회담 자료를 참조. http://dialogue.unikorea.go.kr/data/kdialogue/1296(2011.

측은 한반도의 군사적 긴장완화를 위해 우선적으로 서해상 우발적 충돌 방지방안이 시급히 마련되어야 한다는 입장을 강조한 후, 1차 회담에서 제시한 4가지 조치에 대해 우선 합의하여 6월 15일부터 실시할 것을 제의하였다. 아울러 이러한 서해상 우발적 충돌 방지조치에 대한 협의를 마무리한 후 북측이 제기한 의제 토의로 넘어 가자고 제안하였다.

제2차 남북장성급군사회담(2004)

북측은 기본발언을 통해 군사분계선 일대에서 상대방을 자극하는 선전활동을 중지하고 그 수단을 제거하는 문제는 군사적 긴장을 완화하는 데서 우선적으로 해결되어야 할 문제라고 기본입장을 밝혔다. 그리고 우리 측이 제기하는 서해 해상에서 충돌을 막자면 잠정적으로라도 쌍방 함선을 격리시킬 수 있는 계선이 명백히 설정되어야 한다고 주장

8. 22 검색).

하였다. 요컨대 서해상에 새로운 해상경계선을 설정해야 한다는 입장을 암시한 것이다.

6월 4일 2일차에는 전체회의에 이어 5차례의 실무대표접촉을 갖고 합의서 타결을 시도하였다. 북측은 먼저 1일차 회의에서 제기한 새로운 해상경계선 설정 문제를 다시 언급하였다. 북측은 우리 측이 제시한 4개 방안으로는 서해상의 우발적 충돌을 근원적으로 방지할 수 없다고 평가하면서, 서해상에서 새로운 해상경계선을 설정하는 것만이 우발적 충돌을 방지할 수 있다고 주장한 것이다.

이에 우리 측은 북방한계선은 남북 모두가 지난 50여 년간 준수해온 해상경계선인 만큼 북방한계선을 인정하는 가운데 우발적 충돌을 방지할 수 있는 실질적인 의사소통수단을 마련해야 한다는 점을 강조하고, 우리 측이 제의한 방안의 합리성에 대해 설명하였다. 그러자 북측은 더 이상 새로운 해상경계선 설정 문제를 고집하지 않았다. 우리 측의 끈질긴 설득과 상호 의견조율을 통해 서해상 우발적 충돌 방지방안에 대한 합의서가 타결되었다.

이렇게 서해상 우발적 충돌 방지조치에 대해 합의가 이루어지자 쌍방은 군사분계선 일대의 선전활동 중지와 선전수단 제거에 관한 협의로 넘어갔다. 쌍방은 군사분계선 일대에서의 선전활동의 중지 시기, 선전수단 제거 범위와 일정, 제거 결과에 대한 이견해소방법 등을 담은 합의서도 타결하였다.

이처럼 제1·2차 남북장성급군사회담에서는 '서해 해상에서의 우발적 충돌 방지' 문제를 시급히 협의·해결하자는 우리 측 입장과 '군사분계선 일대에서의 선전활동 중지 및 선전수단 제거'라는 절박한 문제부터 협의·해결하자는 북측의 입장이 팽팽히 맞섰다. 그러나 서로 제기하는 의제가 '시급하고 절박한' 문제인 만큼 쌍방은 상대방의 제안을 함께 수용하는 일괄타결 방식으로 타협점을 찾았다. 결국 제2차 남북장성급군사회담에서는 「서해 해상에서 우발적 충돌 방지와 군사분계선 지역에서의 선전활동 중지 및 선전수단 제거에 관한 합의서」(6·4합의서)를 채택·발효시켰다. 그리고 양측은 6월 10일경 개성에서 군사실무회담을 개최하여 구체적 이행 문제를 협의한다는데 합의하였다.

「6·4합의서」에는 서해 해상에서의 우발적 충돌을 방지하기 위한 대책으로 국제상선공통망을 이용하여 남북 함정간 통신 실시, 기류 및 발광 신호규정 제정·활용, 제3국 불법조업선박에 대한 정보교환, 서해통신연락소 설치 등을 포함하고 있다. 그리고 군사분계선 일대에서의 선전활동 중지 및 선전수단 제거와 관련해서는 2004년 6월 15일부터 군사분계선 지역에서의 선전활동 중지, 2004년 8월 15일까지 3단계로 나누어 군사분계선 일대의 선전수단 제거, 선전수단 재설치와 선전활동 재개 금지 등의 조치를 담고 있다.

2004 ~ 2005년 군사실무회담

이러한 「6·4합의」의 구체적 이행조치를 협의하기 위해 제21차 남북군사실무회담이 2004년 6월 10~12일 개성에서 개최되었고, 「서해 해상에서 우발적 충돌 방지와 군사분계선 지역에서의 선전활동 중지 및 선전수단 제거에 관한 합의서의 부속합의서」를 채택·발효시켰다. 이 합의에 따라 2004년 6월 15일부터 서해 해상에서의 우발적 충돌 방지와 군사분계선 지역에서의 선전활동 중지 및 선전수단 제거를 위한 실제적 조치가 시행되었다.

「6·4합의 부속합의서」에 따라 서해 우발적 충돌 방지조치의 첫 단계로서 2004년 6월 14일 오전 9시부터 약 2시간 동안 북방한계선 인근 5개 해상에서 남북 해군함정 간에 국제공용주파수를 이용한 무선교신이 최초로 이루어졌다. 또한 2004년 6월 25일 서해지구 남북관리구역 군사분계선 상에서 제1차 통신실무접촉을 갖고 서해 해상에서 우발적 충돌 방지를 위한 새로운 통신선로와 통신연락소의 설치 및 운영에 관한 사항을 협의하였다.

2004년 6월 29~30일 파주에서 개최된 제22차 군사실무회담에서는 「6·4합의 부속합의서」에 따라 시행된 서해 우발적 충돌 방지를 위한 유·무선 통신망 운영 실태에 대한 평가 및 개선방안을 협의하고, 양측이 6월 23일 교환한 1단계 선전수단 제거 대상목록과 이행실태를 상호 평가하고 대부분 완료되었다는 점을 확인하였다. 그리고 상호 이견이 있었던 북측의 김일성 선전구호 제거 문제와 우리 측의 종교시설물 철거·이동 문제와 관련하여 양측은 최단 시일 내에 협의·해결하고 2단계 제거작업을 추진하여 합의된 기일 안에 완료하기로 하였다.

2004년 7월 5일 개성에서 속개된 제23차 남북군사실무회담에서는 2단계 선전수단 제거에 착수하기로 하되, 쟁점사항인 김일성 선전구호와 종교시설물은 그대로 둔 채 2단계 선전수단 제거를 완료하기로 합의하였다. 또한 서해 우발적 충돌 방지조치는 합의대로 충실히 이행할 것을 재확인하였다.

우리 측은 2004년 7월 19일 서울에서 차기 군사실무회담을 개최할 것을 제의하였다. 그러나 북한은 우리 정부가 방북인사의 김일성 조문을 불허했다는 이유로 대남비난을 강화하는 가운데 7월 14일 북방한계선을 침범한 북한 함정에 대한 우리 함정의 경고사격을 빌미로 남북대화를 중단시켜 버렸다.

2005년 6월 17일 방북한 정동영 통일부장관이 김정일 국방위원장을 만나 장성급군사회담을 재개하기로 하였다. 그리고 6월 21~24일 개최된 제15차 남북장관급회담에서 북한 민간선박의 제주해협 통과를 허용하고, 제3차 장성급군사회담을 백두산에서 개최하기로 합의하였다. 이에 따라 제3차 장성급군사회담 개최 등 현안문제 협의를 위한 군사실무회담이 재개되었다.

2005년 7월 20일 제24차 군사실무회담에서는 「6·4합의서」와 부속합의서에 따라 2단계 선전수단 제거 결과를 평가하고, 7월 25일부터 8월 13일까지 3단계 선전수단 제거를 완료하기로 합의하였다. 그리고 우리측 지역의 종교시설물과 관련하여 그동안 가림막 설치를 주장해왔던 북측이 십자탑·불탑·성모상 등 종교시설물에 점등하지 않거나 북측을 향한 행사를 하지 않을 경우 가림막을 설치하지 않아도 좋다는 입장을 표명하였다. 또한 8월 13일부로 서해상 우발적 충돌방지를 위한 통신연락소를 개소하기로 합의하였다.

2005년 8월 12일 개최된 제25차 군사실무회담에서는 3단계 선전수단 제거의 결과를 확인하였으나, 제3차 장성급군사회담 개최 문제에 대해서는 북측이 백두산 삼지연공항의 활주로 피치 지원과 UFL훈련 중단을 요구하면서 협의하기를 거부하였다. 11월 3일 제26차 군사실무회담에서는 3차 장성급군사회담의 의제 문제와 철도·도로 통행의 군사적 보장합의서 채택 문제를 11월 10일 접촉을 통해 협의하기로 합의하였다. 그러나 북한은 11월 4일 전통문을 통해 남측이 백두산 삼지연공항에 저질 피치를 지원하여 항공기 이·착륙이 어렵다고 하면서 11월 10일 접측이 불가함을 통보해왔다. 우리 측에서 피치 제공 문제를 해결해 줌에 따라 속개된 2006년 2월 3일 제27차 군사실무회담에서 제3차 장성급군사회담을 2월 말에서 3월 초에 개최하여 서해 해상 충돌방지 및 공동어로수역 설정과 철도·도로 통행의 군사적 보장 합의서 체결 문제를 함께 협의하기로 하였다.

제1~2차 남북장성급군사회담 평가

제1~2차 장성급군사회담의 「6·4합의서」와 후속 군사실무회담의 「6·4부속합의서」 채택은 남북 간에 군사적 긴장완화 및 신뢰구축 조치를 마련하여 실제로 이행한다는 데에 그 의미가 있겠다. 서해 북방한계선 일대의 무력충돌 방지조치는 우리 측이 제기한 군사적 긴장완화 방안이다. 그리고 군사분계선 일대의 선전활동 중지와 선전수단 제거조치는 북한이 1990년대부터 절박하게 추구해왔던 숙원사업이었다. 우리 측은 안정적인 남북관계를 유지하기 위한 대승적 차원에서 북측의 제안을 수용하여 「6·4합의서」를 채택하였고 이를 성실히 이행하였다.

그러나 북한은 전략적으로 열세에 있던 군사분계선 일대의 선전활동을 중지시키고 선전수단을 제거시키려는 목적에서 서해 충돌방지조치를 전술적으로 수용한 것이었다. 북한은 절박한 문제라고 토로했던 군사분계선 일대의 선전활동 중지와 선전수단 제거에 대한 합의사항을 적극 이행하였다. 하지만 북한은 서해 해상 우발적 무력충돌 방지 관련 합의사항에 대해서는 제대로 이행하지 않았다. 나아가 북측은 2008년 11월부터 아예 남북 함정간 통신교환을 단절시켰고, 2009년 대청해전,

2010년 천안함 폭침과 연평도 포격도발 등 「6·4합의」를 정면으로 파기하는 행위를 자행하였다. 이러한 북한의 행태는 북방한계선 무실화를 추구하는 북한이 애초부터 서해 무력충돌 방지조치를 이행할 의사가 없었다는 것을 보여주는 방증이다.

19. 2006년 제3 ~ 4차 남북장성급군사회담 : 해상경계선

제3차 남북장성급군사회담

제27차 군사실무회담의 합의에 따라 남북 군사당국은 2006년 2월 3일 실무대표접촉에 이어 전통문을 통해 제3차 남북장성급군사회담을 개최하기로 합의하였다.[53] 이에 따라 서해 해상에서의 무력충돌 방지와 공동어로 실현 문제를 의제로 하는 제3 ~ 4차 남북장성급군사회담이 개최되었는데, 우리 측 수석대표 국방부 한민구 소장과 북측 단장 인민무력부 김영철 중장(우리 측 소장에 해당)이 대좌하였다.[54]

2006년 3월 2 ~ 3일 판문점 「통일각」에서 개최된 제3차 남북장성급군사회담에서는 사전 합의된 의제인 서해 해상 충돌방지 및 공동어로 문

53) 제3차 남북장성급군사회담 내용은 통일부 인터넷 홈페이지 북한자료센터 남북회담 자료를 참조. http://dialogue.unikorea.go.kr/data/kdialogue/1296(2011. 8. 22 검색).

54) 제1~2차 장성급군사회담 수석대표는 1성급(우리 측: 준장, 북측: 소장)이었다. 그런데 북측은 2006년 2월 21일 전통문을 통해 2성급(우리 측: 소장, 북측: 중장)으로 격상할 것을 제의해왔다. 우리 측은 남북간 군사적 긴장완화와 신뢰구축 문제의 본격적인 논의를 위해서는 보다 높은 급의 군당국자간 대화가 필요하다는 입장에서 북측의 제의를 수용하였다.

제를 중점적으로 협의하였다. 우리 측은 「6·4합의」의 미흡한 점을 보완하는 충돌방지 개선조치와 함께 공동어로수역 설정 방안을 제시하였고, 아울러 철도·도로 통행의 군사보장 합의서 체결 및 제2차 국방장관회담 개최 문제 등에 대해 협의할 것을 제안하였다. 북측은 서해상 무력충돌을 근원적으로 해결하기 위해서는 서해 해상 군사분계선의 확정 문제부터 우선적으로 협의해야 하고, 이 문제가 해결되어야 철도·도로 통행의 군사적 보장 합의서 체결 문제도 협의할 수 있다고 주장하였다.

제3차 남북장성급군사회담 광경(2006)

3월 2일 1일차 오전 전체회의에서 우리 측은 한민구 수석대표의 기조발언을 통해 기본입장과 해결방안을 밝혔다. 먼저 기본입장으로서, 남북 간에 서해상 우발충돌 방지조치의 마련과 군사분계선 일대 선전수단의 제거 등의 진전이 있었음에도 불구하고 아직 군사적 긴장완화와 신뢰구축의 수준은 초보적 단계를 벗어나지 못하고 있는 만큼 서해 해상 충돌방지와 공동어로수역 설정 문제뿐만 아니라 군사적 신뢰구축을 위한 의제들도 폭넓게 논의되어야 한다는 점을 강조하였다.

이러한 기본입장에 따라 서해 우발적 무력충돌 방지를 위한 개선조치로서, 남북 경비함정간 국제상선공통망 주파수와 보조 주파수의 변경·운영, 일일 시험통신을 통한 상시 송수신 가능상태 보장, 제3국 불법조업 선박현황 확인시간 일치 및 구역의 세분화 통보, 남북 서해함대사령부간 직통전화 설치·운영 등의 조치들을 제시하였다.

그리고 공동어로와 관련하여 제3국 어선의 불법조업 차단, 남북 어민들의 이익과 안전조업, 서해 평화정착 등을 고려하여 백령도와 장산곶 및 백령도·대청도·소청도와 옹진반도 사이의 일정 수역을 공동어로수역으로 설정하고, 연평도와 육도 사이에 바다목장을 시범적으로 조성·운영할 것을 제의하였다.

또한 남북간 안전한 육로통행을 지원·보장하기 위해 동·서해지구 남북관리구역 철도·도로 통행의 군사적 보장 합의서를 체결하고, 제2차 남북국방장관회담을 개최하여 국방부와 인민무력부간 직통전화 설치·운영, 군인사 교류, 대규모 훈련 통보 등 군사적 신뢰구축조치 문제를 협의·해결할 것을 제안하였다.

북측도 김영철 단장의 기본발언을 통해 기본입장을 밝혔다. 북측은 서해 해상에서 충돌을 방지하고 공동어로를 실현하기 위한 군사적 대책과 관련하여 북과 남의 군당국이 주체가 되어 근본적인 대책을 마련하고 하루빨리 공정하게 해결하는 입장과 자세를 가져야 한다고 강조하였다. 이러한 군사적 대책은 민족의 공영공리 도모, 조선 서해에서 통일조선의 영해기산선을 확정하고 그에 기초해서 새로운 서해 영해권을 내외에 선포,[55] 쌍방의 모든 주장들을 다같이 대범하게 포기,[56] 이미 합의되고 내외가 공인하는 법적·제도적 요구 준수[57] 등 4가지 원칙에 따라 토의해야 한다고 주장하였다.

그리고 이러한 원칙과 입장에 따라 이번 회담에서는 서해 해상에서의 충돌방지와 공동어로 실현을 위한 군사적 대책으로 공동어로수역을 강화만의 넓은 수역까지 포함하여 설정하되 공동어로방식과 공동어로수역에 대한 군사적 안전보장조치는 실무적으로 결정하고, 군사적 충돌을 근원적으로 막기 위해 서해 해상 군사분계선을 확정하며, 민간선박들의 안전한 항해를 보장하기 위해 북측 민간선박들의 해주항 직항 문제[58] 등에 대한 합의를 이룩해야 한다고 주장하였다.

1일차 오후 회의에서는 북측의 태도로 인해 실질적인 협의가 진행되

---

55) 북측은 내외가 공감하는 영해권이 공식 선포되어 있지 않은 서해 수역에서 제3국 어선들의 불법적인 어로행위가 이루어지고 있다고 하면서, 제3국 어선의 불법어로 방지를 위해 서해 해상 영해기산선을 확정하고 그 영해기산선에 기초하여 영해권을 선포한 후 불법 어로를 막기 위한 실무적 대책을 취하자고 부연 설명을 하였다.

56) 북측은 북과 남 사이에 충돌이 일어나는 기본원인이 서로의 주장이 다른데 있는 만큼 상호 각자의 주장을 대범하게 버리는 원칙에서 문제를 해결할 것을 주장하였다.

57) 북측은 「정전협정」은 정전상태를 유지하고 충돌의 재발 방지 요구가 반영되어 있고, 「유엔해양법협약」 등 국제법들은 등거리의 원칙, 공정성의 원칙, 합의의 원칙, 자연연장선의 원칙들을 비롯하여 복잡한 해양경계선을 확정하기 위한 원칙과 방법들이 명시되어 있는 만큼 「남북불가침합의서」·「정전협정」·「유엔해양법협약」 등에 기초하여 토론할 것을 주장하였다.

58) 북측은 '해주항해로의 직항'에 대해 해주항으로 드나드는 모든 북한 민간선박들이 해주항로로 통하는 서남방향을 따라 자유롭게 직접 항해하는 것을 의미하는 것으로, 이는 북한 민간선박들의 물적 및 시간적 소비를 누적하고 있는 비정상적인 항해를 바로잡기 위한 것이라고 주장하였다. 그런데 북한 민간선박의 해주항 직항은 북방한계선을 통과하는 것을 허용해야 하는 문제이다. 결국 북측의 주장은 북방한계선을 무실화하려는 의도에서 나온 것이다.

지 못했다. 북측은 장성급군사회담의 근본적인 의제인 서해 해상 군사분계선 문제부터 협의해야 하며, 이 문제를 협의하지 못한다면 일체의 다른 회담이나 추가 회담은 없다고 고집을 부렸다. 우리 측은 북측이 제기하는 근본적인 문제는 국방장관회담이나 다른 회담 창구를 통해 논의해야 한다고 대응하였다.

3월 3일 2일차 회의도 협의 의제에 대한 입장 대립으로 진전 없이 종료되었다. 우리 측은 서해상 우발충돌 방지조치의 개선방안과 공동어로수역 설정 문제를 협의할 것을 거듭 제안하였다. 특히 북측이 제기한 해상 군사분계선 관련 문제는 「남북기본합의서」와 「불가침부속합의서」의 이행차원에서 협의방식 등을 충분히 검토하여 차기 회담에서 우리 측 입장을 밝힐 것이며, 해주항 출입 문제는 공동어로수역 설정 및 바다목장 조성 문제와 함께 협의할 수 있다는 수정된 입장을 제시하였다.

그러나 북측은 서해 해상에서 군사적 충돌 방지를 위한 근원적 문제가 해결되어야 한다는 입장에서 해상 군사분계선 문제를 우선적으로 협의해야 한다고 되풀이 주장하였다. 김영철 단장은 1992년 「불가침부속합의서」는 서해에서 현 분계선을 유지하자는 합의가 아니며, 서해 해상 군사분계선 문제는 1999년 유엔사-조선인민군 장성급회담에서 한국군과 미군 대표가 남북 사이에 토론하자고 주장했던 만큼 남북 군사당국 간에 협의·해결해야 한다고 언급하였다. 그리고 남측 배들은 아무런 제한도 없이 해주항을 들어오는데 북측 선박들은 자금과 기름을 낭비하면서 몇 시간씩 백령도로 우회하는 불편한 통행을 하고 있다고 하면서 다른 문제와 결부시키지 말고 해주항 직항 문제를 토론하고, 제3국에 갔다 오는 북한 선박들도 자유롭게 제주해협을 통과할 수 있도록 아량을 베풀어 달라고 애원하듯이 사정하였다.

이와 같이 이틀에 걸쳐 진행되었던 제3차 남북장성급회담을 요약해 보면 다음과 같다. 우리 측은 남북간 군사적 긴장완화 및 신뢰구축을 위해 서해상 우발적 충돌 방지를 위한 개선방안, 공동어로수역 설정, 남북관리구역 철도 · 도로 통행의 군사보장합의서, 제2차 국방장관회담 개최 문제 등을 제기하였다. 반면에 북측은 서해 해상에서의 군사적 긴장과 충돌의 근원적 문제를 해결하기 위해 우선적으로 서해 해상경계선 설정 문제를 협의 · 해결해야만 다른 문제도 해결할 수 있다는 입장을 고수하였다. 북측은 정책적 · 전략적인 문제를 다루는 장성급군사회담에서 서해 해상 충돌문제를 근원적으로 해결해야 한다는 것이 변함없는 입장이고 어떤 양보도 있을 수 없다는 강경한 태도로 일관하였던 것이다.

특히, 1990 ~ 1992년 남북고위급회담 대표 이후 14년 만에 장성급군사회담 단장으로 다시 나온 김영철은 현란한 언변으로 북방한계선을 폐기하려는 협상전술을 구사하였다.[59] 김영철은 서해 해상 충돌을 근원적으로 해결하기 위해서는 새로운 해상경계선을 확정해야 한다는 논리로 공세를 취하였다. 그리고 회담 대표단과 기자단에게 공동오찬을 제공하는 등 자신의 위상을 과시하였고, 북측의 주장을 언론에 공개하기 위해 공동 기자회견을 기습적으로 제의하였다. 그러나 우리 측은 아무런 합의도 도출되지 않은 상황에서 기자회견을 갖는 것은 회담 비공개 원칙에 위배됨을 지적하였고, 우리 기자단도 회담장에서 철수함으로써 북측의 불순한 기도를 무산시켰다.

59) 북측 단장 김영철은 1990~1992년 남북고위급회담 대표 및 군사분과위원회 위원장으로 참석하였다가 2000년 이후 남북회담에는 모습을 감추었는데, 2006년 제3차 장성급군사회담부터 북방한계선 무실화를 위한 대남협상의 주역으로 다시 등장하였다.

제4차 남북장성급군사회담

제3차 회담이 성과 없이 끝난 후 우리 측의 제의에 따라 2006년 5월 16~18일까지 3일간 판문점 「평화의 집」에서 제4차 남북장성급군사회담이 개최되었다.[60] 제4차 장성급군사회담에서도 쌍방은 서해상 충돌방지와 공동어로수역 설정, 철도·도로 통행의 군사보장 합의서 채택 문제에 대해 협의하였다. 그러나 서해 해상 군사분계선을 확정해야 한다는 북측의 고집에 막혀 한 발짝도 나아가지 못했다.

5월 16일 1일차 전체회의에서 쌍방은 기조발언을 통해 각자의 기본입장을 밝혔다. 우리 측 한민구 수석대표는 서해 해상 충돌방지 및 공동어로 실현을 위한 군사적 대책은 기존에 남북이 관할하여 온 수역과 그 기준선인 북방한계선의 존중·준수 원칙에 따라 협의하고, 북측이 세기하는 해상경계선 문제는 「남북기본합의서」상의 군사분야 합의사항을 함께 이행하는 원칙에 입각하여 협의해 나갈 수 있다는 입장을 제시하였다. 그리고 제12차 철도·도로연결 실무접촉에서 5월 25일 열차 시험운행을 실시하기로 합의한 만큼 철도·도로 통행의 군사보장 합의서의 채택 문제를 우선 타결할 것을 강조하였다.

북측 김영철 단장은 남북의 군당국이 주체가 되어 하루 빨리 근원적으로 해결하려는 입장과 태도를 가지고, 민족의 공영·공리 도모, 쌍방의 서해 영해권 상호 존중, 충돌을 일으킬 수 있는 쌍방의 모든 주장 포기의 원칙에 기초하여 내외가 인정하는 법적·제도적 요구에 맞게

60) 제4차 남북장성급군사회담 내용은 통일부 인터넷 홈페이지 북한자료센터 남북회담 자료를 참조. http://dialogue.unikorea.go.kr/data/kdialogue/1296(2011. 8. 22 검색).

새로운 해상 군사분계선을 설정하자고 기존의 주장을 반복하였다.

기본발언에 이어 북측은 두 가지 합의서 초안을 제시하였다. 첫 번째 「조선 서해상에서 군사적 충돌을 근원적으로 막기 위한 합의서(안)」에는 쌍방이 서로 다르게 주장해온 모든 해상경계선들을 다 같이 포기하고, 불가침에 관한 합의를 조속히 실현하기 위하여 「정전협정」과 국제법적 요구에 맞게 새로운 서해 해상 군사분계선을 확정하자는 내용을 담고 있었다. 특히 새로운 서해 해상 군사분계선은 쌍방의 영토·영해권을 존중하는 원칙에서 설정하되, 북측은 서해 5개 섬에 대한 남측의 주권을 인정하고, 섬 주변 관할수역 문제는 쌍방이 합리적으로 합의하여 규정하자고 하였다. 그리고 쌍방이 서로 가깝게 대치하고 있는 수역의 해상 군사분계선은 반분하는 원칙에서, 그 외 수역의 해상 군사분계선은 영해권 존중 원칙에서 설정하자는 등 구체적 방안을 제시하였다.

두 번째 「조선 서해 해상에서 공동어로를 실현하기 위한 군사적 보장 합의서(안)」에는 공동어로수역을 서해상의 넓은 수역에서 수산자원의 보호와 북남 어민들의 요구를 다같이 실현하는 방향에서 설정하되, 이러한 공동어로수역은 새로운 서해 해상 군사분계선 확정을 전제로 설정하며, 공동어로에 필요한 군사적 보장대책을 세워야 한다고 제시하였다.

이와 같이 2개의 합의서(안)을 제시한 후, 북측 김영철 단장은 남북장성급군사회담에서 서해 무력충돌 방지를 위한 해상 군사분계선 문제를 협의·해결한다면 앞으로 한반도 평화체제 수립 문제에 있어서 남측도 당사자가 될 수 있다는 논리로 우리 측을 압박하였다. 그리고 신뢰조성과 교류협력을 위해 북한 민간선박의 해주항 직항을 보장하고, 「남북해운합의서」의 요구에 맞게 제주해협의 통과도 허용해줄 것을 요구하였다.[61]

북측이 제기하는 해상경계선 문제와 관련하여, 우리 측 한민구 수석대표는 북방한계선의 역사성과 실효성, 우리 국민들의 인식, 제도적 특성 등을 고려해 볼 때 앞으로 「남북기본합의서」상의 군사적 신뢰구축이 충분히 이행되어 평화체제로 전환되는 과정에서 국방장관회담을 통해 마련하는 협의의 틀에 따라 협의해 나갈 수 있다는 기본입장을 재차 강조하였다.

5월 17일 2일차 전체회의에서는 북방한계선 문제에 대한 치열한 공방이 전개되었다. 먼저 우리 측은 북방한계선은 그동안 실질적인 해상경계선의 역할을 해왔으므로 존중·준수되어야 한다는 것을 재강조하였다. 그리고 새로운 해상경계선 문제에 대해서는 평화체제 전환과정에서 협의 가능하다는 입장이지만 군사적 긴장완화와 평화정착을 촉진하는 차원에서 국방장관회담을 통해 「남북기본합의서」의 군사분야 합의사항과 함께 포괄적으로 협의할 수 있다는 유연한 입장을 설명하였다.

북측 단장 김영철은 실질적인 의제 협의에는 관심이 없고 북방한계선에 대해 장황하게 언급하였다. 그는 「남북기본합의서」 제11조에 규정된 불가침경계선은 지상의 군사분계선을 의미하고, 해상분계선이 규정

---

61) 2005년 8월 1일 발효된 「남북해운합의서」는 "남과 북 사이의 해상운송 및 항만분야의 발전과 상호협력을 도모하기 위하여 합의"한 것으로, "남북간 여객 및 물자를 원활하게 운송하기 위하여 남측의 인천·군산·여수·부산·울산·포항·속초항과 북측의 남포·해주·고성·원산·흥남·청진·나진항 간에 해상항로를 개설한다"는 내용을 담고 있다. 또한 동일 발효된 「남북해운합의서의 이행과 준수를 위한 부속합의서」는 남북간 선박운항 절차와 해상항로대를 구체적으로 지정하고 있다. 한편, 2006년 4월 24일 발효된 「남북해운합의서의 이행과 준수를 위한 부속합의서의 수정·보충합의서」는 기 합의된 남북해상항로대에서 제주해협의 통과를 허용하는 2마일 폭의 제주해협 해상항로대를 설정하기로 하였다. 이러한 남북해상항로대를 통과하는 것은 남과 북의 항구 사이(남－북 항로), 북한 동·서해 항구 사이(북－북 항로)를 오가는 선박에 적용된다.

되어 있지 않은 서해에서 쌍방이 관할하여 온 해상의 관할구역은 「정전협정」 제13항 (ㄴ)목에 따라 황해도와 경기도의 도경계선을 연장한 선상에서 5개 섬을 남측에서 관할하는 것이고 나머지 모든 수역을 북측이 관할하게 되어 있다고 왜곡 주장하였다.

이러한 김영철의 사실 왜곡에 대해 우리 측은 「정전협정」 제13항 (ㄴ)목에는 황해도와 경기도 도경계선 북·서쪽의 모든 도서 중에서 백령도·대청도·소청도·연평도·우도의 도서군들은 유엔군 총사령관의 군사통제하에 남겨두고 이를 제외한 기타 도서는 공산군 측의 군사통제하에 둔다고 규정한 것이지 해상수역에 대해 규정한 것이 아니라는 점, 그리고 「정전협정」 부록에 경기도와 황해도의 도경계선 표시는 도서의 통제를 표시하는 것일 뿐 아무런 의의도 없고 다른 의의도 첨부하지 못하도록 되어 있다는 점을 분명하게 지적하였다.

우리 측의 지적에도 불구하고 김영철은 북방한계선에 대한 공격으로 회담을 일방적으로 몰고 나갔다. 그는 북방한계선에 대해 1952년 클라크 유엔군사령관이 북한에 대한 해안봉쇄를 목적으로 만든 '클라크 선'을 되살려서 설정하였고, 남측 해군함정의 반북 군사행동을 통제하려고 설정했다고 주장하였다. 그리고 쌍방의 합의 없이 일방적으로 그은 북방한계선은 12해리 영해를 규정한 「유엔해양법협약」과 남조선의 「영해법」을 부인하는 것이라고 하였다. 또한 수해물자 수송선박의 해상 상봉지점, 1963년 군사정전위에서 북측의 인정 발언, 1997년 북방한계선 기준의 한국 비행정보구역 설정 등을 남측에서 얘기하면서 마치 북측이 인정한 것처럼 여론에 돌렸다고 비난하였다. 그러나 북측은 북방한계선에 대해 합의해준 적도 승인해준 적도 묵인해준 적도 없으며, 1973년 12월 제346차 군사정전위 본회의, 1999년 조미장령급회담, 2004년 4월 1일 조선인민군사령부 대변인 담화, 유엔안보리에 보낸 비망기, 북한 정부·정당·사회단체 성명과 담화 등에서 북방한계선이 무효임을 선언했다고 하였다. 나아가 북측도 해상경계선을 그어 놓았다고 하면서, 서해 해상분계선의 설정 문제는 철저히 「정전협정」에 기초하여 해결되어야 한다고 강변하였다. 이처럼 김영철은 사전에 철저히 준비해온 듯 기존의 북측 주장들을 회담 테이블 위에 쏟아 놓았다.

5월 18일 3일차 회의에서도 북측은 남측이 한반도 평화체제의 당사자가 되려면 서해 해상 충돌의 근원을 해결하는 해상 군사분계선 문제를 반드시 협의·해결해야 한다고 하면서, 이에 대한 자신의 기본입장을 반복 주장하였다.

북측이 제시하는 공동어로수역은 남측의 북방한계선과 북측의 경비계선 사이의 넓은 띠를 가진 수역으로 설정하되, 평화로운 환경에서 공동어로를 하기 위해서는 쌍방의 해상무력을 격리시키는 해상분계선의 정확한 설정이 필요하다고 주장하였다.

이어서 북측은 서해 해상 군사분계선에 대해 다음과 같이 자세히 설명하였다. 즉 서해 해상 군사분계선은 북방한계선과 경비계선 사이에 긋는 것이 아니라 북과 남이 자기 영해기산선을 긋고 영해권을 확보하는 방향에서 확정하는 것이라고 하였다. 여기에서 '영해권'이란 제3국과 관계되는 문제인데, 경기도와 황해도 각각의 영해기산선으로부터 12해리를 영해권으로 선포하자는 것이다. 쌍방이 영해권을 설정할 경우 강화만 일대의 해협공간을 절반으로 나누고, 영해권을 긋지 못하는 수역에 대해서는 국제해양법의 원칙에 따라 반분하는 선을 이으면 해상 군사분계선이 된다. 이때 남측은 북방한계선을 포기하고, 북측은 1999년도 서해 해상 군사분계선과 경비계선을 포기한다. 그리고 상대측 수역에 있는 섬(5개 도서)은 국제법적 요구를 감안하여 북과 남이 협의하여 전관수역을 정해주고 마음대로 남측 배가 드나들 수 있도록 만들어 주자는 것이라고 주장하였다.

그리고 북방한계선이 북측의 12해리 영해권 안에 일방적으로 설정되었지만 북측으로서는 충돌을 피하기 위해 해주항으로 출입하는 선박들이 3~4시간씩 돌아서 항해한다고 하면서 남측 모래운반선과 같이 북한선박도 해주항으로 직항하도록 보장해줄 것과 「남북해운합의서」에 따라 제3국을 경유하는 북한선박의 제주해협 통과를 허용해 줄 것을 계속 요구하였다. 그러면서 북한 스스로 북방한계선을 군사분계선으로 표기한 1959년도 『조선중앙연감』에 대해 당시 출간한 출판사가 표기를 잘못했기 때문에 인민들의 항의를 받고 없어졌으며 3개월 만에 도표를 찢어 버렸다는 말도 되지 않는 변명도 덧붙였다.

이러한 북측의 서해 해상 군사분계선 주장에 대해 우리 측은 기존에 남북 간에 관할하여 온 수역과 그 기준선인 북방한계선의 존중·준수, 「남북기본합의서」상의 군사분야 합의사항의 이행 등 2가지 원칙에 입각하여 국방장관회담에서 협의할 수 있다는 입장으로 대응하였다.

결국 3일간의 제4차 남북장성급군사회담도 논쟁만 거듭하고 종결되었다. 북측은 서해 해상충돌의 근원이 되고 있는 남측의 북방한계선과 북측의 해상 군사분계선을 그대로 놓아둔 채 새로운 해상분계선 문제를 해결하지 못한다면 더 이상 장성급군사회담도 국방장관회담도 열릴 수 없으며, 남북 철도·도로 통행 등 교류협력사업의 군사적 보장대책도 협의할 수 없다는 으름장과 함께 회담을 종료하였다.

이상에서 보았듯이, 서해 충돌방지와 공동어로 문제를 논의하기 위해 개최되었던 제3~4차 장성급군사회담은 쌍방의 기본입장을 보다 분명하게 확인하는 회담이었다. 우리 측은 북방한계선을 존중·준수하는 원칙에서 서해 해상의 무력충돌 방지 및 공동어로수역 설정 문제를 협의한다는 입장을 견지하였다. 반면에 북측은 서해상 충돌방지와 공동어로구역 실현을 위해서는 북방한계선을 포기하고 새로운 해상 군사분계선을 확정하는 문제를 우선적으로 협의·해결해야 한다는 입장을 끝까지 고수하였다.

북한은 제1~2차 장성급군사회담을 통해 군사분계선 일대의 선전활동 중지와 선전수단 제거라는 '시급하고 절박한' 목적을 달성했었다. 이에 자신감을 얻은 북한은 제3차 회담부터 북방한계선을 폐기시키고 새로운 해상 군사분계선을 설정하기 위한 본격적인 행보에 나섰다. 이를 위해 노회한 협상전문가이자 대남정보통인 김영철을 전면에 내세워 회담의 주도권을 장악하려 하였다. 김영철은 사실왜곡, 협박·공갈, 반복주장, 회담관례 무시, 무례한 언동 등 전형적인 북한식 협상행태를 그대로 보여 주었다.[62] 그러나 정교한 협상논리, 현란한 언변술, 현장 임기응변에 능수능란한 김영철을 앞세워 북방한계선 무실화 공세를 펼쳤던 북측의 협상전술도 별무 효과였다. 우리 측은 흔들림 없이 북방한계선 존중·준수 입장을 확고히 견지하였던 것이다.

---

62) 북한의 협상행태에 관한 연구로는 C. Turner Joy, *How Communists Negotiate* (New York: Macmiian Company, 1955) ; Chuck Downs, *Over the Line: North Korea's Negotiating Strategy* (Washington D.C.: The AEI Press, 1999) ; Scott Snyder, *Negotiating on the Edge: North Korean Negotiating Behavior* (Washington D.C.: United States Institute of Peace Press, 1999) ; 김도태·차재훈, 『북한의 협상전술: 남북대화 사례들 중심으로』(민족통일연구소, 1995) ; 곽태환 외, 『북한의 협상전략과 남북한관계』(경남대학교 출판부, 1997) ; 김용호, 『북한의 협상 스타일』(인하대학교 출판부, 2004) 등 참조.

20. 2007년 제5 ~ 6차 남북장성급군사회담 : 공동어로구역

제5차 남북장성급군사회담

2007년 4월 22일 남북경제협력추진위원회 제13차 회의에서 지난 2006년 5월 무산되었던 경의선과 동해선 열차의 시험운행을 2007년 5월 17일에 진행하고, 이를 위한 군사적 보장조치가 취해지도록 적극 협력하기로 합의하였다. 이에 따라 우리 측은 남북관리구역 철도·도로 통행의 군사적 보장 문제를 협의하기 위한 군사실무회담을 제의하였는데, 북측이 장성급군사회담으로 수정 제의해왔다.

이에 따라 우리 측 수석대표 정승조 소장과 북측 단장 김영철 중장이 마주 앉은 제5차 남북장성급군사회담이 2007년 5월 8~11일 판문점 「통일각」에서 개최되었다.[63] 제5차 장성급군사회담에서는 서해 해상 충돌방지와 공동어로 실현 문제를 지속 협의하고, 남북교류협력의 군사적 보장조치를 마련하기로 합의한 「공동보도문」과 「열차시험운행의 군사적 보장을 위한 잠정합의서」를 채택하였다.

---

63) 제5차 남북장성급군사회담 내용은 통일부 인터넷 홈페이지 북한자료센터 남북회담 자료를 참조. http://dialogue.unikorea.go.kr/data/kdialogue/1296(2011. 8. 22 검색).

제5차 남북장성급군사회담 광경(2007)

5월 8일 1일차 전체회의에서는 기조발언을 통해 쌍방의 입장이 개진되었다. 우리 측 정승조 수석대표는 사전 합의된 의제대로 5월 17일 예정된 열차시험운행의 군사적 보장 합의서 채택, 임진강 수해방지와 한강하구 골재채취 등 남북경협사업의 군사적 보장 문제, 서해 해상 충돌방지를 위한 개선조치와 공동어로수역 설정 문제를 중심으로 논의할 것을 제안하였다.

북측 김영철 단장은 상정된 회담의제로서 서해 해상에서 충돌을 방지하고 공동어로를 실현하는 문제를 조속히 매듭짓되 서해 해상 군사분계선 설정 문제를 협의·해결하고, 해주항 직항과 제주해협 통과 등 남북 교류협력의 활성화에 맞게 군사적 보장조치를 마련하며, 대북 전단살포 문제와 관련하여 상호 비방 중지 등 이미 남북 군사당국 간에 합의한 사항을 이행하기 위한 대책을 세워야 한다는 입장을 내놓았다.

북측의 기본발언에 대해 우리 측은 기존에 남북이 관할하여 온 수역과 그 기준선인 북방한계선을 존중·준수하며 「남북기본합의서」의 군사분야 합의사항을 이행한다는 두 가지 전제하에 앞으로 남북국방장관회담에서 해상경계선 문제를 협의해 나가고, 해주항 직항 허용문제는 우리 측의 서해 해상 충돌방지 개선조치와 공동어로수역 방안을 북측이 수용할 경우에 병행 협의해나갈 수 있다는 입장을 밝혔다.

이에 대해 북측은 장성급군사회담의 장래가 서해 해상 충돌방지와 공동어로 문제의 토론 여부에 달려 있으며, 그 문제에 대한 협의 없이는 다른 문제의 토론은 있을 수 없다고 위협하면서 기선을 제압하려고 하였다.

기조발언에 이어 양측 수석대표들은 실무대표접촉을 통해 상호 제기한 문제들을 협의하기로 하였다. 이에 따라 실무대표로 우리 측 문성묵 대령과 북측 박림수 대좌가 사안별 실무협의를 진행하였다.[64] 북측은 「서해 해상에서의 공동어로 실현과 관련한 제안」을 제시하였는데, 제3·4차 회담에서 주장했던 것에서 몇 가지 수정된 내용이 들어 있었다. 즉 공동어로수역을 남측의 북방한계선과 북측의 12해리 영해선 사이에 설정하고, 그동안 완강하게 주장하였던 서해 해상 군사분계선 확정 문제를 앞으로 계속 협의·해결하자는 새로운 내용을 제시한 것이다. 그리고 「동·서해지구 북남 열차시험운행의 군사적 보장을 위한 잠정합의서」도 함께 내놓았다.

5월 9일 속개된 2차 실무대표접촉에서 북측은 먼저 자기측이 남측

---

64) 박림수 대좌는 1992년 남북고위급회담 군사분과위 위원으로 남북군사회담에 참석한 후 조선인민군 판문점대표부 부대표로서 유엔사와의 접촉·협의 임무를 수행해오다가 15년 만에 남북군사회담에 다시 참여하였다.

모래운반선들의 해주항 직항을 보장해주고 있고, 제3국 배들은 제주해협을 통과하여 항해하고 있는데도 북한선박만 통과하지 못하고 있다고 하면서, 남측 군당국이 결심하면 해결될 사안인 이 문제가 해결되지 못하면 열차시험운행도 다룰 수 없다고 억지를 부렸다. 북한선박의 해주항 직항 및 제주해협 통과 문제와 열차시험운행 문제를 서로 연계시키는 협상전술로 나온 것이다.

이에 대해 우리 측은 해주항 직항 문제는 공동어로수역 및 바다목장 설정과 관련된 우리 측 제안을 북측이 수용한다면 전향적으로 함께 협의해나갈 용의가 있으며, 제주해협 통과 문제는 군사당국이 아닌 해운당국 간에 논의할 사안이라고 대응하였다.

이어서 열린 2일차 전체회의에서도 수석대표 간에 해주항 직항과 제주해협 통과 문제에 대한 논쟁이 벌어졌으나, 제5차 장성급회담의 공동보도문과 열차시험운행의 군사보장 합의서를 협의하는 실무대표접촉을 갖기로 합의하였다. 이에 따라 오후 늦게까지 두 차례 실무대표접촉을 갖고 쌍방이 제시한 합의서 초안에 대해 조항별로 협의를 진행하였다.

다음날인 5월 10일 10:00시부터 5월 11일 10:32분까지 24시간에 걸쳐 5차례 실무대표접촉과 4차례 수석대표접촉을 통해 공동보도문과 군사보장 합의서에 대한 협의를 계속하였다. 예정된 일정보다 하루 연장하여 조율된 「제5차 남북장성급군사회담 공동보도문」과 「동·서해지구 남북열차시험운행의 군사적 보장을 위한 잠정 합의서」가 17:45분 종결회의에서 서명·채택되었다.

「제5차 남북장성급군사회담 공동보도문」은 5개 항을 담고 있다. 첫째, 서해 해상에서의 군사적 충돌을 방지하고 공동어로를 실현하는 것이 군사적 긴장을 완화하고 평화를 정착시켜 나가는데 있어 시급히 해결해야 할 중요한 과제라는 데에 견해를 같이 하였다. 이를 위해 서해에서의 평화정착과 민족의 공영공리 도모 원칙에서 공동어로를 실현하기로 하고, 서해 해상 군사적 충돌방지 및 공동어로수역 설정 등과 관련한 문제를 계속 협의하기로 하며, 서해 해상에서의 군사적 신뢰가 조성되는데 따라 북측 민간선박들의 해주항 직항 문제를 협의하기로 하였다. 둘째, 남북 경제협력과 교류에 필요한 군사적 보장조치가 마련되어야 한다는 데 인식을 같이 하였다. 이를 위해 2007년 5월 17일 남북 열차 시험운행을 군사적으로 보장하기 위한 잠정합의서를 채택·발효시키고, 앞으로 남북 철도·도로 통행의 군사적 보장 합의서 채택 문제와 임진강 수해방지 및 한강하구 골재 채취와 관련한 군사적 보장대책을 협의하기로 하였다. 셋째, 이미 채택된 남북간 군사적 합의들을 철저히 준수·이행할 것을 재확인하고, 이행과정에서 위반현상이 발생할 경우 이를 상대측에 통보하며 재발방지를 위하여 적극 노력하기로 하였다. 넷째, 장성급군사회담의 진전에 따라 제2차 남북국방장관회담이 빠른 시일 내에 개최되도록 적극 협력하기로 하였다. 다섯째, 제6차 남북장성급군사회담을 7월 중에 개최하기로 하고 구체적인 일정은 추후 통지문으로 협의하기로 하였다.

제5차 장성급군사회담의 가시적인 성과는 2006년 5월 군사적 보장조치에 합의하지 못해 무산되었던 열차시험운행을 시행할 수 있도록 군사적 보장 잠정합의서를 채택한 것이라 할 수 있다. 이는 분단 이후 반세기 이상 단절되었던 남북간 철도를 다시 연결하여 통행하게 된다는 역사적 의미가 있다 하겠다. 그렇지만 상시적인 통행을 보장하는 것이 아니라 1회성 잠정합의라는데 그 한계가 있다. 그 밖의 사안들은 앞으로 계속 협의해 나가기로 합의함으로써 일단 회담의 모멘텀이 유지될 수 있도록 하였다.

그런데 제5차 장성급회담에서도 북측은 터무니없는 이유로 회담을 지연시키고 회담을 공개하여 우리 측을 비난하는 정치선전화 하였다. 북측은 전형적인 협상전술로서 서해 해상 군사분계선을 관철시키지 못한 데에 대한 불만을 표출하였던 것이다.

먼저, 북측은 어렵게 채택된 합의서의 서명자 문제를 빌미로 회담을 장시간 지연시켰다. 북측은 쌍방 수석대표가 합의했음에도 불구하고 열차시험운행이 군사분계선을 통과하는 문제이므로 국방부장관과 인민무력부장의 서명을 받아 발효시키자고 주장하였다. 그러나 우리 측의 주장에 따라 장성급군사회담 수석대표 간에 서명·발효시키기로 하였다. 그런데 김영철 단장이 직접 평양에 가서 서명·발효권자가 변경된 이유를 설명해야 한다며 시간을 달라고 요청하였다. 이로 인해 오전 10:32분에 타결된 합의서를 가지고 김영철이 평양에 다녀올 때까지 회담이 정회되었다. 하루 종일 기다리던 종결회의가 17:45분에야 개최되어 「공동보도문」과 「열차 시험운행의 군사적 보장 잠정합의서」가 채택될 수 있었다.

또한, 북측은 전체 종결회의를 보도진에 공개하자고 요구하였다. 전례 없이 공개된 회담장에서 북측 김영철은 장성급군사회담의 기본의제가 서해 해상분계선 설정 문제인데도 남측은 협상대표단도 구성하지 않았다고 비난하면서 평화적인 공동어로를 지속적으로 담보할 수 있도록 서해 해상 군사분계선의 확정 문제에 달라붙어야 한다고 주장하였다. 이렇게 김영철은 사전 준비해온 각본에 따라 우리 측의 입장과 협상자세를 비난·공격하면서 북측의 입장과 주장이 정당하다고 강변하는 정치선전장으로 악용하였다.

이처럼 제5차 장성급군사회담에서도 북측 단장 김영철은 상대방에 대한 기선제압, 사실을 왜곡하는 궤변, 몰상식적이고 자극적인 언행, 고의적인 회담지연, 언론공개를 통한 정치선전 등의 협상전술을 구사하였다. 북한이 북방한계선을 무실화하기 위해 얼마나 집요하게 매달리는지 또 한 번 보여준 것이다.

제6차 남북장성급군사회담

제5차 남북장성급군사회담에서 합의한 서해 충돌방지 및 공동어로 실현, 교류협력의 군사적 보장 등의 구체적 이행 문제를 토의하기 위한 후속 군사실무회담이 5월 24일, 7월 10일, 7월 16일 세 차례 개최되었다. 그러나 군사실무회담에서는 동 문제에 대한 협의에 진전을 보지 못하고, 제6차 장성급군사회담을 개최하여 계속 협의하기로 하였다.

2007년 7월 24~26일 판문점 「평화의 집」에서 개최된 제6차 남북장성급군사회담에서는 서해 해상에서의 군사적 충돌방지와 공동어로 실현, 남북 경제협력·교류의 군사적 보장 문제를 논의하였으나, 북측의 완강한 협상태도로 합의 없이 종료되었다.[65]

먼저, 우리 측 정승조 수석대표는 기조발언을 통해 4가지 기본입장을 밝혔다. 첫째, 서해상 군사적 충돌방지를 위해 이미 합의한 우발적 충돌 방지와 관련 합의사항들을 성실히 이행하는 가운데 서해 함대사간

65) 제6차 남북장성급군사회담 내용은 통일부 인터넷 홈페이지 북한자료센터 남북회담 자료를 참조. http://dialogue.unikorea.go.kr/data/kdialogue/1296(2011. 8. 22 검색).

직통전화 설치 · 운영, 함정간 정기 시험통신, 상대방 비난행위 중지 등의 실질적 개선방안을 마련하자. 둘째, 서해상 공동어로수역은 북방한계선을 기준으로 시범적으로 설정 · 운영하고 서해 해상에서의 평화가 정착되는데 따라 확대 · 실현해 나가자. 셋째, 철도 · 도로의 완전 통행, 한강하구 골재채취, 임진강 수해방지 등 남북경협사업의 군사적 보장조치를 조속히 마련하자. 넷째, 서해 해상 불가침경계선 문제는 「남북기본합의서」대로 지금까지 쌍방이 관할하여 온 구역을 존중 · 준수하고 「남북기본합의서」상의 군사분야 합의사항들을 전면 이행하는 토대 위에서 협의해야 한다는 입장을 제시하였다.

북측 김영철 단장은 서해에서의 군사적 충돌을 막고 공동어로를 실현하는 문제는 그대로 방치해둘 수 없는 민족적 과제로서, 쌍방 군당국이 주체가 되어 그릇된 주장과 견해를 포기하고 국제협약과 법적 요구를 지침으로 해결해야 한다는 기본발언을 하였다. 북측 단장은 기본발언에 이어 북방한계선, 공동어로구역, 해주항 직항과 제주해협 통과 문제 등 사안별로 우리 측 입장에 대해 설명해 줄 것을 요구하였다.

우리 측은 국제법과 「정전협정」 원칙에 부합되는 북방한계선이 서해평화를 유지해온 유일한 경계선으로서 「남북기본합의서」 합의대로 해상경계선이 확정될 때까지 유지되어야 한다는 입장을 재강조하고, 북측이 북방한계선을 준수했다면 충돌도 없었다는 점과 1953년 「정전협정」 체결 당시 서해 바다 전체가 유엔군 측 관할하에 있었다는 점을 지적하였다. 그리고 해상 불가침경계선 문제는 북방한계선을 존중 · 준수하고 「남북기본합의서」상 군사분야 합의사항을 이행한다는 전제하에 논의할 수 있으며, 공동어로수역은 북방한계선을 기준으로 설정해야 한다고 강조하였다. 또한 해주항 직항 문제는 서해 충돌을 유발해서는 안

된다는 전제로 유연한 입장에서 협의할 수 있으며, 제주해협 통과문제는 해당 당국 간에 협의해야 할 사안임을 다시 한 번 설명하였다.

이에 대해 북측은 북방한계선은 인정할 수 없으며, 서해 해상 군사분계선 설정문제부터 우선적으로 논의해야 하고, 공동어로구역은 북방한계선 이남에 설정해야 한다는 기존입장을 반복하면서, 북측도 충돌방지를 위해 1992년 해상계선을 일방적으로 선포하였다고 천연덕스럽게 거짓말을 하였다.

7월 25일 2일차 회의에서도 똑같은 논쟁이 이어졌고, 7월 26일 3일차 회의에서 쌍방은 협의 의제에 대한 최종 입장을 개진하였다.

먼저 서해 해상 충돌방지와 관련하여, 우리 측은 쌍방 간의 입장차이가 커서 의견절충이 어려운 사안보다는 서해 함대사령부간 직통전화 설치 등 상호 신뢰증진과 긴장해소를 통해 충돌을 방지하는 쉬운 문제부터 단계적으로 협의해 나가고, 해상 군사분계선 문제는 「남북기본합의서」상 군사분야 이행과제와 함께 국방장관회담에서 논의할 수 있다는 입장을 재확인하였다. 반면에 북측은 근본문제의 우선 해결을 위해 해상 군사분계선 문제를 장성급군사회담에서 논의해야 하는 것은 불변의 입장이라고 주장하였다.

서해 공동어로 실현과 관련하여, 우리 측은 공동어로를 하자는 데는 상호 의견일치를 이루었으나 공동어로수역을 어디에 설정할 것인지는 계속 협의해 나가자고 제안하였다. 북측은 공동어로수역 문제에 대한 남측의 주장은 공동어로를 그만두자는 것이라고 비난하면서 종래의 주장을 반복하였다.

북한 민간선박의 해주항 직항 문제에 대해 우리 측은 전향적이고 유연한 입장에서 통과 절차와 방법을 제시하였으나, 북측은 해주 직항문제는 안 해도 좋다고 강짜를 놓았다.

마지막으로 철도·도로의 완전 통행, 한강하구 골재채취, 임진강 수해방지 등 남북협력사업의 군사적 보장문제와 관련하여, 우리 측은 이미 합의한 만큼 실무접촉을 통해 구체적 조치를 합의·이행하도록 하자고 제안하였다. 그러나 북측은 서해 해상경계선 문제가 우선 협의되지 않으면 논의할 수 없다는 입장을 고수함으로써 타협의 여지를 보이지 않았다.

결국, 제6차 장성급군사회담은 논쟁으로 끝나고 말았다. 북측은 처음부터 '장성급군사회담의 운명, 남북관계의 장래'를 운운하면서 우리 측의 입장 변화를 압박하는 협상전술로 일관하였다. 그러나 자신들의 기도가 먹혀들지 않자 종결회의를 공개하자고 요구하였다. 우리 측의 양보로 공개된 종결회의에서 북측은 남측 군당국이 남북관계 발전을 바라지 않고 제동을 걸고 있기 때문에 더 이상 회담을 할 수 없다고 위협하였다. 이러한 북측의 언동은 당시 남북정상회담 개최 분위기가 조성되고 있던 상황에서 회담 결렬의 책임을 우리 측에 전가하는 한편, 자신들의 입장과 주장을 우리 언론에 공개하려는 의도였다. 이는 우리 내부의 갈등을 증폭시켜 북방한계선에 대한 우리 측의 확고한 입장을 허물어뜨리려는 불순한 심리전이었던 것이다.

21. 2007년 제2차 남북정상회담 : 서해평화협력특별지대

노무현 정부의 「서해평화협력특별지대」 개념

2003년 출범한 노무현 정부는 김대중 정부의 대북포용정책을 계승한 '평화 · 번영정책'을 추진하였다. 노무현 정부는 제1 · 2차 연평해전과 같은 서해 북방한계선 일대에서의 군사적 긴장과 충돌 문제를 해결하기 위해 남북군사회담에 적극 나섰다. 이에 따라 2004년 5월부터 2007년 7월까지 6차례 개최된 남북장성급군사회담을 통해 서해 충돌방지와 공동어로 실현 문제를 집중적으로 협의하였다. 특히 2004년 6월 제2차 남북장성급군사회담에서는 서해 해상 우발적 충돌방지 조치와 군사분계선 일대 선전활동 중지 및 선전수단 제거 조치에 합의했다. 이후 개최된 장성급군사회담에서는 서해 공동어로구역 설정 문제가 중점적으로 논의되었다.

그러나 6차례 진행된 장성급군사회담에서는 쌍방의 첨예한 입장차이로 공동어로구역에 대한 타협점을 찾지 못했다. 장성급군사회담에서 난항을 겪었던 본질적인 문제는 북방한계선의 인정 여부에 대한 것이었다. 당시 북방한계선에 대한 논쟁이 가열되고 있던 우리 내부의 분위기를 포착한 북측은 남북군사회담을 통해 본격적인 북방한계선 무실화 기도에 나선 것이다.

이러한 상황에서 2007년 8월 초 남북 간에 남북정상회담을 추진하기 위한 남북접촉이 이루어지고 있었다. 2007년 8월 2~3일 김만복 국정원장이 대통령특사로 방북하였는데, 김양건 당 통일전선부장은 김정일 국방위원장의 위임에 따른 중대제안 형식으로 8월 하순 평양에서 수뇌상봉을 개최할 것을 제의해왔다. 8월 4~5일 재방북한 김만복 국정원장은 김양건 통일전선부장을 통해 북측의 제의를 수용한다는 노무현 대통령의 친서를 김정일 국방위원장에게 전달하였다. 이러한 과정을 거쳐 8월 5일 쌍방은 8월 28~30일 평양에서 제2차 남북정상회담을 개최하기로 합의하였다.[66]

남과 북은 8월 14일 개성에서 남북정상회담 개최의 실무절차 문제를 협의하기 위해 이관세 통일부차관과 최승철 통일전선부 부부장을 대표로 하는 준비접촉을 진행하였다. 또한 8월 14일과 16일에는 의전·경호·통신·보도 문제를 협의하기 위한 실무접촉도 이루어졌다.

이와 같이 남북정상회담을 준비하는 과정에서 노무현 대통령은 '분쟁의 바다 서해'를 '평화·번영의 바다'로 만드는 구상을 제시하고 관계자들과 토론을 거듭하였다.[67] 당시 노무현 정부는 서해 북방한계선 문제와 관련하여 법적 측면, 군사적 측면, 대북협상 측면, 국내적 측면 등을 종합적으로 고려한 포괄적인 접근방식으로 「서해평화협력특별지대」를

---

66) 제2차 남북정상회담의 준비 실무접촉과 본 회담에 대한 내용은 북한자료센터 남북회담 자료를 참조. http://dialogue.unikorea.go.kr/data/kdialogue/1296(2011. 8. 22 검색).

67) 김만복, 「분쟁의 바다·서해를 평화와 번영의 바다로 만들기 위해」, 『世界』(일본 동경, 2010. 12. 28).

검토하였다.[68] 이는 남북정상회담을 통해 남북 군비통제 및 경제협력 차원에서 서해 공동어로, 한강하구 개발, 비무장지대의 비무장화 및 평화적 이용 등을 병행 추진하는 포괄적 협상을 추진한다는 개념이다. 특히 서해 해상경계선 문제는 남북간 군사적 신뢰구축조치와 함께 남북 국방장관회담을 통해 협의하고,[69] 서해 공동어로구역은 북방한계선을 기준으로 기존 방안보다 넓은 수역으로 검토하되, 새로운 해상경계선을 협의하여 확정할 때까지 현 북방한계선의 지위를 인정해야 한다는 기본입장을 정하였다.[70]

그런데 8월 18일 북측은 대남통지문을 통해 심각한 홍수 피해로 인해 제2차 남북정상회담을 10월 초로 연기해 줄 것을 요청해왔다. 우리 측은 북측의 요청을 수용하여 정상회담을 10월 2~4일까지 개최하기로 하였다. 회담준비에 시간적 여유를 갖게 됨에 따라 노 대통령은 「서해평화협력특별지대」 구상을 구체적인 내용으로 다듬어 나갔다. 또한 남북정상회담에서 합의할 가장 중요한 의제로서 「서해평화협력특별지대」를 '정상회담 전체의 합의사항에 포함시키는 방안'과 '별도의 합의서를 작성해 서명하는 방안' 등 합의에 도달하기 위한 협상전술까지 준비하였다.[71]

---

68) 2007년 8월 당시 노무현 정부는 청와대 안보정책비서관실 주도로 검토안을 마련하고 안보관계장관회의와 전문가토의 등을 거쳐 구체화시켰다.

69) 여기에서 군사적 신뢰구축조치는 「남북기본합의서」에 규정된 사항들을 이행하되, 남북관계 진전을 반영하면서 단계적으로 추진한다는 것이다.

70) 당시 노무현 정부는 남북정상회담에서 북방한계선 문제는 평화를 위해 협의할 수 있지만 당장 북방한계선 문제를 협의할 경우 야기될 제반 문제를 설명하고 여건을 조성하면서 접근해 나가야 할 필요성을 지적하기로 입장을 정하였다.

71) 김만복, *op. cit.*, 61쪽.

2007년 제2차 남북정상회담

제2차 남북정상회담이 2007년 10월 2~4일 평양에서 개최되었다. 노무현 대통령과 김정일 국방위원장은 10월 3일 오전 09:30~11:35분 「백화원」 영빈관에서 단독회담 형식으로 남북정상회담을 진행하였다. 우리측에서는 권오규 경제부총리, 이재정 통일부장관, 김만복 국정원장, 백종천 청와대 외교안보실장, 조명균 안보정책비서관이, 북측에서는 김양건 통일전선부장이 배석하였다.

오전 1차 회담에서 노무현 대통령이 「서해평화협력특별지대」 설치 구상을 제안하자, 김정일 국방위원장은 "우리들의 문제를 장성급회담에서 논의합시다"라고 논의 자체를 회피하였다. 그러자 노 대통령은 다음 3가지 측면을 강조하면서 김정일 국방위원장을 설득하였다. 노무현 대통령은 "첫째, 「서해평화협력특별지대」 구상은 서해분쟁의 가능성을 해소할 수 있는 최선의 방안이다. 둘째, 「서해평화협력특별지대」는 다가오는 서해안 시대에 남북 공동번영의 중심축이 될 수 있다. 셋째, 서해에서의 대결상태를 해소하고 평화를 구축할 수 있을 뿐만 아니라 남북경제협력의 진전에도 기여하는 포괄적인 해결안이 될 수 있다"고 설명하였다.

오후 14:45~16:25분까지 진행된 2차 회담에서 김정일 국방위원장은 "점심때 국방위원회 책임자급 장성들과 상의했습니다. 내가 '해주공업단지 (건설)는 가능한가?' 물었더니 (그들은) '문제없다'고 말했습니다. 해주도 좋고, 해주로부터 개성공업단지에 이르는 강령군을 활용할 수 있으며, 해주항을 개발해 이용해도 좋을 것입니다"라고 말하면서 노무현 대통령의 「서해평화협력특별지대」에 대한 제안을 수용하였다.[72)]

두 차례의 정상회담과 실무대표들 간의 협의를 거쳐 타결된 「남북관계 발전과 평화번영을 위한 선언」(10 · 4선언)은 10월 4일 양 정상이 서명함으로써 채택되었다. 정치 · 경제 · 사회 · 군사 등 모든 분야가 망라되어 합의된 「10 · 4선언」에는 「서해평화협력특별지대」를 설치하고, 공동어로구역과 평화수역 설정 및 이 문제를 협의하기 위한 남북국방장관회담 개최에 대한 합의사항도 포함되어 있다.

제2차 남북정상회담(2007. 10. 4)

「10 · 4선언」 제3조에는 "남과 북은 군사적 적대관계를 종식시키고 한반도에서 긴장완화와 평화를 보장하기 위해 긴밀히 협력하기로 하였다. 남과 북은 서로 적대시하지 않고 군사적 긴장을 완화하며 분쟁문제들을 대화와 협상을 통하여 해결하기로 하였다. 남과 북은 한반도에서 어떤 전쟁도 반대하며 불가침 의무를 확고히 준수하기로 하였다. 남과 북은 서해에서의 우발적 충돌방지를 위해 공동어로수역을 지정하고 이

72) 김만복, *op. cit.*, 62쪽.

수역을 평화수역으로 만들기 위한 방안과 각종 협력사업에 대한 군사적 보장조치 문제 등 군사적 신뢰구축조치를 협의하기 위하여 남측 국방부장관과 북측 인민무력부장간 회담을 금년 11월 중에 평양에서 개최하기로 하였다"고 합의하였다.

「10 · 4선언」 제5조에서는 "남과 북은 민족경제의 균형적 발전과 공동의 번영을 위해 경제협력사업을 공리공영과 유무상통의 원칙에서 적극 활성화하고 지속적으로 확대 발전시켜 나가기로 하였다. 남과 북은 경제협력을 위한 투자를 장려하고 기반시설 확충과 자원개발을 적극 추진하며 민족내부 협력사업의 특수성에 맞게 각종 우대조건과 특혜를 우선적으로 부여하기로 하였다. 남과 북은 해주지역과 주변해역을 포괄하는 「서해평화협력특별지대」를 설치하고 공동어로구역과 평화수역 설정, 경제특구 건설과 해주항 활용, 민간선박의 해주직항로 통과, 한강하구 공동이용 등을 적극 추진해 나가기로 하였다"고 합의하였다.

「10 · 4선언」에서 합의된 「서해평화협력특별지대」는 서해에서의 군사적 긴장완화와 남북경제협력을 포괄하는 개념이다. 남북경제협력 조항인 제5조에서는 해주지역과 주변해역을 포괄하는 「서해평화협력특별지대」를 설치하고, 이 지대에 공동어로구역과 평화수역 설정 및 여러 남북경협사업을 추진하도록 하였다. 그리고 한반도 긴장완화 조항인 제3조에서는 서해에서의 우발적 충돌방지를 위해 공동어로수역과 평화수역을 만들기 위한 방안과 함께 각종 협력사업의 군사적 보장조치 등 군사적 신뢰구축조치를 협의하기 위한 남북국방장관회담 개최에 대해 합의하고 있는 것이다.

이처럼 「서해평화협력특별지대」 구상은 제2차 남북정상회담의 가장 중요한 합의사항이었다. 당시 정상회담에 참여하였던 김만복 국정원장은 “「서해평화협력특별지대」 설치는 해상경계선 문제를 건드리지 않고 경제적 호혜구조를 만들어 이 지역에 평화를 정착시키겠다는 구상이다. 즉 ‘제로섬’의 군사적 게임을 ‘윈 · 윈’의 경제적 게임으로 전환하는 획기적인 ‘역발상’이다”고 평가하였다.[73]

그러나 「서해평화협력특별지대」 구상에 대한 「참여정부」의 뜻과 기대와는 달리 북측은 동상이몽하고 있었다. 「서해평화협력특별지대」의 구체적 이행대책을 협의하였던 후속회담은 북측의 의도가 전혀 다르다는 것을 그대로 보여 주었다. 우리 측은 북방한계선의 존재를 전제로 경제적 호혜구조를 만들려고 하였으나, 북측은 북방한계선을 무실화시키려는 기존 입장에 전혀 변화가 없었던 것이다.[74] 더욱이 2008년 이후 북한은 대청해전, 천안함 피격, 연평도 포격도발 등 북방한계선을 둘러싼 무력도발을 연이어 감행하였다. 결국 「서해평화협력특별지대」 구상은 북한의 북방한계선 폐기 의도, 그리고 남북 간의 정치적 불신과 군사적 대결이라는 엄중한 현실 속에 묻혀 버렸다.

73) 김만복, *op. cit.*, 63쪽.

74) 이에 대해서는 제2차 국방장관회담과 제7차 장성급군사회담을 참조.

22. 2007년 제2차 남북국방장관회담 : 북방한계선

제2차 남북국방장관회담 개최

「10·4선언」에서 남북국방장관회담을 11월 중 평양에서 개최하기로 합의하였다. 이에 남북 쌍방은 11월 12~24일간 3차례 군사실무회담을 통해 제2차 국방장관회담의 의제, 일정 및 장소, 이동 수단과 경로, 대표단 구성과 규모, 통신 문제, 신변안진보장 문제 등을 협의하였다. 남북 실무협의 결과, 우리 측 김장수 국방부장관을 수석대표로 하고 북측 김일철 인민무력부장을 단장으로 하는 제2차 남북국방장관회담이 2007년 11월 27~29일 평양 「송전각」 초대소에서 개최하기로 하였다.[75] 회담의 의제는 '「남북관계 발전과 평화번영을 위한 선언」의 이행을 위한 군사적 대책'으로 정해졌다.

제2차 남북정상회담 전후로 우리 내부에서는 북방한계선에 대한 논쟁이 가열되고 있었다. 이러한 상황에서 「서해평화협력지대」와 관련된 군사적 문제가 협의될 것으로 예상되는 남북국방장관회담의 최대 관심

75) 국방위원회가 직접 관리하는 송전각(松田閣) 초대소는 백화원 초대소 맞은편 대동강변 소나무 숲속에 위치하고 있는데, 우리 측에 최초로 공개되었다.

거리는 북방한계선 문제로 모아졌다. 남북국방장관회담 개최에 앞서 회담대책을 보고하는 자리에서 김장수 국방부장관은 노무현 대통령에게 북방한계선에 관한 문제는 자신에게 일임해 달라고 건의하였다. 이에 노 대통령은 "국방부장관 마음대로 하고 오세요"라고 협상의 권한을 승인해주었다.[76)]

제2차 남북국방장관회담에서 예상한 대로 김일철 인민무력부장은 "서해 해상경계선 획정 문제를 우선 논의하지 않으면 다른 논의를 할 수 없다"고 위협하였다. 북측은 갖가지 술책을 동원하여 북방한계선을 포기하도록 우리 측을 회유하고 압박해왔다. 그러나 협상의 전권을 위임받은 우리 측 김장수 국방부장관은 북측의 집요한 공세를 무력화시켜 버렸다. 김장수 장관은 "회담이고 뭐고 당장 서울로 돌아가겠다. 돌아가서 사퇴하면 그만이다"고 배수진을 치면서, "북방한계선을 건드리지 않는 가운데 합리적인 방안을 강구해야 한다"고 역공세를 펼쳤던 것이다.

이처럼 제2차 남북국방장관회담에서는 남북의 군수뇌부 간에 북방한계선에 대한 날선 공방이 전개되었다. 그러나 우리 측의 물러서지 않는 협상자세와 확고한 입장을 재확인한 북측은 최초의 강경한 입장에서 물러나 「10 · 4선언」의 구체적 이행조치들에 대한 협의에 임하였다. 결국 2박 3일간의 협상을 통해 「'남북관계 발전과 평화번영을 위한 선언' 이행을 위한 남북국방장관회담 합의서」가 채택되었다.[77)]

---

76) 김종대, 『노무현, 시대의 문턱을 넘다』(나무와 숲, 2010), 545쪽.

77) 제2차 남북국방장관회담의 내용은 통일부 인터넷 홈페이지 북한자료센터 남북회담 자료를 참조. http://dialogue.unikorea.go.kr/data/kdialogue/1296(2011.8.22 검색).

제2차 남북국방장관회담(2007. 11. 27 ~ 2

국방부장관과 인민무력부장 간의 북방한계선 논쟁

제2차 남북국방장관회담에서 논의할 주요 의제는 「서해평화협력지대」 구상을 실현하기 위한 남북공동어로구역과 평화수역의 설정 문제였다. 그런데 이 문제의 핵심적인 관건은 북방한계선의 인정 여부에 있었다. 이러한 배경에서 김장수 국방부장관과 김일철 인민무력부장 간에 북방한계선과 관련하여 한 치의 양보도 없는 정면 대결이 펼쳐졌다.

11월 27일 10:00시 1일차 전체회의가 열리자마자, 북측 단장 김일철은 기본발언에 앞서 반드시 짚어야 할 문제가 있다고 하면서 기선을 제압하려 하였다. 그는 남측이 불법적인 북방한계선을 유지하려는 입장에 매달리는 것은 남북정상 간의 약속을 지키지 않으려는 것이라고 비난한 후, 김장수 장관에 대해 평양상봉(2차 남북정상회담) 때도 예의 없는 행동에 불쾌감을 금할 수 없었는데 이번 회담이 과연 좋은 결실을 마련할 수 있을지 크게 우려된다고 인신공격을 해온 것이다.[78]

북측은 기본발언을 통해 다음과 같이 군사적 대책과 관련한 원칙적 입장을 밝혔다. 첫째, 군사적 적대관계를 종식하고 군사적 긴장완화와 평화를 보장하기 위한 실질적인 조치로서 주적개념, 해상침범, 합의위반, 적대행위 해소를 위한 군사적 규범과 제도적 장치의 정비, 서해 해상경계선 설정 등을 추진해야 한다. 둘째, 전쟁 방지를 위해 1990년대 불가침합의를 철저히 이행하려면 불가침 지상경계선을 철저히 준수하고 서해 해상경계선을 확정해야 한다. 셋째, 평화체제 구축에 관련된 수뇌들이 만나 종전선언을 할 수 있도록 정치·군사적 분위기 조성 등 협력해야 한다. 넷째, 교류협력에 대한 군사적 보장조치를 마련해야 한다는 것이다.

김장수 장관은 기본발언을 통해 우리 측의 기본입장을 밝혔다. 첫째, 군사적 긴장완화와 불가침 의무의 준수를 위해 차관급을 위원장으로 하는 남북군사공동위원회를 조속히 구성·운영함으로써 구체적인 신뢰구축과 단계적 군축 등 추진방안을 마련하여 추진하자. 둘째, 서해에서의 평화를 보장하기 위한 실천방안으로서 공동어로구역을 지정하고 이 구역을 평화수역으로 점차 확대하며, 남북 함대사 간 직통전화 개설 등 신속한 의사소통수단을 마련하자. 셋째, 문산-봉동간 철도화물 수송, 개성공단 통행·통신·통관 문제 해결, 북한 민간선박의 해주 직항, 한강하구 공동이용, 서울-백두산 직항로 개설 등 협력사업의 군사적 보장조치를 마련하자. 넷째, 정전체제 종식 및 항구적인 평화체제 구축과

78) 김장수 국방부장관은 제2차 남북정상회담 당시 김정일 국방위원장에게 머리를 숙이지 않고 당당한 자세로 악수하여 '꼿꼿 장수'란 별칭을 얻었었다.

관련 군사당국간 협력을 위해 최고 군사당국자 간의 직통전화 설치 및 군사적 신뢰구축조치 협의, 한반도 비핵화 이행 등의 조치를 추진하자. 다섯째, 국군포로 문제 및 6·25전쟁 시기 실종자 유해발굴 문제를 공동으로 해결할 것 등을 제시하였다. 김 장관은 쌍방의 입장과 문제 접근방식에 차이가 있기 때문에 이견을 조정하고 공통분모를 도출해나가되, 이행이 가능한 사안부터 합의해나가면서 최종 목표를 달성해 나가자고 강조하였다.

제2차 남북국방장관회담 우리 측 대표단

양측의 기조발언이 끝나자, 북측 단장은 쌍방 군통수자들이 서해 공동어로수역과 평화수역을 확정하면서 해상경계선을 그어줘야 한다고 치고 나왔다. 북측의 해상경계선 설정 주장에 대해 우리 측 수석대표는 다음과 같이 대응하였다. 1953년 유엔군사령관이 설정한 북방한계선은 정전 당시부터 지금까지 남북간 해상경계선으로서 유지되어 왔다. 1992년 「남북기본합의서」에는 해상경계선 문제를 앞으로 계속 협의하되 현재까지 관할해 온 구역은 인정하는 것은 물론 군사적 신뢰구축조치 등 여러 가지가 합의되어 있다. 따라서 군사공동위원회 등 군사회담에서는 북방한계선을 인정·존중하면서 「남북기본합의서」의 합의사항들과 함께 해상경계선 문제를 협의해야 한다. 「10·4정상선언」에 서해 해상경계선을 넣지 않은 것은 현재 우리 국민의 부정적인 정서와 남북의 인식차이가 크기 때문에 평화가 정착되면 자연스럽게 해결될 것이라는 두 정상의 뜻에서 나온 것이다. 만약 새로운 해상경계선을 설정하려고 했다면 정상선언문에 넣었을 것이다. 우리 대통령은 북방한계선 위에 공동어로구역을 설정하여 그것을 평화수역으로 만들고, 해주항 개발 등 경제협력을 추진하자는 취지로 김정일 위원장과 협의했었다. 김 장관은 사실이 이러한데도 해상경계선 문제가 아니면 협의할 수 없다는 북측의 협상태도를 지적한 것이다.

우리 측 발언을 이어 받은 북측 단장은 북방한계선을 덮어놓은 채 공동어로수역으로 만들려고 함으로써 정상선언에 넣지 못한 노무현 대통령의 책임이 크다고 비난하였다. 그리고 국방부장관이 임기도 얼마 남지 않았고, 해상경계선이 없으면 해주특별구역과 공동어로구역을 실현할 수 없기 때문에 바로 잡아야 하는 문제에 대해 신중하게 토론해 보자고 하였다.

이에 김 장관은 우리 대통령에 대한 부적절한 언급을 지적한 후, 현실적으로 북한이 1953년부터 1973년까지 20년간 지켜온 것처럼 북방한계선은 전쟁이 끝난 당시부터 지금까지 남북간 해상경계선으로 공고화되어 실효적으로 유지되어 온 만큼 이를 인정하고 토론할 것을 재차 강조하였다.

김 장관이 물러날 기척조차 없자, 김일철 무력부장은 북측이 북방한계선을 인정할 테니 남측도 자기들이 그어놓은 선을 인정하라고 언급하였다. 그는 유엔군사령관이 일방적으로 그어 놓고 북측에 통보하지도 않은 북방한계선은 영토선이 될 수 없으며 이 문제를 해결하지 않으면 다른 문제를 논의할 수 없다고 하면서, 북측이 제안하는 선과 구역은 쌍방이 주장하는 선을 모두 인정하고 그 사이를 평화수역으로 설정한다는 개념이라고 열을 올렸다.

제2차 남북국방장관회담 북측 대표단

김일철 북측 단장이 밀리는 상황을 지켜보던 북측 대표 김영철이 끼어들었다. 김영철은 북측이 1950년대 초에 해상경계선을 선포하였고 현재 남측 함정들은 그 안쪽 깊이 들어오지 못하고 있으므로 남과 북의 두 계선을 인정하는 조건에서 토론하는 것이 공정하다고 억지 주장을 하였다.

우리 측은 다시 한 번 서해 해상경계선 문제에 대한 우리 측의 입장을 명확하게 설명한 후, 정상선언의 후속조치를 마련하기 위해 평양에 왔는데 계속 이 문제를 가지고 논의하겠다면 정회하자고 하면서 북측의 공세를 꺾어버렸다.

약 35분간 정회를 가진 후 회의가 속개되었다. 북측은 북방한계선을 기준으로 제기한 남측의 방안대로 논의할 수 없다고 주장하였다. 이에 우리 측은 북방한계선을 영토 개념으로 생각하고 있는 우리 국민들의 인식을 누구도 깨드릴 수 없다고 언급하였다. 노 대통령도 이 문제의 심각성을 잘 알고 있어 별도의 채널에서 여러 가지 문제와 함께 협의하여 해결할 수밖에 없으며, 공동어로구역과 평화수역을 만들고 평화협정을 체결하는 과정에서 자연스럽게 해결되어야 할 것으로 생각했다는 점을 설명하였다.

북측 단장은 인민무력부장급에서 해결하지 못하는 것을 군사공동위에서 협의하자는 것은 회피하겠다는 것과 같다고 하면서, 군대 최고사령관들이 회피하지 말고 내일과 모레에도 진지하게 방안을 찾아보자고 사정하듯이 나왔다.

이에 우리 측 수석대표는 남북정상들 간에 사소한 사업까지 공동선언문에 포함시켰는데도 가장 큰 문제인 해상경계선이 빠진 이유에 대해 다시 한 번 생각해보라고 하였다. 당시 노 대통령은 북방한계선 위에 공동어로수역을 덮는, 즉 북방한계선이 공동어로수역 밑에 살아 있다는 개념으로 설명하였다. 이 문제에 대해 두 정상들이 충분히 토의하여 합의했다는 것을 재차 설명하였다. 이처럼 1일차 회의에서는 상호

기본입장을 밝힌 후 북방한계선 문제에 대한 공방이 이어졌고, 경직된 분위기 속에서 종료되었다.

11월 28일 10:00시 2일차 전체회의가 열렸다. 북측 단장은 회담장에 앉자마자 「10 · 4선언」에서 가장 핵심적인 문제가 서해 처리 문제인데 북방한계선을 극복하지 못해 주저해서는 안 된다고 운을 떼었다. 그러면서 "북측이 준비해온 평화수역과 공동어로수역 설정 지도에 대한 설명을 들어보고, 이것을 노무현 대통령과 북측 최고사령관에게 보고하여 해결하자. 그리고 남측이 북방한계선에 대한 여론의 반응에 대해 우려하고 있는데, 인민무력부장과 국방부장관이 쌍방의 방안에 대한 지도를 그려놓고 언론에 설명해서 해결하자"고 제안하였다.

이러한 북측의 주장에 대해, 우리 측은 국방부장관이 마음대로 활용할 수 있는 협상권한을 노무현 대통령으로부터 위임 받아 왔으므로 대통령과 국방위원장에게 그 문제에 대해 추가적인 결심을 받을 필요가 없으며, 회의의 진행상황을 언론에 설명하는 것은 비공개로 하게 되어 있는 회담의 취지에 벗어나는 것이라고 지적하였다.

이어서 김장수 장관은 작심한 듯 북방한계선에 대한 우리 국민과 언론의 우려사항에 대해 직설적으로 거론하였다. 즉 "우리 언론에서는 북측이 서해를 겨냥해서 미사일과 방사포를 배치하고 있는 상황에서 공동어로수역을 설정한다고 진정한 의미의 평화수역으로 될 수 있을 것인지 우려하고 있다. 또한 방사포까지 배치되어 있는 판문점에서 서울까지 불과 40km 거리이고 과거 북측이 '서울불바다'를 언급한 상황에서 우리 국민들은 굉장히 큰 의구심을 가지고 있다. 따라서 우리 측의 입장은 평화수역으로 가기 위한 공동어로구역을 만들자는 것이다. 휴전선이라는 것은 전쟁의 산물이고, 어찌됐든 북방한계선이 설정되어 해상경계선으로 유지되어 온 것을 다 알고 있는 마당에 신뢰보장조치도 없이 어떻게 논의할 수 있겠는가? 우리 국민들은 북한이 핵과 미사일을 개발하고 있는 상황에서 해상경계선 문제만 가지고 논의하는 것을 용납할 수 없다"고 강경한 어투로 밀어 붙였다.

이에 당황한 김일철 무력부장은 "서해에서 수차례 남북간 충돌이 벌어진 문제에 대한 해법을 찾지 못한다면 무엇 때문에 인민무력부장과 국방부장관이 마주 앉아서 얘기하느냐? 이 문제를 미뤄도 되는 문제라면 절박하게 이야기하지 않는다. 북측의 방안을 양측 정상에게 보고하여 결심을 받자. 인민무력부장과 국방부장관이 선을 긋지 말고 구역을 설정하자. 양측의 방안에 대해 언론도 인식을 바르게 할 수 있도록 공개하자"고 되풀이 주장하였다.

김 장관은 "중요한 것은 현실적으로 북방한계선에 대해 알고 있고, 인정하고 있으며, 유지해오고 있다는 사실"이라고 지적하면서, "우리 대통령도 포함시키지 못한 문제를 국방부장관이 협의할 수 없으며, 비공개로 논의한 사항을 언론에 공개해서도 안 된다"는 점을 명백히 하였다.

이처럼 2일차 전체회의에서도 남북 군수뇌부 간에 북방한계선을 둘러싼 공격과 반격이 전개되었다. 특히 김장수 국방부장관은 남북관계의 군사적 현실 속에서 우리 국민들의 북방한계선에 대한 인식과 입장을 공세적으로 제기하여 북측의 해상경계선 주장에 대한 예봉을 꺾어 버렸다. 결국 팽팽하게 긴장된 분위기 속에서 양측 수석대표는 실무대표 접촉을 통해 2차 국방장관회담 합의서 문안에 대한 구체적인 협의로 넘어가기로 하고 자리에서 일어섰다.

합의서 협의를 위한 실무대표접촉

실무대표접촉에서는 지난 제5~6차 장성급군사회담 수석대표로 격돌하였던 우리 측 정승조 중장과 북측 김영철 중장이 마주 앉아 쌍방이 제시한 국방장관회담 합의서 초안에 대해 협의하였다. 양측 실무대표 간에도 불꽃 티는 논쟁이 이어졌다.

먼저, 북측 대표 김영철은 과거 행태대로 기선을 제압하려는 발언부터 하였다. "쌍방 정상들이 말씀하신 기본 취지는 '서로가 주장하는 계선에서 물러나라'는 것인데도 남측은 이를 이해하지 못하고 공동어로구역에 대해 북방한계선을 기준으로 한 등면적 안을 내놓았다. 북측은 수용할 수 없으니 이 안으로 협의할 생각하지 마라. 그리고 여론을 고려했다고 하는데 북측이 알고 있는 남측의 여론은 그렇지 않다. 그래서 세계 앞에 공개하면 민심을 정확히 가려 낼 것이고, 무엇이 공정한지도 알게 될 것이다. 북측은 북방한계선 남쪽과 경비계선 북쪽에 설정하는 것을 원한다"고 하면서 북측의 합의서 초안을 내놓았다.

우리 측 정승조 대표도 "양측의 입장을 정확히 알고 있는 만큼 김영철 중장의 명확한 논리와 좋은 언변으로 설득시킬 수 있다고 생각한다면 오산이다. 김장수 장관이 모든 권한을 부여 받았고, 우리 측이 제시하는 안이 우리 정부의 최종안이라는 것을 이해하고 검토하기 바란다"고 맞받으면서 합의서 초안을 제시하였다.

이 실무대표접촉에서 북측은 김일철이 "평화수역과 공동어로수역 설정 지도"라고 언급하였던 「서해평화협력특별지대의 협력수역(방안)」이란 제목의 지도를 제시하였다. 지도에는 임진강 하구부터 백령도 일대의 서북해역에 우리의 북방한계선, 황해도 남단 섬들을 연결한 북한의 '영해기산선', 그 영해기산선을 기준으로 한 '12해리 영해선', 그리고 북방한계선과 12해리 영해선 사이에 '해상경비계선'이 그어져 있었다. 또한 4개의 공동어로구역이 표시되어 있었는데, 백령도 · 대청도 · 소청도 동쪽 및 연평도와 우도 사이의 2개 공동어로구역은 북방한계선과 해상경비계선 사이의 공간이었고, 연평도와 소청도 사이의 2개 공동어로구역은 북방한계선과 12해리 영해선 사이에 그려져 있었다.

북측은 "북측의 안은 쌍방 사이에 선을 긋는 것 없이 구역을 설정하자는 것이며, 이렇게 설정된 평화수역과 공동어로수역에서 평화적인 교류협력사업이 이루어지는 일정기간 동안에는 불가침경계선 문제를 논의하지 않는다"고 설명하였다. 이러한 언급은 새로운 해상경계선부터 우선적으로 설정하자는 기존의 주장에서 한 발짝 물러난 것이지만, 여전히 북방한계선 이남에 공동어로구역과 평화수역을 설정하자는 입장에는 변화가 없는 것이었다.

우리 측이 보다 구체적인 설명을 요구하자, 북측은 12마일 영해선 북쪽은 북한의 수역이지만 남측에서 북방한계선을 기준으로 하고 있기 때문에 남측의 북방한계선과 북측의 경비계선 사이를 평화수역으로 설정하고 그 일부 수역을 공동어로수역으로 정하자는 것이라고 하였다. 그리고 '해상경비계선'에 대해 1977년 8월에 설정했던 해상경계선이라고 주장하였는데, 이는 이전 장성급군사회담에서 1950년대라고 했다가 다시 1992년에 선포했다고 말을 바꾸었던 것과는 또 다른 언급이었다.

우리 측은 「10 · 4정상선언문」에는 공동어로구역을 지정하고 그 수역을 평화수역으로 만들자고 되어 있는데, 평화수역을 북방한계선과 경비계선 사이에 먼저 설정한 후 그 수역 안에 공동어로수역을 만들자는 북측 안은 우리 정부의 공식적인 입장과 큰 차이가 있다고 평가하였다.

이에 북측은 우리 정부의 입장에 대해 노 대통령이 승인한 것인지를 확인하고, 남측의 북방한계선과 북측의 해상경비계선이 모두 살아 있는 북측 안을 수용할지 여부를 대통령에게 다시 보고하여 결심을 받을 것을 요구하였다.

우리 측 대표는 지금까지 북방한계선이 현실적으로 존재해왔던 서해 해상경계선이라는 인식을 가지고 북방한계선을 공동어로구역으로 덮자는 우리의 원칙이 준수되는 범위에서는 더 협의할 수 있으나 원칙이 준수되지 않으면 받아들일 수 없다는 점을 명확히 하였다. 그리고 우리 측은 북방한계선을 기준으로 최초 '등거리·등면적' 원칙에서 '등면적' 원칙으로 수정된 안을 가지고 왔는데도 북측은 지난 5월과 똑같은 입장이라고 지적하였다.

그러자, 북측은 평화수역에 대한 북측 안은 원래 12해리 영해선과 북방한계선을 기준으로 하였으나 경비계선과 북방한계선 사이로 하고 임진강 수역까지 포함하자는 것이라고 하면서, 최종적인 결단이 내려지지 않는다면 어느 것이 더 합리적인 것인지 세상에 공개해야 할 것이라고 주장하였다.

약 1시간 40분 정회시간을 갖고 쌍방이 제시한 방안을 검토한 후 실무대표접촉이 속개되었다. 먼저 우리 측은 북측 안에 대해 제3·4차 장성급군사회담 이후에 제기한 내용과 동일한 주장으로서, 북방한계선과 경비계선 사이에 평화수역을 설정하자는 것은 어려운 문제는 덮어두고 공동이익이 되는 교류협력을 넓혀 나가자는 정상선언의 정신에 위배되며, 북측 안을 그대로 언론에 알릴 경우 남쪽 국민들이 지지할 것이라고 생각하는 것은 잘못된 것으로 허용할 수 없다고 평가하였다.

이에 북측은 사실상 「서해평화협력특별지대」가 노 대통령이 김정일 위원장에게 요청했던 것으로, 평화수역을 설정해도 북방한계선이 살아 있으며, 교류협력이 활발하게 이루어지는 기간에는 서해 해상경계선에 대해 얘기하지 않겠다고 하는데도 남측이 받아들일 수 없다고 하는 환경에서 다른 문제는 논의할 필요가 없다고 하면서 2일차 회의를 종료하였다.

이렇게 이틀간의 회의에서 우리 측 입장에 흔들림이 없자 북측은 우리 측 대표단을 압박하려는 유치한 행태를 보여 주었다. 이날 저녁 국방부장관 주관의 답례만찬이 성사되기 어렵다고 협박을 해온 것이다. 그러나 이러한 공갈이 먹혀들지 않자 북측은 모른 척하고 「송전각」에 준비된 답례만찬에 응하였다.[79] 회담 대표단 전원이 참석하여 술잔이 돌았던 만찬장에서도 양측 간의 설득 노력은 계속되었다. 그런데 김일철 무력부장이 김장수 장관에게 '걱정하지 말라'는 언질을 주는 것이었다. 북측의 행태는 냉탕과 온통을 오가면서 종잡을 수 없도록 하는 혼란전술로 보였다.

11월 29일 3일차 회의에서는 실무대표접촉을 통해 협의한 합의서를 타결하고 양측 정상의 최종 승인을 받았다. 이 날도 의견조율의 막판까지 쟁점이 되었던 것은 역시 북방한계선 문제였다.

실무대표접촉이 시작되자, 우리 측 정승조 대표는 그동안 주장해온 북측의 입장을 정리하고 우리 측의 입장을 제시하였다. 즉 북측은 과거

79) 남북회담 관례상 회담주관 측이 환영만찬 등 일체의 경비를 제공해왔는데, 제2차 국방장관회담 절차 문제를 협의했던 실무회담에서 북측이 우리 국방부장관이 주관하는 답례만찬을 요구하여 우리 측은 이를 수용하였다. 이렇게 자신들의 요구에 따라 준비된 답례만찬이 성사되지 않을 경우 이미 준비한 만찬비용을 받을 수 없게 된다.

에 북방한계선과 경비계선 사이를 공동어로구역으로 하자고 하였는데, 이번 회담에서는 처음에 북방한계선과 12해리 영해선 사이에 설정하자고 했다가 어제는 12해리 영해선을 양보하는 듯이 다시 경비계선으로 하자고 하였고, 교류협력이 진행되는 기간에는 해상경계선 문제에 대해 주장하지 않겠다는 의견을 제시하였다. 그러나 이런 문제들을 합의하기에는 넘어야 할 산이 많이 있는 만큼 이견이 있는 문제는 일단 접어두고 각종 교류협력사업에 대한 군사적 보장조치 등 군사적 신뢰구축조치부터 논의할 것을 제안하였다.

이에 북측 김영철 대표는 평화수역과 공동어로구역 설정 문제에 대해 우선적으로 합의해야 한다면서, 동 문제를 장성급군사회담에서 빠른 시일 안에 협의한다는 안과 양측의 입장을 그대로 병기하는 안 등 2가지 합의문 안을 제시하였다. 북측은 어떻게 해서라도 자신의 방안을 합의서에 적시하여 공개하려는 의도를 드러낸 것이다

이 문제는 쌍방 간의 지루한 논쟁을 거친 끝에 합의서 제3조에 담았다. 즉 "쌍방은 서해 해상에서 충돌을 방지하고 평화를 보장하기 위한 실제적인 대책을 취하기로 하였다. ① 쌍방은 서해 해상에서 군사적 긴장을 완화하고 충돌을 방지하기 위해 공동어로구역과 평화수역을 설정하는 것이 절실하다는데 인식을 같이하고, 이 문제를 남북장성급군사회담에서 빠른 시일 안에 협의 · 해결하기로 하였다. ② 쌍방은 한강하구와 임진강하구 수역에 공동 골재채취구역을 설정하기로 하였다. ③ 쌍방은 서해 해상에서의 충돌방지를 위한 군사적 신뢰보장조치를 남북군사공동위원회에서 협의 · 해결하기로 하였다"고 합의하였던 것이다.

결국, 11월 27일 10:00부터 29일 15:05까지 3차례 전체회의, 1차례 수석대표접촉, 7차례 실무대표접촉을 거쳐 제2차 국방장관회담의 합의서

가 나오게 되었다. 그런데 쌍방 수석대표에 의해 타결된 합의서는 양측 정상들의 최종 승인절차를 거쳐야 했다. 우리 측은 합의서를 서울상황실로 보내 노무현 대통령의 최종 승인을 곧바로 받았다. 그러나 북측의 지연으로 우리 회담대표단은 저녁 시간까지 무료하게 기다리는 상황이 또 다시 연출되었다. 김정일 국방위원장에게 직접 승인을 받아야 한다며 김영철이 합의서를 들고 나간 후 3시간 40분이나 지나서 돌아왔다. 지난 장성급회담에서 써먹었던 회담지연전술을 국방장관회담에서도 재연하는 무례를 저지른 것이다. 날이 어둡게 된 18:45분에야 합의서 서명절차를 위한 종결회의가 열리게 되었다.

이와 같이 북측은 「10 · 4선언」에서 합의한 「서해평화협력특별지대」 실현을 명분으로 2차 국방장관회담에서 해상 완충구역을 만들려고 기도하였다. 즉 임진강 하구로부터 백령도 북방까지 북방한계선 이남과 해상경비계선 이북 사이에 평화수역을 설정할 것을 집요하게 주장한 것이다. 이를 위해 남측이 한반도 평화체제의 당사자가 되려면 서해 충돌문제를 해결해야 한다고 하면서 남과 북이 북방한계선과 경비계선을 서로 인정하자는 협상논리로 나왔다. 그리고 우리 측 입장 변화를 유도하기 위해 쌍방 방안을 대통령에게 보고하여 결정하자거나 언론에 공개하여 평가를 받자고 주장하는 한편, 우리 측 주관 답례만찬에 보이콧하겠다는 압박전술과 합의서 승인을 구실로 우리 대표단을 마냥 기다리도록 하는 시간지연전술을 구사하였다.

우여곡절 끝에 김장수 국방부장관과 김일철 인민무력부장이 서명함으로써 「남북관계 발전과 평화번영을 위한 선언 이행을 위한 남북국방장관회담 합의서」가 채택되었다. 제2차 남북국방장관회담 합의서는 제1조에 군사적 적대관계 종식 및 긴장완화 평화보장을 위한 실제적 조치,

제2조에 불가침의무를 준수하기 위한 군사적 조치, 제3조에 서해 해상 충돌방지와 평화보장을 위한 실제적 대책, 제4조에 정전체제 종식 및 항구적 평화체제 구축을 위한 군사적 협력, 제5조에 남북교류협력사업의 군사적 보장조치로서 서해평화협력특별지대에 대한 군사적 보장대책을 비롯한 문산－봉동간 철도화물 수송, 남북관리구역의 통행·통신·통관, 백두산 직항로 개설 관련 군사적 보장대책 등에 대해 협의·해결하기로 합의하였다.

2000년 이후 7년 만에 개최된 제2차 국방장관회담에서 「남북기본합의서」상의 남북군사공동위원회를 구성·운영하여 해상 불가침경계선 문제와 함께 군사적 신뢰구축 조치를 협의·해결하고, 6·25전쟁 전사자 유해 공동발굴을 추진키로 하며, 문산－봉동간 철도화물 수송 및 남북관리구역의 통행·통신·통관을 위한 군사적 보장 합의서를 채택하기로 한 것은 의미 있는 합의로 평가된다. 그러나 2008년 이명박 정부 출범 이후 북한의 개성공단 제한조치, 금강산관광객 피살사건, 대청해전, 천안함 피격, 연평도 포격도발 등으로 남북대화 자체가 중단된 상황에서 이러한 합의사항은 공수표가 되었다.

23. 2007년 제7차 남북장성급군사회담 : 공동어로구역 · 평화수역

제2차 남북국방장관회담 후속조치 협의

제2차 남북국방장관회담 합의에 따라 2007년 12월 12~14일까지 3일간 제7차 남북장성급군사회담이 판문점 「평화의 집」에서 개최되었다. 제7차 장성급군사회담에는 우리 측 수석대표 이홍기 소장과 북측 단장 김영철 중장이 마주 앉았다. 12월 12일 1일차 회의는 남북관리구역의 통행 · 통신 · 통관을 위한 군사적 보장 합의서 채택 문제를, 2일차는 서해 공동어로구역과 평화수역의 설정 문제를 중심으로 협의를 진행하였다.

1일차 전체회의에서 우리 측 이홍기 수석대표는 기조발언을 통해 제2차 남북국방장관회담 합의에 대한 군사적 이행대책을 협의 · 해결해 나가는데 있어서 우리 측 입장을 밝혔다. 먼저 회담 운영과 관련하여 남북관리구역의 통행 · 통신 · 통관을 위한 군사보장 합의서를 채택 · 발효시킨 다음에 공동어로구역 및 평화수역 설정 문제를 협의하자. 남북관리구역 통행 · 통신 · 통관의 군사적 보장대책은 각종 교류협력사업을 활성화시키는 방향에서 마련하며, 공동어로구역 및 평화수역 설정 문제는 「서해평화협력특별지대」 구상이라는 큰 틀 속에서 협의 · 해결하되 상

제7차 남북장성급군사회담(2007. 12. 12 ~ 1

호 합의·이행이 가능한 분야부터 협의·해결해 나갈 것을 제안하였다.

북측 김영철 단장은 기본발언에 앞서 우리 측의 기조발언 중 「서해평화협력특별지대」의 큰 틀 속에서 해결하자는 의미에 대해 질의하였다. 우리 측은 「서해평화협력특별지대」 안에 포함되어 있는 여러 가지 사업들 중에서 합의·이행이 쉬운 것부터 하나씩 풀어나가다보면 결국 「서해평화협력특별지대」라는 큰 틀이 만들어져 간다는 개념임을 설명해 주었다. 이에 북측은 「서해평화협력특별지대」 사업이 성공적으로 추진되기 위해서는 평화수역부터 먼저 설정한 후 공동어로구역을 지정해야 한다고 반응하였다.

북측은 기본발언을 통해 남측이 북방한계선 고수를 전제로 한 등면적 안을 들고 나와 인위적인 장애를 조성하였다고 비난한데 이어 「서해 공동어로구역과 평화수역 설정에 관한 남북장성급군사회담 합의서」 초안을 제시하였다. 그러면서 북측 안이 양측의 해상계선을 비롯하여 서해 해상에 존속되어 온 현실을 그대로 인정한 기초 위에서 작성되었고, 「서해평화협력특별지대」를 만들고 교류협력을 활성화하여 민족의 공리·공영을 최대로 도모할 수 있는 제안이라고 주장하였다.

1일차 회의는 쌍방의 기본입장 개진에 이어 남북관리구역의 통행·통신·통관 문제를 중심으로 협의를 진행하였다. 이는 남북의 상징적 교류협력사업인 개성공단 사업이 제대로 운영되기 위해서는 우리 기업인들이 불편을 겪고 있는 통행·통신·통관 문제를 우선적으로 해결해야 했기 때문이다. 이에 따라 다음날 00:20분까지 7차례 실무대표접촉과 2차례 수석대표접촉을 통해 조항별로 협의한 끝에 「남북관리구역 통행·통신·통관의 군사적 보장 합의서」를 타결하였다.

회담 수행원간 몸싸움 해프닝

12월 13일 공동어로구역과 평화수역 문제를 협의할 2일차 회의에 앞서 북측의 제의로 수석대표접촉을 가졌다. 여기에서 우리 측은 북측이 가져온 빔프로젝트의 용도에 대해 문의를 하였는데,[80] 북측은 자신들의 방안을 남측 대표들에게 잘 알리자는 취지로 가져 온 것으로 다른 의도는 없다고 대답하였다.

그러나 빔프로젝트를 가져온 북측의 불순한 의도는 남북대표단 수행원들 간의 몸싸움으로 그 전모가 드러났다. 양측 간의 사전 합의로 회담대표단이 함께 회담장에 입장하여 악수를 교환하고 환담을 진행하는 모습을 기자단에게 공개하기로 하였다. 그런데 양측 보도진이 회담개시

80) 북측 대표단이 군사분계선을 넘어 우리 측 지역으로 올 때 평상시 볼 수 없었던 빔프로젝트 장비를 들고 들어왔고, 연락장교 접촉에서 회의장에 빔프로젝트를 설치하겠다고 통보해와 북측의 의도를 사전에 확인할 필요가 있었다.

장면을 영상으로 촬영하고 있던 와중에 돌발 상황이 발생하였다. 북측 지원요원이 회담장에 설치한 빔프로젝트에 2차 국방장관회담에서 제시하였던 북측의 공동어로구역과 평화수역이 그려진 지도를 화면에 띄우려고 시도하였다. 쌍방 간에 사전 합의하지 않은 회담내용을 공개하는 것은 명백히 남북회담 관례에 위배된다. 북측의 불순한 기도를 알아차린 우리 측 수행원 해군장교가 재빨리 몸을 날려 빔프로젝트의 화면을 가리면서 제지하였다. 이러한 우리 측 수행원을 북측 통신요원이 밀어붙이면서 몸싸움이 벌어졌던 것이다.

남북 수행원 간의 몸싸움 광경

앞에서 기술했듯이 북측은 지난 제2차 국방장관회담 당시 북측의 주장을 담은 지도를 여러 차례 언론에 공개하자고 요구했었다. 그러나 우리 측 수행원의 순간적인 기지로 북측이 제기하는 방안을 기습적으로 공개하려고 시도했던 술수가 무위로 끝났다. 이처럼 양측 수행원들 간에 밀고 밀치는 몸싸움 광경은 우리 보도진의 영상촬영에 그대로 담겨졌고, 이날 저녁 TV뉴스의 핫이슈로 방송되었다.

북측의 평화수역과 공동어로구역 설정방안

양측 수행원 간의 몸싸움으로 냉랭한 분위기 속에서 시작된 2일차 오전회의에서는 쌍방 간에 교환한 「공동어로구역과 평화수역 설정에 관한 합의서」 초안에 대해 공방이 전개되었다. 북측은 핵심문제인 평화수역과 공동어로구역 설정 문제를 풀지 않으면 「서해평화협력특별지대」에서의 교류협력 문제가 제대로 될 수 없다고 위협하면서, 우리 측의 공동어로구역 설정안의 타당성에 대한 설명을 요구하였다.

우리 측은 북방한계선을 기준으로 4개의 구역으로 설정하되 전체적으로 등면적 원칙을 적용하였다는 설명에 이어 북측 안의 문제점을 지적하였다. 즉 북측 안은 제3국 불법조업을 차단할 수 없고, 효과적인 어장으로서 역할을 기대하기 어려우며, 북방한계선 이남에 공동어로구역을 설정하려는 것은 남북 간의 실질적인 해상경계선인 북방한계선을 무력화하려는 의도적인 것으로 수용할 수 없음을 재확인하였다.[81)]

북측은 빔프로젝트를 이용하여 제2차 국방장관회담에서 제시하였던 「서해평화협력특별지대의 협력수역(방안)」이란 제목의 지도에 대해 설명하였다. 북측대표 오명철 해군대좌는 현재 서해에는 북과 남의 경계를 가르는 명백한 선이 없으며, 북측이 1990년대에 경기도와 황해도의

81) 우리 측 대표 정진섭 해군대령이 북측 안의 문제점들을 조목조목 지적하였다.

도계선을 연결하여 그은 서해 해상 군사분계선과 1953년 북방한계선을 그은 직후에 북한 함선의 남하를 방지하고 남한 함선과 선박들의 북상을 막기 위해 그어 놓은 해상경비계선만이 있다고 주장하였다. 이어서 국제법에 따르면 12해리 영해선 북쪽 수역은 마땅히 북한의 자주권이 행사되는 수역이 되어야 하지만, 평화수역을 현재 존재하고 있는 북측의 해상경비계선과 남측의 북방한계선 두개의 선을 기준으로 하되 한강하구 수역까지 포함하여 설정하고, 공동어로구역은 북방한계선과 경비계선 사이의 2개 수역, 그리고 북방한계선과 12해리 영해선 사이의 2개 수역 등 4개 수역으로 설정하자고 주장하였다. 아울러 남과 북이 백령도 서단과 대청도 서단의 영해기산선으로부터 남북공동의 12해리 영해선을 긋자고 설명하였다.

계속해서 북측 김영철 단장은 북측이 일방적으로 주장하고 있는 해상 군사분계선과 경비계선에 대해 장황하게 부연해나갔다. 현재 서해 해상에는 쌍방이 합의한 똑똑한 해상 군사분계선이 없기 때문에 쌍방 간에 이견이 있는 것이며 해상교전이 두 번이나 벌어졌다. 북측이 1999년도에 선포한 서해 해상 군사분계선은 국제해양법과 「정전협정」의 요구에 맞게 등거리 원칙으로 설정되었다. 그리고 클라크 유엔군사령관이 이승만 대통령이 정전을 반대하면서 서해 해상을 통해 단독 북진을 기도하는 것을 막고 남측 어민들이 북상하는 것을 막기 위해 북방한계선을 설정하였던 1950년대 당시 북측도 어민들이 남쪽으로 나가지 못하도록 북방한계선 이남에 해상경비계선을 설정하였다. 이후 1970년대에 최고사령부 보도를 통해 해상경비계선을 선포하였다. 1990년대에는 화해·협력분위기가 조성되었던 남북관계를 고려하여 해상경비계선으로부터 선박들을 철수시켰지만, 그 해상경비계선이 존재하고 있다고 하는 등 얼

굴색 하나 바꾸지 않고 말도 안 되는 주장을 하였다.

그런 다음 북측 단장은 남북정상회담에서 김정일 국방위원장이 북측은 해상경비계선에서 물러나고 남측은 북방한계선에서 물러나 그 사이를 평화수역으로 만들어 공동어로와 교류협력을 하면 좋을 것이라고 말했으며, 노무현 대통령은 북방한계선이 남북 간에 약속한 계선이 아니라는 현실을 인정하지 않는다면 서해 해상 문제는 영원히 풀릴 수 없고 지금은 그 해상분계선을 덮어놓고 거기서 교류협력을 하면 된다고 말씀하셨다고 천연덕스럽게 거짓말하였다.

김영철 단장의 일방적인 발언은 계속 이어졌다. 북측의 평화수역 설정방안은 남과 북이 서해에 존재하는 서로 다른 계선이 있다는 현실을 인정한 기초 위에서 문제를 풀자는 것인데도 이 문제에 대한 합의점을 찾지 못할 것 같다고 하면서, 북측의 안과 남측의 안을 함께 적시하고 앞으로 두 가지 안에 대해 장성급군사회담 등 군사회담에서 계속 협의하기로 하였다는 것을 합의서로 정리할 것을 주장하였다. 그러면서 평화수역과 공동어로수역이 설정된다면 거기에서 교류협력이 이루어지게 되고 쌍방 무력이 격리되는 상태에서는 해상 군사분계선 문제를 논의하지 않아도 된다고 언급하였다.

2일차 오후회의에서 회의 진행방식과 관련하여, 우리 측은 공동어로구역과 평화수역 관련 합의서 문안을 조율하는 실무접촉과 3통 문제를 협의하는 실무접촉을 병행하여 진행할 것을 제의하였다. 그러나 북측은 먼저 수석대표 간에 근본문제인 평화수역과 공동어로구역 문제부터 협의하자고 고집하여 우선 이 문제에 대해 협의가 진행되었다.

우리 측 이홍기 수석대표는 북측 안의 부당성에 대해 하나씩 짚어 나갔다. 첫째, 북측 안이 서해의 복잡한 현실을 반영한 제안이라고 하였는데, 지난 50년간 유일하게 북방한계선이 실질적으로 유지되어온 현실을 북측이 외면해왔기 때문에 복잡하다고 생각하는 것이다. 그리고 북측이 주장하는 경비계선에 대해 우리 측이 한 번도 인정한 적이 없다는 것을 강조한다. 둘째, 충돌의 근원을 제거하는 방안이라고 하는데, 오히려 서해에서 충돌이 발생하는 근원은 북측이 북방한계선을 인정하지 않고 있기 때문이다. 북방한계선이 안정적으로 존중·준수되어 왔던 1999년 이전까지는 남북 간에 충돌이 발생하지 않았다는 점을 상기하기 바란다. 셋째, 민족의 공리·공영을 도모할 수 있는 안이라고 하는데, 공영과 공리는 상대방의 입장과 현실, 기존 합의사항들을 인정하고 존중할 때 달성 가능한 것이다. 넷째, 쌍방의 입장을 합의문에 병기하는 주장은 합의되지 않은 사안을 공식 문서에 명기하자는 것이며, 북방한계선이 유일한 해상경계선이라는 우리 측의 입장은 확고하기 때문에 쌍방의 주장을 병기하는 것은 수용할 수 없다고 명확히 지적하였다.

이에 북측 단장은 거만한 말투로 북방한계선의 역사에 대해 얘기하면서 회담을 주도하려고 하였다. 장황하고 현혹적인 언변을 자랑한 후, 서해에는 서로 다르게 주장하는 해상경계선이 존재하고 있는 현실을 인정하는 기초 위에서 협의 방도를 찾도록 하자면 남측에서 제기한 북방한계선 북쪽 수역에 정한 공동어로수역을 삭제해야 한다고 주장하였다. 그리고 북측은 원래 12해리 영해선까지 공동어로수역을 확장하자는 안을 제기했지만 두 해상계선 사이의 수역을 평화수역과 공동어로구역으로 설정한다는 입장이라고 하였다.

이어서 김영철은 남측에서 평화체제를 수립하는데 있어서 교류협력을 통해 긴장완화의 안전발판을 마련하자고 이야기해 왔는데, 이러한 의미에서도 서해의 넓은 수역에 평화수역을 설정해 놓으면 자연히 쌍방의 해상무력은 평화수역을 중심으로 격리될 것이라고 거듭 주장하였다.

그러면서 북측은 우리 측 안에 대해 남측 군당국 차원의 제안인지 아니면 정부당국의 입장이 반영된 것인지 지난 2차 국방장관회담에서 했던 질문을 다시 꺼냈다. 이에 우리 측은 모든 의견을 종합한 정부의 안이라는 점을 재강조하였다. 그러자 북측은 쌍방이 주장하는 안을 모두 적시하고 앞으로 계속 협의하기로 하였다는 합의서를 작성하여 공개할 것을 또 다시 주장하였다.

한편, 북측 김영철은 개성공단과 금강산관광 사업처럼 평화수역을 설정하자는 논리를 전개하였다. 그는 "개성공업지구는 1개 사단이 주둔하던 지역인데 그 사단을 이동시켜 통째로 내주었고, 금강산관광지구도 군대가 주둔한 군사지역인데도 대담하게 들어오라고 했다. 남측도 소소한 계선을 유지하려고 소탐대실하지 말고 대담하게 평화수역을 설정하는 용단을 내려 해결해야 한다"고 주장한 것이다. 그러면서 "정권 마지막 시기에 결단을 내리기 어려워서 차기 정권에 넘기자는 것인지 의심을 하게 된다"고 초조한 마음을 내비쳤다.

그리고 김영철 단장은 "남측이 마치 「남북기본합의서」 제3장의 불가침 경계선을 북방한계선인 것처럼 해석하고 있는데, 자신이 그 실무적인 문제를 다루었다. 이 문제를 논의할 당시 남측은 북방한계선을, 북측은 해상분계선을 주장하여 논란이 심했었다. 그런데 「정전협정」 13항 (ㄴ)목에 보면 쌍방이 관할해온 구역으로 남측은 5개 섬이고 북측은 그 밖의 수역이며, 「기본합의서」에 북방한계선을 관할하는 구역이라고 밝힌 조항은 없다"고 강변하였다.

이러한 김영철의 주장에 대해 우리 측은 「남북기본합의서」 작성에 참여했던 분들이 얘기하는 당시 상황과 내용들은 그렇지 않으며, 「정전협정」 조항도 잘못 해석하고 있음을 지적하였다. 그러자 김영철은 그 실무적인 문안을 정리하고 협의를 조율했을 때 국방부 관여자들은 회의에 참가했지만 조율하지 않았다고 변명하였다.

이처럼 논쟁으로 일관된 전체회의에 이어 쌍방은 2개 실무대표접촉을 통해 '공동어로구역과 평화수역 설정' 문제와 '개성공단 통행·통관·통신 및 봉동-문산간 철도화물 수송을 위한 합의서 채택' 문제에 대해 병행 협의하였다.

실무대표접촉에서 우리 측은 공동어로구역 설정 문제를 계속 협의해 나가기로 하는 가운데 구체적 위치를 설정하기 위한 현장 공동조사를 사전에 실시하자는 절충안을 제시하였다. 그러나 북측의 완강한 태도로 인해 공동어로구역과 평화수역 설정 문제는 평행선을 긋는 반면, 다른 교류협력 관련 의제들에 대해서는 원칙적인 합의가 이루어졌다.

실무대표접촉에 이어 속개된 4번째 전체회의에서도 북측은 「10·4정상선언」 제5조에 명기된 원칙적인 문제인 공동어로구역과 평화수역 문제가 반드시 합의되어야 하나, 평화수역과 공동어로구역을 설정하는데 있어서 북방한계선의 북측 수역을 포함시키는 것은 절대 수용할 수 없다고 고집을 부렸다.

공동어로구역·평화수역 협의의 평행선

12월 14일 3일차 제5차 전체회의에서도 북측은 북방한계선 북쪽에 공동어로구역을 설정할 수 없으며, 평화수역을 설정한 후 그 수역에 공동어로구역을 설정하고, 쌍방이 주장하는 두 계선 사이를 평화수역으로 설정하되 한강과 임진강 하구 비무장 수역까지 폭넓게 포함시키자 등의 주장을 반복하였다.

우리 측은 북측의 주장에 대해 조목조목 반박하면서, 「10 · 4정상선언」에 나와 있는 대로 공동어로구역을 먼저 설정하여 운영해보면서 점차 확대해 나가되, 공동어로구역을 설정하기 전에 공동조사를 추진할 것을 재차 제안하였다.

쌍방은 잠시 정회시간을 가진 후 제6차 전체회의를 진행하였다. 우리 측은 공동어로구역과 평화수역 설정의 선후 문제와 공동어로구역 위치 문제는 쌍방 간에 이견을 좁히기 어렵다는 점을 지적하였다. 북측은 북방한계선을 기준으로 한 그 어떤 수역을 설정하는 문제는 앞으로도 영원히 받아들일 수 없으며, 특히 북측 수역에 공동어로구역을 내놓는 문제는 북측의 주권에 관한 문제로서 더 이상 토의할 필요가 없으니 회담을 종료하자고 요구하였다. 이에 우리 측은 절충안의 내용을 담아 합의서를 채택할 것을 제안하였으나, 북측은 북측 안과 남측 안을 모두 적시하고 앞으로 이 두 가지 안을 계속 협의하기로 한다는 합의서를 작성하자고 끝까지 고집하였다.

결국 더 이상 타협점을 찾을 수 없다는 것을 인식한 쌍방은 회담을 종결하기로 하고, 언론보도 문제는 각기 편리한대로 보도하기로 하였다. 그러자 북측은 공동어로수역과 평화수역 문제에 대한 양측이 제시한 두 가지 안을 그대로 알리는 보도문을 내겠다고 하였다. 그리고 북측은 종결발언을 통해 「10 · 4선언」에서 약속한 평화수역과 공동어로구역을 설정하지 않는 「서해평화협력특별지대」란 있을 수 없고, 이 문제가 제대로 풀리지 않는다면 전반적인 남북교류협력에서 커다란 장애가 조성될 것이라고 위협하는 것을 잊지 않았다. 제7차 남북장성급군사회담은 북방한계선에 대한 논쟁을 촉발시키고 「서해평화협력특별지대」 구상을 제기한 노무현 정부를 상대로 최소한 북방한계선 폐기의 교두보를 마련해보려고 했던 북측의 의도가 좌절된 채 막을 내렸다.

이상에서 보았듯이, 1999년 유엔사-조선인민군 장성급회담, 2004년부터 2007년까지 7차례 남북장성급군사회담, 그리고 제2차 남북국방장관회담은 북방한계선에 대한 혈투였다. 북방한계선을 폐기시키려는 북측과 지키려는 우리 측 회담대표들 간에 한 치의 양보도 없는 치열한 한판 승부가 전개되었던 것이다. 9년에 걸친 군사회담 테이블 위에서 북측은 그럴듯한 논리와 명분, 현란한 언변술, 위협과 기만, 심리전을 동원한 협상전술로 북방한계선을 무력화시키려고 집요하게 달려들었었다. 그러나 우리 측 회담대표들은 확고한 입장과 흔들림 없는 협상자세로 북측의 불순한 기도를 물거품으로 만들면서 북방한계선을 굳건히 지켜냈다.

24. 2010년 연평도 포격도발 이후 : 해상경비계선

북한의 연평도 포격도발

2009년 11월 대청해전 이후 북한은 우리 군이 서해 5도에서 정례적으로 실시해오던 해상사격훈련을 시비하기 시작하였다. 북한은 2010년 1월에 처음으로 북방한계선을 목표로 한 대규모 포사격 훈련을 감행하였고, 급기야 2010년 11월 23일에는 우리 영토인 연평도에 대해 무차별적인 직접 포격을 감행하는 도발을 자행하였다.

우리 해병부대는 1974년부터 서해 5도 지역에 105mm 야포를 배치한 이후 정례적으로 해상사격훈련을 실시해왔다. 우리 군은 동·서·남해에서 해상사격훈련을 할 경우 주변 해역을 운항하는 선박들의 안전을 보장하기 위해 해상사격계획을 국립해양조사원의 항행경보(Korean Navigation Warning)[82]와 해양경찰청의 해상교통문자방송(NAVTEX)을 통해 사전 공지하고 있다.[83] 그동안 북한은 이러한 해상사격훈련에 대해 어떠한 시

---

82) 국립해양조사원의 항행경보는 다음번 항행통보를 간행하기 이전에 사격훈련, 해상위험물, 해난사고 등 긴급히 통보해야 할 사항에 관하여 항해자 등에 제공하는 정보로서, 서울무선국·NAVARER 등 40여 기관에 국·영문으로 통보하고 인터넷에 탑재하고 있다.

83) 해상교통문자방송(NAVTEX; Navigation Telex)이란 국제해사기구(IMO)의 전세

비나 이의도 제기하지 않았다. 그런데 북한은 2009년 11월 발생한 대청해전 이후 백령도와 연평도 해병부대의 해상사격훈련을 빌미로 북방한계선 일대로 포사격을 하는 도발을 자행하기 시작하였다.

2010년 1월 초 우리 군은 동·서·남해 해상에서의 사격훈련계획을 인터넷 국립해양조사원의 항행경보를 통해 공지하였다. 이에 북한은 2010년 1월 24일 조선인민군 총참모부 대변인 명의로 "남측이 조선 서해에서 북한군 수역을 목표로 포병 및 비행대사격을 감행할 것이라는 도발적인 군사행동계획을 발표하였다"고 하면서, 북남장령급군사회담 단장 명의로 "위임에 따라 남측이 포병 및 비행대사격을 중지하지 않는다면 북한군의 예상할 수 없는 대응타격이 즉시 개시된다는 것을 미리 경고한다"는 전통문을 우리 국방부로 보내왔다.

이러한 전통문 발송과 함께 북한은 백령도 동방 북방한계선 인근에 1월 25일부터 3월 29일까지 항행금지구역을, 1월 25일부터 29일까지 사격구역을 설정한다고 공표하였다. 북한은 1월 27일 "남측이 북한의 신성한 영해, 영공, 영토의 어느 한 지점에 단 한 발의 총포탄이라도 떨어지는 경우 북측의 물리적 행사가 즉시 뒤따르게 된다"고 위협하는 전

계 조난 및 해상안전제도의 계획에 의하여 연안국이 운영하는 국제해상안전시스템을 말한다. 국제해사기구는 국제수로기구(IHO) 및 세계기상기구(WMO)와 합동으로 1992년 2월 1일부터 모든 연안국에 대하여 자국의 해상안전 정보를 부근 선박들에게 제공하도록 권고 결의하였다. 이에 따라 우리나라는 1998년 1월 30일 주파수 사용시안 승인, 1999년 4월 3일 해양경찰청에 NAVTEX 운용실 및 동해 죽변과 서해 변산 송신국을 준공하였다. 1999년 4월 19일 개통된해양경찰청 NAVTEX 운용실에서는 24시간 해상교통문자방송을 제공하고 있다. 해상안전정보의 서비스(NAVTEX)는 정규방송시각에 한반도 연안을 항해하는 선박을 위하여 해상기상, 해상수색구조 및 치안, 해양조사, 항로 및 항만, 해상사격 및 훈련 등의 정보를 제공한다. NAVTEX는 영문 518kHz(세계공통주파수) 및 국문 490kHz을 사용한 문자방송으로, 항해자들은 선박에 탑재된 문자방송수신기에 의하여 자동적으로 인쇄된 정보를 수신할 수 있다.

통문을 우리 합동참모본부로 재차 보내왔다. 당시 우리 군이 기상 악화를 감안하여 사격계획을 취소했음에도 불구하고 북한군은 1월 27일부터 29일까지 북방한계선 일대에 약 400여 발의 포병사격을 가하는 계획적인 도발을 감행하였다.

그리고 3월 26일 발생한 천안함 피격사건과 관련하여 우리 군은 8월 5일부터 9일까지 서해 해상기동훈련과 함께 8월 9일 백령도 일대에서 해상사격훈련을 실시하였다. 이에 대해 북한은 8월 3일 조선인민군 전선서부지구사령부의 공개 통고장을 통해 "북한 영해에 대한 군사적 침공행위이며 불법무법의 북방한계선을 고수해보려는 정치적 도발"이라고 비난하고, "해상사격소동을 강력한 물리적 대응타격으로 진압할 데 대한 단호한 결심을 채택"했다고 하면서 "모든 민간선박들은 남측이 설정한 해상사격구역에 들어가지 말 것을 사전에 알린다"고 위협하였다. 8월 9일 우리 군의 해상사격훈련이 종료된 직후 북한은 실제로 백령도와 연평도 인근 북방한계선 수역 일대에 130여 발의 포병사격을 가해왔다.

또한 8월 26일에도 우리 군이 공지한 해상사격훈련계획에 대해 북한은 북남장령급군사회담 단장 명의로 "조선 서해 우리 측 영해수역에서 벌리려는 해상포사격행위는 의도적인 반공화국 군사적 도발"이라고 하면서 "계획된 군사적 도발이 강행된다면 5개 섬 지역에서 예측할 수 없는 사태가 발생하게 된다"고 위협하는 전통문을 통보해왔다. 이에 대해 우리 측도 전통문을 통해 "해상사격훈련은 우리 영해에서 계획하여 실시하는 정당한 훈련으로서 훈련기간 중 선박과 항공기의 안전을 보장하기 위해 사격훈련계획과 취소 여부를 투명하게 사전 공지하고 있음"을 강조하면서, 이를 빌미로 우리 측 영해와 영토에 도발을 감행하거나 불필요한 긴장을 조성한다면 단호하게 대응할 것임을 경고하였다.

한편, 우리 군은 연평도 해병부대의 정례적인 해상사격훈련이 11월 23일 실시된다는 것을 사전 공지하였다. 이에 북한은 11월 23일 당일 아침에 북남장령급군사회담 단장 명의 전통문을 통해 "조선 서해 연평도 주변해역에서 북측 영해를 목표로 포사격을 가하는 군사적 도발을 감행하려 하고 있다"고 하면서 "위임에 따라 북측의 신성한 영해에 단 한 발의 총포탄이라도 떨어지는 경우 즉시적인 물리적 조치가 뒤따른다"고 위협해 왔다. 이는 사전에 연평도 포격도발의 명분을 축적하기 위한 것이었다.

결국 11월 23일 오후 우리 연평부대의 사격훈련이 종료된 직후 북한군은 2차례에 걸쳐 연평도에 수백 발의 포병사격을 가해 왔다. 특히 북한군은 군부대는 물론 민간인 거주 지역까지 무차별적으로 포탄을 발사함으로써 해병대 병사 2명과 무고한 민간인 2명이 사망하고 막대한 재산피해가 발생하였다. 이러한 우리 영토에 대한 직접적인 포격도발과 민간인 살상행위는 어떤 명분으로도 용납될 수 없는 불법적이고 비인도적인 도발이었다

북한군의 연평도 포격도발 직후 광경(2010. 11. 23)

연평도 포격도발 후 북한의 주장

북한은 연평도 포격도발을 자행한 직후 조선인민군 최고사령부 보도를 통해 "남측이 11월 23일 13시부터 조선 서해 연평도 일대의 우리 측 영해에 포사격을 가하는 군사적 도발을 감행하였다. 남측의 군사적 도발은 이른바 어선단속을 구실로 남측 해군함정들을 우리 측 영해에 빈번히 침범시키면서 날강도적인 북방한계선을 고수해보려는 악랄한 기도의 연장이다. 우리 혁명무력은 남측의 군사적 도발에 즉시적이고 강력한 물리적 타격으로 대응하는 단호한 군사적 조치를 취하였다. 앞으로도 우리 혁명무력은 남측이 우리 조국의 영해를 0.001mm라도 침범한다면 주저하지 않고 무자비한 군사적 대응타격을 계속 가하게 될 것이다. 조선 서해에는 오직 우리가 설정한 해상 군사분계선만이 존재할 것이다"라고 주장하였다. 북측은 자신이 감행한 도발의 책임을 우리 측에 전가하면서 그들의 해상 군사분계선에 대한 주장을 반복하였던 것이다.

유엔사는 11월 23일 저녁 이러한 북한의 연평도 포격도발에 대해 항의하면서 유엔사-조선인민군 장성급회담 개최를 제의하는 전통문을 발송하였다. 유엔사는 "북한 측은 11월 23일 14시 33분 연평도를 타격한 포탄을 발사하였습니다. 「정전협정」 제13항 (ㄴ)목은 연평도를 유엔군사령관의 군사통제하에 두도록 하였음을 상기하기 바랍니다. 북한 측의 도발적인 행위는 「정전협정」을 위반하는 것이고, 우리 측 군사통제하에 있는 지역을 대상으로 감행되었으며, 전 세계의 주목을 끄는 국제적인 사건에 해당합니다"고 북한의 도발이 「정전협정」 위반행위라는 점을 명확하게 지적하였다. 그리고 "모든 적대적인 활동의 즉각적인 중단을 논의하기 위한 유엔사-조선인민군 장성급회담을 준비하기 위하여" 대령급 접촉을 갖자고 제안하였다.

이에 대해 북한군은 "남조선군은 우리의 정당한 요구와 평화 애호적인 노력을 무시하고 끝내 우리 영해를 목표로 포사격을 먼저 가하는 군사적 도발을 강행했습니다. 결국 연평도는 우리에 대한 군사적 도발을 걸어온 본거지로 되었으며, 그러하여 우리 군대의 자위적 조치에 따른 단호한 징벌을 받게 된 것입니다. 미군 측은 불법무법의 북방한계선 고수를 기도한 군사적 도발을 더 이상 감행하지 못하도록 철저히 통제하여야 할 것입니다. 원래 북방한계선은 미군 측이 우리 영해에 제멋대로 그어 놓은 강도적인 선이며, 따라서 이번 포격전의 책임은 미군 측에도 있습니다"라고 억지 주장하면서 유엔사 측의 제안을 거부하였다.

북한은 11월 24일 외무성 대변인 담화를 통해 "우리 혁명무력은 23일 조선 서해의 연평도에서 우리 측 영해에 포사격을 가한 적들의 군사적 도발에 대응하여 단호한 자위적 조치를 취하였다. 남조선의 하 많은 산천과 바다, 섬들을 두고 하필이면 육안으로도 서로 마주 보이는 우리 코앞의 섬에서 기어이 포성을 울리고 화약내를 피운 적들의 처사야말로 고도의 정치적 계산이 깔린 도발이 아닐 수 없다. 적들은 우리를 자극시키지 않기 위해 섬에서 남쪽방향으로 포사격을 했다고 변명하고 있지만 연평도는 해상 군사분계선으로부터 우리 측 영해 안으로 깊숙이 들어와 위치한 지리적 특성으로 하여 그곳에서 포실탄 사격을 하면 어느 방향으로 쏘든 우리 측 영해 안에 떨어지게 되어있다. 적들이 노린 속심은 우리의 물리적 대응조치가 없는 경우 우리가 섬의 주변수역을 저들의 영해로 인정했다고 오도하려는데 있었다. 빈말을 하지 않는 우리 군대는 즉시 적들이 실탄사격을 감행한 포진지들을 강력히 타격하는 자위적 조치를 취하였다. 이번 사건은 「조선 정전협정」이 체결된 후인 1953년 8월 30일 유엔군사령관 클라크가 제멋대로 일방적으로 그어놓은 불법무도한 북방한계선 때문에 초래된 또 하나의 위험천만한 사태 발전이다"라고 주장하였다.

11월 25일에는 조선인민군 판문점대표부 명의로 "조선 서해가 북과 남 사이의 대결과 충돌 위험이 항시적으로 존재하는 분쟁수역으로 된 것은 미국이 우리 영해에 제멋대로 그어놓은 불법무법의 북방한계선 때문이다. 따라서 미국은 이번 포격전의 책임에서 벗어날 수 없다. 미군 측은 진정으로 조선반도의 긴장완화를 바란다면 남측이 불법무법의 북방한계선 고수를 위해 해상침범과 포사격과 같은 모험적인 군사적 도발행위를 더 이상 매달리지 못하도록 철저히 통제해야 할 것이다"라고 주장하였다.

11월 26일에는 조국평화통일위원회 대변인 성명을 통해 연평도 포격도발에 대한 무력시위의 일환으로 실시한 한·미 연합 서해 해상훈련에 대해 비난하면서, 우리 군의 11월 23일 연평도 해상사격훈련에 대해 "북측의 별다른 반응이 없으면 불법무법의 북방한계선에 대한 '무언의 인정'을 받아 기정사실화하고 군사적으로 대응하는 경우에는 그것을 도발로 걸어 반공화국 모략소동에 써먹자는 흉계에 따른 것"이라고 주장하였다.

11월 27일에는 「조선중앙통신」을 통해 "연평도 포격에서 민간인 사상자가 발생한 것이 사실이라면 지극히 유감스러운 일이 아닐 수 없지만 그 책임은 도발을 준비하면서 포진지 주변과 군사시설 안에 민간인들을 배치하여 인간방패를 형성한 적들의 비인간적인 처사에 있다"고 보도하였다. 이처럼 무고한 민간인 살상에 대해 책임 있는 당국자 명의도 없이 '유감' 운운하면서 그 책임을 우리 측에 전가한 것은 우리 국민은 물론 국제사회로부터 쏟아지는 비난을 모면해보려는 얄팍한 술책이었다.

북한은 11월 30일자 「노동신문」 논설에서도 연평도 포격도발에 대해 "신성한 존엄과 영토주권을 수호하기 위한 응당한 자위적 조치"라고 강변하면서, "남측이 주장하는 북방한계선이란 그 무엇으로써도 정당화될 수 없는 불법비법의 유령선이다. 남측은 바로 이것을 걸고 이번 군사적 도발행위를 정당화하려고 꾀하고 있다"고 비난하였다.

그리고 "「조선 정전협정」에 따르면 황해도와 경기도의 도경계선 연장선 북쪽과 서쪽의 모든 해역은 조선인민군 측의 관할구역에 속한다고 규정되어 있다. 유엔군 측도 우리 측 군사통제하의 수역에서 5개 섬들인 백령도·대청도·소청도·연평도·우도만을 관할한다고 명백히 밝혔다. 「유엔해양법협약」과 남조선의 「영해법」을 놓고 보아도 북방한계선은 엄연히 우리의 영해에 들어와 있으므로 경계선으로 인정될 수 없다. 더욱이 국제법은 정전상태라는 특수한 상황에서 상대국 영해 안에 들어있는 섬의 수역문제를 규정하는 경우 이미 체결한 「정전협정」에 기초하여 협의할 것을 요구하고 있다. 그러나 미국과 남조선이 서해 5개 섬의 수역문제를 두고 우리와 합의한 것은 전혀 없다. 명백히 하건대 북방한계선이라는 것은 「조선 정전협정」이나 국제법적 요구에 전적으로 배치되는 불법적인 선이다"라고 기존의 북방한계선 부정 논리를 반복하였다.

이렇게 북한은 최고사령부, 외무성, 조평통, 판문점대표부, 노동신문 등을 통해 연평도 포격도발에 대해 남측이 자신의 영해에 포사격을 가해온 데 대해 정당하게 대응했다고 억지를 부리고 있다. 우리 군의 해상사격 해역이 자신들이 주장하는 해상 군사분계선과 해상경비계선 이

북에 있는 북한의 영해라는 것이다. 이는 한 마디로 북방한계선을 부정하는 논리이다. 특히 무력도발은 '해상경비계선'을 기정사실화 하려는 술책이라 하겠다.

한편, 2010년 12월 20일 우리 군은 만반의 대응태세를 갖추고 연평부대 단독의 해상사격훈련을 실시하였다. 우리 측의 해상사격훈련 사전예고에 대해 북측은 남북장성급군사회담 단장 명의의 전통문을 통해 "남측이 해상사격을 즉시 중지하지 않는다면 강력한 자위적 조치를 취할 것이고, 11월 23일보다 더 심각한 상황이 예상할 수 없을 정도로 재현될 것"이라고 위협하였다. 그러나 우리 측의 해상사격훈련이 끝난 후 조선인민군 최고사령부 보도를 통해 "비열한 군사도발에 대해 일일이 대응할 일고의 가치도 느끼지 않는다"고 변명하면서 대응하지 않았다.

2011년 북한의 「국방위 검열단 진상공개장(2)」 내용

2011년 2월 23일 북한은 소위 「국방위원회 검열단 진상공개장(2)」이라는 것을 통해 북방한계선을 폐기하고 서해에 해상 군사분계선을 설정하되, 설정될 때까지 서해 분쟁수역을 평화수역으로 전환해야 한다고 기존의 주장을 반복하였다.[84)]

북한은 먼저 "불법무법의 북방한계선을 철회하고 공정한 서해 해상 군사분계선을 하루빨리 설정해야 한다"고 주장하였다. "북방한계선은 국제해양법의 요구, 상대측의 12해리 영해권 존중 원칙, 「조선 정전협

84) 북한은 천안함 피격사건과 연평도 포격도발에 대해 소위 '진상공개장'이라는 것을 발표했는데, '진상공개장(1)'은 천안함 피격사건과 관련한 내용이다.

정」의 요구, 남조선의 「해양법」, 쌍방 합의 없이 일방적으로 설정된 점 등을 놓고 보아도 통할 수 없는 강도적인 유령선이다"라고 하면서, "세계 정계, 사회계, 학계를 비롯한 광범한 각 계층도 미국이 북방한계선 철회에 나설 것을 강력히 요구하고 있다. 이것은 조선 서해 해상에서의 평화보장을 위한 새로운 서해 해상경계선 설정에 다름 아닌 미국이 책임지고 나서야 한다는 세계여론을 대변한 것으로 된다. 현실은 조선 서해 해상에서 충돌과 분쟁을 방지하고 공고한 평화를 이룩하기 위한 가장 중요한 최우선 과제는 서해 해상경계선을 바로 설정하는데 있다는 것을 보여준다"고 강변하였다.

북한은 또한 "조선 서해에 새로운 해상 군사분계선이 설정될 때까지 분쟁수역을 평화수역으로 만들어야 한다"고 주장하였다. "「10·4선언」에는 군사적 적대관계를 종식시키고 조선반도에서 긴장완화와 평화를 보장하기 위한 원칙적인 문제들이 천명되어 있으며, 특히 「서해평화협력특별지대」를 실치하고 공동어로구역과 평화수역 설정을 위한 최선의 방안이 밝혀져 있다. 북남 쌍방은 「10·4선언」 이행을 위한 제2차 북남인민무력부장급회담과 북남장령급군사회담을 열고 서해 해상에서 충돌을 방지하고 평화를 보장하기 위한 실제적인 대책을 세우기로 합의하였다. 우리 군대와 인민들은 이러한 합의를 실천하기 위한 현실적이고 원칙적인 제안들도 내놓았다. 거기에는 쌍방의 모든 기존 주장들을 다 같이 대범하게 포기하고 새로운 조선 서해 해상 군사분계선이 확정될 때까지 이미 이룩된 북남합의와 「정전협정」, 국제적으로 공인된 법적 요구를 기초로 서해 해상 충돌문제를 다루어 나가며 평화수역과 공동어로구역을 설정하자는 획기적인 방안들도 들어 있다. 그러나 남측에게는 애당초 지난 시기 서해 해상사건의 교훈과 우리의 원칙적인 해결방안은 안중에도 없으며 오직 북방한계선 고수와 북침전쟁도발만 있다. 지난 역사는 조선반도의 평화를 진정으로 바란다면 북방한계선 고수 입장을 철회하고 새로운 조선 서해 해상 군사분계선을 설정하여야 하며, 그것이 실현될 때까지는 우리가 제안한 「서해평화협력특별지대」 설치방안의 실현에 달라붙어야 한다는 것을 보여 주었다"고 주장하였다.

이처럼 「국방위원회 검열단 진상공개장(2)」에서 북한이 주장하는 요지는 미국과 북한 간에는 북방한계선을 폐기시키고 새로운 서해 해상 경계선의 설정 문제를, 남과 북 간에는 북방한계선 이남에 평화수역과 공동어로구역의 설정 문제를 협의·해결해야 한다는 것이다. 우선 새로운 해상경계선 문제를 미국과 협의하겠다는 것은 지난 1999년 유엔사-조선인민군 장성급회담에서 주장했던 것을 재론하는 것이다. 그런데 당시 남북 사이에 협의해야 한다는 유엔사 측의 입장에 막혀 뜻을 이룰 수 없게 되자 북한은 2006년과 2007년 남북장성급군사회담에서 말을 바꾸어 남과 북의 군사당국 간에 협의·해결하자고 주장했었다. 그러나 북방한계선을 인정·존중해야 한다는 우리 측의 확고한 입장을 확인한 북측은 제2차 남북정상회담에서 합의한 「서해평화협력특별지대」를 명분으로 해상경계선이 설정되기 전까지는 남북 간에 서해 평화수역과 공동어로구역을 설정·운영해야 한다고 주장하였던 것이다.

2011년 이후 우리 군의 해상사격훈련에 대한 반응

천안함 피격사건과 연평도 포격도발 이후 북방한계선과 서해 5도에 대한 북한의 군사위협은 더욱 증대되고 있다. 2011년 1월 31일자 SBS

보도와 2012년 2월 9일자 『연합뉴스』에 의하면, 북한군이 황해도 고암포에 공기부양정 70여 척을 수용할 수 있는 기지를 건설한 것으로 알려졌다. 이는 기존의 북한군 해상 및 지상 화력 위협에 추가하여 대규모 특수부대의 기습침투 위협이 새롭게 제기됐다는 의미이다.

천안함 피격 및 연평도 포격도발의 교훈과 북한군의 새로운 위협에 따라 우리 군은 군사대비태세를 한층 강화시키고 있다. 우선 국방개혁 차원에서 합동성 발휘를 보장토록 상부지휘구조 개선을 추진하고, 2011년 6월 해병대사령부를 모체로 서북도서방위사령부를 창설하였다. 그리고 북한군의 기습강점과 화력도발 위협을 억제하기 위해 서해 5도에 감시·탐지장비, 공격헬기 및 K-9 자주포 등 타격무기를 증강 배치하고, 방어시설을 대폭 증강시켰다. 또한, 서해 5도 해병부대의 방어태세 유지를 위한 해상사격훈련은 기존대로 월간 단위로 다양한 사격구역을 선정하여 실시하고 있다.

북한은 우리 관할해역에서 실시하는 정당한 해상사격훈련에 대해 군사도발이라고 비난하고 있다. 특히 북한은 그들이 해상경비계선 이북해역이라고 주장하는 연평도 서남방 해역에서의 사격훈련에 대해 북한 영해에 대한 침범이라고 주장하면서 강도 높게 위협해오고 있다. 예컨대, 2011년 10월 6일 우리 군의 해상사격훈련이 있은 후 남북장성급군사회담 단장 명의로 "해상침범은 공공연한 전쟁행위로서, 전쟁행위에 물리적으로 대응하지 않으면 안 되게 되었으며 만단의 태세를 갖추고 있다"고 위협하는 전통문을 보내 왔다.

그리고 2012년 2월 20일 유엔사 군정위 및 중감위 참관단이 입회한 가운데 실시되는 우리 군의 해상사격훈련이 예고되자, 북한은 여러 채널을 통해 위협해왔다. 먼저 사격훈련 하루 전인 2월 19일 남북장성급군사회담 단장 명의 전통문을 통해 "북측 영해를 목표로 포사격훈련을 감행하려 한다"고 비난하면서, "지난 2010년 11월 23일이 보여준 바와 같이 북측 수역에 남측의 총포탄이 단 한 발이라도 떨어진다면 즉시적이고 무자비한 보복대응을 유발시킬 것"이라고 위협하였다. 곧이어 발표한 조선인민군 전선서부지구사령부의 공개통고장을 통해 "위임에 따라, 북한의 해상경계선을 넘어 북측 영해수역에 대한 남측의 군사적 도발이 시작되고 북한 영해에서 단 한 개의 수주(물기둥)이 감시되면 그 즉시 인민군대의 무자비한 대응타격이 개시될 것이다. 서해 5개 섬의 모든 민간인들은 해상사격이 개시되는 20일 9시 전에 안전지대로 대피할 것이다. 남측은 연평도 불바다의 교훈을 잊지 말아야 한다"고 협박하였다. 그리고 2월 20일 당일 아침에는 조선평화통일위원회 서기국 보도를 통해 "이번의 군사적 도발로 북한의 대응을 가늠해보려고 하지만 그에 대답은 명백하다. 전번 연평도 포격전의 몇 천 배되는 무서운 징벌을 면치 못하게 될 것"이라고 수사적 위협을 가해왔다.

결국 북한이 황당한 주장과 수사적 위협, 그리고 무력도발을 반복하는 것은 북방한계선을 무력화시키려는 의도와 전략에 변화가 없다는 것을 의미한다. 북한은 앞으로도 소위 '서해 해상 군사분계선'과 '해상경비계선'에 대한 주장을 기정사실화하고, 이를 북방한계선 무실화와 무력도발의 명분으로 이용할 것으로 예상된다.

제6장

북방한계선에 대한 우리 내부 논쟁

25. 제1 · 2차 연평해전 이후 법적 실효성 논쟁

지난 시기 김대중 정부가 대북포용정책을 추진했음에도 불구하고 북한은 서해에서 두 차례나 무력도발을 감행해왔다. 서해 북방한계선 일대에서 연이어 벌어진 남북 해군간 교전으로 남북관계에 부정적 영향을 미쳤을 뿐만 아니라 우리 내부에서 북방한계선에 대한 논쟁이 촉발되었다. 논쟁의 초점은 북방한계선의 법적 실효성 문제와 북방한계선이 남북 간의 해상경계선으로 인정되는지 여부에 관한 것이었다. 법적 차원에서 북방한계선의 정당성과 남북 해상경계선으로서의 실효성을 인정하는 정통주의적 견해와 이와 의견을 달리하는 수정주의적 견해 간에 첨예한 논쟁이 전개되었던 것이다.[1)]

정통주의적 견해

북방한계선에 대한 정통주의적 견해는 북방한계선의 법적 정당성과 실효성을 인정하는 견해를 말한다. 이러한 정통주의적 견해에는 북방한계선에 관한 응고설, 특별 관습법설, 실효적 지배설, 필수적 사후조치

1) 정통주의적 견해와 수정주의적 견해로 구분한 것은 필자의 편의적 구분에 의한 것이다.

설, 그리고 정전체제하의 방위수역설 또는 작전수역설 등이 있다.

첫 번째, 제성호 교수와 이한기 교수 등이 주장하는 북방한계선에 대한 '응고설'(consolidation theory)이 있다.[2] '응고설'이란 국제법상 영토에 관한 '영역권'은 '점유주의'에 입각한 일방적 영토 취득뿐만 아니라 '합의 · 승인 · 묵인'과 같은 다양한 방식에 의해 응고되며 확정되어 간다는 이론이다. 이러한 입장에 따라 북방한계선은 지난 40여 년 동안 북한의 사실상 '묵인'하에 성립된 여러 관행을 통해 명확하게 응고되었다고 본다. 특히 북한 해군이 그동안 취해온 경비구역의 한계가 대체로 북방한계선과 일치한다는 사실은 북한당국의 묵인을 추론 가능케 한다는 것이다.

그런데 이장희 교수는 '응고설'이 기억할 수 없을 정도로 고대의 시점에서부터 권원 형성이 되어야 한다고 비판적 입장을 취하고 있다. 그러나 제성호 교수는 이장희 교수의 주장은 법리를 오해한 것으로 반박한다. 즉 북한이 묵인해온 1953년부터 1973년까지 20년의 기간이라면 '불완전한 권원의 응고'는 승인 및 묵인, 금반언(禁反言)의 원칙 등에 의해 얼마든지 가능하다는 것이다.[3]

이러한 예는 태국과 캄보디아 간의 '프레어 비히어 사원'(Temple of Preah Vihear) 사건을 들 수 있다.[4] 1959년 국제사법재판소는 16년 동안

2) 제성호, 「북방한계선의 법적 성격과 유효성」(중앙대학교, 2001) ; 이한기, 『신고 국제법강의』(박영사, 1996) 참고.

3) '금반언(禁反言)의 원칙'이란 한 번 주장하여 상대방이 그렇게 믿고 있는 것을 말을 바꾸어 주장하는 것을 금지하는 원칙으로서 '신뢰성실의 원칙'이라고도 하며 국제법상 확립된 법원칙이다.

4) '프레어 비히어 사원 사건'이란 태국과 캄보디아 간의 국경문제를 캄보디아가 1959년 10월 국제사법재판소에 제소한 사건이다. 1904년 태국과 캄보디아의 보호국이었던 프랑스는 양국간 국경을 획정하는 조약을 체결하였다. 이

태국이 자국의 영토로 이의를 제기하지 않았던 사실에 대해 '금반언의 원칙'과 '묵시적 승인(묵인)의 법리'를 적용하여 캄보디아 영토로 인정하였다. 즉 국제사법재판소는 "태국이 잘못 제작된 지도의 효력을 부인하려면 그 부정확함이 판명된 후 즉시 또는 합리적인 기간 내에 그러한 뜻을 표명했어야 함에도 불구하고 그렇게 하지 않았으므로 이것을 '묵시적 승인'으로 보아야 한다"고 판시하였다. 태국이 1934년 프레어 비히어 사원이 캄보디아 영토에 잘못 표시된 것을 발견하였음에도 불구하고 16년 동안 문제로 삼지 않은 사실은 묵시적으로 승인한 것으로 보아야 한다는 것이다.

한편, 김영구 교수는 '역사적 권원의 응고이론'을 원용할 경우 '장기적인 평화적 점유'와 상대방의 '묵시적 승인' 등이 그 요건이 될 것이나, 정전의 전 기간을 통하여 긴장상태로 대치해 온 남북한 간에 있어서는 이러한 요건을 충족하지 못한다는 비판적 견해를 제시하고 있다.[5] 그

조약에 의하면 국경은 당그렉 산맥의 분수령에 따라 획선하는데 합의하였으나, 1907년 국경위원회가 프레어 비히어 사원을 캄보디아 영토 내로 잘못 표시한 대로 양측은 공시적 관계를 지속하였다. 태국은 1934년 측량조사 결과 이 지도에 착오가 있는 것을 발견하였으나 16년 동안 전혀 문제를 삼지 않다가 1950년 이 사원 지역에 국경수비대를 배치하였다. 1953년 독립한 캄보디아는 이 국경문제를 협의하기 위해 태국이 접촉 자체를 거부하자 1959년 9월 국제사법재판소에 제소하였다. 국제사법재판소는 '1930년 이 사원을 방문한 태국 정부관리들이 프랑스 측으로부터 외국 귀빈으로 접대를 받았던 사실'에 근거하여 태국이 프레어 비히어 사원 지역에 대한 영유권을 주장하는 것은 국제법상 일반적으로 인정되는 '금반언의 원칙'에 반한다고 판시하였다. 또한 "태국이 잘못 제작된 지도의 효력을 부인하려면 그 부정확함이 판명된 후 즉시 또는 합리적 기간 내에 그러한 뜻을 표명했어야 함에도 불구하고 그렇게 하지 않았으므로 이것을 묵시적으로 승인한 것으로 보아야 한다. 태국 정부는 지도의 착오에 대해 항의할 수 있는 충분한 시간을 가지고 있었으나 착오를 발견한 그 당시 즉시 또는 그 이후 수년 동안 이런 항의를 하지 않았으므로 잘못된 지도의 내용을 묵인한 것으로 볼 수밖에 없다"고 판시하였다.

러나 '평화적 점유'는 '응고이론'에 있어서 필수적인 요건이지만, 국가 간 사활적 이익이 걸려있는 영역의 분쟁에 있어서 '평화적인 점유'를 요구하는 것은 지나치게 이상적이고 국제실행에도 어긋나는 것이다. 예컨대, 영국의 포클랜드 도서 영유, 러시아의 북방 4개 도서 영유, 일본의 조어도 영유, 한국의 독도 영유 등 모두는 상대국으로부터 문제 제기를 받고 있으나 각 해당국가의 영토로 편입되어 있는 것이 국제실행이다.

제성호 교수는 일단 '묵시적 승인의 성립'이 이루어진 다음에는 '금반언의 법리'가 적용되기 때문에 사후에 묵인한 사실과 다른 의사표시를 하더라도 이는 그 유효성을 가질 수 없다고 본다.[6] 결국 북한의 북방한계선에 대한 묵시적 승인은 인정된다는 것이다.

두 번째, 배재식 교수와 김찬규 교수 등의 견해에 의하면 북방한계선은 법적 실효성을 가지고 있다.[7] 즉 북방한계선은 비록 유엔군사령관의 일방적 조치로서 설정되었지만 수십 년간 북측에서 명시적 이의를 제기하지 않았다. 따라서 이 경계선에 대해 정전체제의 일부를 구성하는 것으로 쌍방간 '묵시적 합의'가 이루어져 정전협정 자체와 동일한 효력을 갖는 관습법으로 성립되었다고 보는 견해이다.

세 번째, 김명기 교수와 김정건 교수 등이 주장하는 북방한계선에 대한 '실효적 지배설'이다.[8] '실효적 지배'란 국제법적 권원의 유무를 불문

---

5) 김영구, 「북방한계선과 서해교전 사태에 관련된 당면문제의 국제법적 분석」, 『STRATEGY 21』 제9호(한국해양전략연구소, 2002) 참조.

6) 제성호, 「북방한계선의 법적 고찰」, 『국방정책연구』(한국국방연구원, 2004) ; 제성호, 『한반도 안보와 국제법』(한국국방연구원, 2010) 참조.

7) 배재식, 『현 휴전협정체제에서 본 서해 5도의 문제점 발생원인 및 대책』(국토통일원, 1977) ; 김찬규, 『국제법에 대한 북한의 태도』(국토통일원, 1976) 참조.

8) 김명기, 「남북한 서해경계선에 대한 국제법적 고찰」, 『국제문제』 1999년 11월호 ; 김정건, 『국제법』(박영사, 1998) 참조.

하고 현실적인 사실상의 지배를 존중하여 법적 정당성을 부여하는 견해이다.[9] 요컨대 서해 5도와 북방한계선 이남 수역은 한반도 분단 이후 지금까지 계속해서 대한민국이 실효적 지배를 해왔다는 사실로 볼 때 북방한계선의 역사적 권원에 대한 정당성이 인정된다는 주장이다.

네 번째 견해는 유병화 교수, 김영구 교수, 최진모 교수가 주장하는 북방한계선에 대한 '필수적 사후조치설'이다.[10] 이 학설에 의하면, 북방한계선은 「정전협정」 제2조 13항 및 15항을 이행하기 위한 필수적인 조치로서 설정·시행되었다는 것을 지적하는 것만으로도 법적 효력을 갖기에 충분하다는 것이다. 북방한계선은 비록 「정전협정」에 합의된 선은 아니지만 「정전협정」을 이행하는 과정에서 쌍방의 무력충돌 방지와 정전체제의 안정적 관리를 위해 불가피하게 설정된 선으로서 「정전협정」의 근본취지와 제 원칙에 부합된다는 견해이다. 즉 「정전협정」의 사후조치에 해당되는 것이다.

다섯 번째로 백진현 교수와 박종성 교수가 주장하는 정전체제하의 '방위수역설' 또는 '작전수역설'이 있다.[11] 북방한계선의 이남 수역은 정전체제하에서 설치된 '전쟁수역' 또는 '방위수역'의 지위를 갖는다는 학설이다.[12] 따라서 한반도 정전체제하에서 존재하는 북방한계선은 평화협

---

9) '권원'(權原)이란 권리의 정당성을 뒷받침하기 위한 법적 원천을 말한다.

10) 유병화, 『동북아지역과 해양법』(진성사, 1991) ; 김영구, 『한국과 바다의 국제법』(효성출판사, 1999) 참조.

11) 박종성, 『해양경계분쟁에 대한 해결방법』(외교안보연구소, 1978) 참조.

12) 국제법상 국가는 전시에 '전쟁수역'(war zone)을 선포하여 적국의 항구와 연안을 봉쇄할 수 있는 권리를 가지며, 전·평시를 불문하고 '방위수역'(defense zone)을 설정할 수 있는 권리를 가진다. Ian Brownlie에 의하면 이러한 권리는 국가의 고유한 권리인 '자위권'에서 도출된다. 이러한 예를 들면, 러일전쟁 중 일본은 특정해역을 '방위수역'으로 선포하였다. 제1차 세계대전 중 독

정이 체결되어 명시적인 경계선이 획정되기 전까지는 유효한 해상경계선으로서 간주되어야 한다는 견해이다.

수정주의적 견해

수정주의적 견해는 법적으로 북방한계선을 '공식적인 해상경계선' 또는 '영구적인 영해선'으로 보기 어렵다는 입장을 나타낸다.

첫 번째, 북방한계선을 '잠정적인 해상경계선'으로 보는 이장희 교수의 견해가 있다.[13] 이 교수에 의하면, 북측 선박의 북방한계선 월선은 「남북기본합의서」상의 불가침 경계선에 대한 위반은 되어도 국제법상 한국의 영해에 대한 침해는 아니라고 본다. 즉 「남북기본합의서」에 따라 북방한계선은 확정된 것이 아니라 앞으로 계속 협의해야 할 '잠정적' 성격을 가진 경계선이지만, 새로운 해상경계선이 확정될 때까지는 남북한이 모두 준수해야 한다는 것이다. 따라서 서해 해상경계선 문제는 「남북기본합의서」상의 문제로 북측과 협의해야 하며, 이를 정전협정체제상의 문제로 처리하는 것은 법적으로 맞지 않다고 본다.

이 견해에 대해 김영구 교수는 북방한계선을 「남북기본합의서」에서 합의된 불가침 경계선으로 보고 있으나, 정확히 말하면 「남북기본합의

일은 영국 주변 해역의 선박을 무경고 격침시키는 '차단수역'을 설정한 바 있으며, 미국은 '방위수역'을 선포하여 이 해역을 출입하는 항행을 통제한 바 있다. 제2차 세계대전 중 영국은 북해 전역을 '군사수역'으로 선포한 사례가 있다.

13) 이장희, 「6·29서해교전과 북방한계선에 대한 국제법적 검토」, 『외법논집』 제12집(2002. 8) 참조.

서」나 「불가침부속합의서」에서 해상 불가침 경계선은 합의되지 않았다고 주장한다.[14] 김 교수는 「남북기본합의서」와 「불가침부속합의서」에서 앞으로 남과 북이 협의하여 확정시킬 해상 불가침 경계선은 지금 북한이 적법성을 다투고 있는 북방한계선이 아니므로, 이 이론을 가지고는 북한이 북방한계선의 적법성을 부정하고 이를 준수하지 않는 것에 대해서 다툴 근거를 상실하게 된다고 주장한다. 그리고 「남북기본합의서」뿐만 아니라 「정전협정」도 현재 남북관계를 규율하는 법적 기초가 된다는 것이다. 즉 「남북기본합의서」 제5조에서 "남북 사이의 공고한 평화상태로 전환시키기 위하여 공동으로 노력"하기로 합의한 만큼 부자연스러운 대로 아직 남북은 정전체제로 남아 있는 것이며, "평화상태가 이룩될 때까지 현 군사정전협정을 준수한다"는 「남북기본합의서」 제5조의 기준은 유효하므로 「정전협정」은 여전히 남북관계를 규율하는 법적 기초가 된다는 것이다.

두 번째, 리영희 교수와 강정구 교수는 북방한계선의 법적 지위를 인정하기 어렵다는 주장을 펴고 있다.[15] 이들은 "북방한계선은 유엔군사령관의 자기 제한적이고 일방적인 조치로 설정된 것이고, 「정전협정」 당사자 간의 합의에 의해 성립되지 않았기 때문에 「정전협정」의 내용이 될 수 없으며 국제법적 구속력도 없다"고 주장한다. 또한 "북방한계선의 전신은 유엔군 측의 일방적인 봉쇄선이었던 클라크 라인(Clark Line)이고, 클라크 라인의 대체적인 기능을 갖는 북방한계선은 「정전협정」

---

14) 「불가침부속합의서」 제10조에는 "남과 북의 해상 불가침 경계선은 앞으로 계속 협의한다"고 합의하였다.

15) 리영희, 「북방한계선은 합법적 군사분계선인가?」, 『통일시론』 제2권 2호(1999년 여름호) ; 강정구, 「서해교전과 맹목적 냉전성역의 허구성」, 『진보평론』 제13권(2002년 가을호) 참조.

제2조 15항의 봉쇄 금지 조항의 정신에 위배된다. 북방한계선을 유엔사 측이 북한에 공식 통보한 사실이 없고, 북한도 이를 승인한 사실이 없다"고 주장하였다.

그리고 이들은 "북방한계선의 국제관습법성 주장은 국제관습법의 성립요건의 하나인 '지속적이고 획일적인 관행'이 존재하지 않기 때문에 그 근거가 미약하다"고 주장한다. 즉 국제법상 국제관습법으로 성립하기 위한 요건은 ① 국가들 간에 지속적이고 획일적인(constant and uniform) 일반관행이 존재하고, ② 국가들이 이 일반관행을 법적 구속력이 있는 것으로 수락한다는 법적 확신(opinio juris)이 존재해야 한다. 이러한 측면에서 볼 때, 북방한계선이 국제관습법의 요건을 충족하여 지역 간에 적용되는 특별 관습법으로 확립되었다고 단언하기는 어렵다는 것이다.

따라서 이들은 "북방한계선은 '실효성의 원칙'과 '응고의 효력'으로 확정되었다는 한국 측의 주장은 비논리적이다. 이러한 점유는 '폭력이나 은비(隱秘)에 의하지 않는 것'이어야만 하는데, 한국 해군이 무력으로 북한 함정의 월선을 저지해왔다. 북한이 40여 년간 북방한계선을 묵시적으로 인정해왔다는 주장은 사실과 다르며, 북한은 1956년 이래 매년 정기적으로 수없이 많이 북방한계선을 침범해왔다. 그동안 북한 해군함정의 빈번한 북방한계선 침범사례는 이러한 실효적 현상의 확정이나 응고를 저지하는 '최고(催告)나 소멸시효의 중단행위'에 해당된다"고 주장하고 있다.

또한, 이들은 "「정전협정」상 인정될 수 있는 유일한 서해안 수역의 분계선은 황해도와 경기도의 도계선이다. 「남북기본합의서」상의 '쌍방이 관할하여 온 구역'의 의미는 한강하구 공동수역이나 육상의 비무장지대와 같은 남과 북이 공동으로 관리해 온 구역을 의미하며, 해상의 북방한계선은 쌍방이 관할한 것이 아니라 유엔군 측 일방만이 관할하여 온 구역이다"라고 주장한다.

리영희 교수와 강정구 교수의 주장 대부분은 왜곡된 사실을 근거로 한 것으로 납득하기 어려울 뿐만 아니라 북한이 북방한계선을 부정하는 논거로 이용당하고 있다는 문제가 있다. 이들 주장이 갖고 있는 문제점을 한 가지씩 검토해보면 다음과 같다.

첫 번째, 북방한계선은 유엔군사령관의 자기 제한적이고 일방적인 조치였던 것은 사실이나, 상호 적대행위를 중지하기로 한 약속을 이행하기 위해서 양측 군사력을 분리시키는 군사분계선을 설정한 「정전협정」의 기본 취지와 정신에 따라 해상 군사분계선의 성격으로 설정되었다는 것을 간과해서는 안 된다. 특히 정전 당시 서해의 압록강하구로부터 한강하구에 이르기까지 북한의 해상 군사력은 존재하지 않았던 사실로 볼 때, 유엔군사령관의 일방적 조치는 「정전협정」의 정신에 부합되는 것이다.

두 번째, 북방한계선의 전신이 '클라크 라인'이라는 주장은 사실과 다르며, 봉쇄선이었던 '클라크 라인'과 북방한계선의 성격에 대해 제대로 이해하지 못한 무지에서 비롯된 견해에 불과하다. 6·25전쟁 당시 1952년 9월 27일 선포하였다가 1953년 8월 27일 철폐한 '클라크 라인'은 북방한계선을 위한 법적인 존재 근거가 아니며 또 그렇게 주장한 적도 없다. 클라크 라인은 오로지 전시에 한반도 연안의 경비, 적의 침입과 금수품 도입을 예방하기 위해 북한 인근 해상에 대한 해상봉쇄선이었다. 반면에 유엔군 측 함정과 선박의 해상 북방한계를 정한 북방한계선은 정전 시에 적용되는 일종의 '방위수역'의 한계선이다.[16] 즉 정전 시 북방한계선은 전시 해상봉쇄선 성격의 '클라크 라인'과는 전혀 관련이 없는 별도의 선인 것이다.

세 번째, 북방한계선이 봉쇄를 금지하는 「정전협정」 15항의 정신에 위배되므로 불법이라는 주장도 사실을 왜곡하는 주장이다. 김영구 교수는 "북방한계선 이북 지역의 북한이 관할하여 온 연해구역은 해주만에서 장산곶에 이르는 수역으로 외해와 연결되어 있으므로 봉쇄되어 있지 않다"고 지적한다. 그리고 제성호 교수도 "북방한계선은 대북 초계활동의 한계선으로서 봉쇄선이 아니며, 봉쇄의 경우는 이를 침파하는 적국 및 중립국 선박을 나포하여 몰수할 수 있는데 반해 북방한계선은 그것을 넘어 해주항에 드나드는 제3국 선박에 대해 어떠한 제재로 가하지 않고 있다"고 지적한다. 북방한계선이 북측 수역을 봉쇄한다는 주장은 허구라는 것이다.

네 번째, 북방한계선 선포가 국제법상 의무적인 통고의 대상인가에 대한 문제이다. 물론 북방한계선에 관한 대북 통보는 바람직하지만 그것이 국제법상 의무적인 통고라고 단정하기는 어렵다. 예컨대 국제법학자 오펜하임(Oppenheim)과 로터파흐트(Lauterpacht)의 분류에 의하면, 국제법적으로 의무적인 통고에는 1907년 「적대행위 개시에 관한 헤이그 협약」에 의거 교전국이 중립국에 대한 '적대행위의 통고', 1909년 '런던 선언에 의한 봉쇄선언의 통고', 1885년 '베를린 공고회의 일반의정서에 의한 선점의 통고' 등이 있다. 그리고 자발적 통고로는 국가의 정부형태나 원수의 변경 통고, 정복 후 병합의 통고, 연방국가 성립의 통고 등이 있다. 제성호 교수는 북방한계선의 대북 통고는 상기 '런던선언에 의한 봉쇄선언의 통고'와 '정복 후 병합의 통고' 사이의 중간적 성격을

16) 제성호 교수와 박종성 교수의 주장이다.

갖는다는 견해를 제시하였다.

한편, 통고 사실의 존재 여부와 관련하여 유엔군 측이 북한군 측에 통고했는지에 대해 긍정하는 견해와 부정하는 견해가 엇갈리고 있으며, 유엔사 측은 통고사실을 명시적으로 시인하지 않고 있다. 그런데 통고를 요하는 사항의 경우에도 그 '통고의 시기'에 관해 국제법상 확립된 원칙은 없다. 다만 통고사실이 존재하지 않더라도 '추후 관행'(subsequent practice)에 의해 그 결함이 치유될 수 있다. 북한은 1959년도 공식발간물인 『조선중앙연감』에서 북방한계선을 군사분계선으로 명시하여 사실상 이를 해상 군사분계선으로 인정한 바 있는데, 이는 북한이 북방한계선을 인지하고 인정하고 있었다는 것을 반증하는 것이다. 제성호 교수는 이것에 의해 북방한계선에 대한 '추후 관행'이 형성되었다고 보고 있다. 결국 북방한계선의 선포가 국제법상 의무적인 통고의 대상인가 여부는 확실하지 않으며, 설사 통고사실이 존재하지 않더라도 '추후 관행'이 형성되었다고 볼 수 있으므로 국제법상 결함은 치유되었다고 할 수 있다.

다섯 번째, 북방한계선이 '실효성의 원칙'과 '응고의 효력'으로 확정되었다는 것이 비논리적이라는 주장의 문제점이다. 우선, '응고의 원칙은 폭력이나 은비(隱秘)에 의하지 않아야 한다'는 주장과 관련하여, '폭력불사용의 조건'이나 '평화적인 점유'는 응고의 이론에서 필수적인 요건이 아니며, 국가 간 사활적 이익이 걸려있는 영역분쟁에 있어서 '평화적인 점유'를 요구하는 것은 지나치게 이상적인 주장이며 국제실행에도 맞지 않는다. 또한 국가의 영역인 북방한계선을 수호하기 위한 무력행사는 국가의 주권적 권리인 자위권 행사에 해당하며, 이는 국제법상 적법한 무력사용에 해당된다는 것이다.

그리고 '은비에 의하지 않아야 한다'는 주장과 관련하여, 북방한계선 설정 당시 군사비밀로 관리되었을 것으로 판단되는데, 이를 문제 삼는 것은 국가안보와 관련된 기밀을 은비하고 있는 국가적 관행을 무시하는 것이다. 설사 북방한계선 선포에 대해서 은비하였다 하더라도 북한이 여러 사례에서 보듯이 북방한계선의 존재를 인지하고 인정해왔다는 사실은 결과적으로 '은비의 과실'을 상쇄한다고 할 수 있다.

또한 '북한 해군함정의 빈번한 북방한계선 침범사례가 응고를 저지한다'는 주장은 '침범행위'와 '국가적 의사표시'를 혼동하는 우를 범하는 것이다. 즉 타국 영역에 대한 무력도발을 법적 효력을 발생시키는 국가적 의사표시로 간주하는 것은 국제공동체에서 국제법체계를 붕괴시키는 결과를 초래한다. 왜냐하면 모든 국가의 영역에 대해 상대국의 빈번한 무력도발로 그 법적 지위가 침해된다면 모든 국가는 영토 확장의 야욕을 충족시키기 위해 타국 영역을 끊임없이 침범할 것이기 때문이다. 따라서 북한 해군함정의 북방한계선 침범사례를 북방한계선을 인정하지 않는다는 국가적 의사표시로 간주할 수 없다. 북한의 그러한 의사표시는 1973년 서해도발 사태 발생 이후 제346차 군사정전위 본회의에서 이루어졌다고 볼 수 있다.

여섯 번째, 「정전협정」상 인정될 수 있는 유일한 서해안 수역의 분계선은 황해도와 경기도의 도계선이라는 주장은 「정전협정」 규정을 정확히 알지 못하는 무지에서 나온 것이다. 즉 「정전협정」 부록 별첨지도 제3도의 주(1)에는 "상기 계선(가－나 선; 황해도와 경기도의 도계선)의 목적은 다만 한국 서부 연안섬들의 통제를 표시하는 것이다. 이 선은 아무런 의의가 없으며 또한 이에 다른 의의를 첨부하지 못한다"고 규정하고 있다. 따라서 상기 주장은 「정전협정」 규정에 위배되는 것이다.

일곱 번째, 「남북기본합의서」에서의 "쌍방이 관할하여 온 구역"의 의미를 남과 북이 "공동으로 관리해온 구역"을 의미한다는 주장도 무지를 드러낸 것이다. 한반도 주변해역에서 남북한 쌍방이 공동으로 관할하여 온 구역은 한 곳도 없다. 리영희 교수는 육상의 비무장지대를 예로 들고 있으나, 이는 「정전협정」 규정에 따라 남(유엔군 측)과 북이 군사분계선의 이남과 이북에서 각자 자기의 영역을 관리해 온 것이지 공동으로 관리해온 것은 아니다. 기본적으로 준전시 상태인 정전체제하에서 남과 북이 공동으로 관리한다는 그 자체가 모순인 것이다.

그리고 이는 기본적으로 국제법상 '조약 해석의 원칙'에도 위배되는 주장이다. 1969년 「조약법에 관한 비엔나협약」 제31조에 의하면 조약은 조약문의 문맥과 통상적인 의미에 따라 해석되어야 한다.[17] 그런데 「남북기본합의서」 규정에 '공동으로'를 추가시키는 것은 이러한 원칙에 위배되는 왜곡된 해석이다. 한편, 「조약법 비엔나협약」 제31조 3항 (b)호에 의하면 조약 해석에 있어서 당사국의 관계에 적용될 수 있는 국제법의 관계규칙도 참작할 것을 규정하고 있다. 현재 남북한 간에 적용할 수 있는 국제법의 관계규칙은 「정전협정」을 의미한다고 볼 수 있다. 따라서 북방한계선은 「정전협정」을 이행하는 과정에서 쌍방의 무력충돌 방지와 정전체제의 안정적인 관리를 위해 불가피하게 설정된 선이기 때문에 「남북기본합의서」상의 "쌍방이 관할하여 온 구역"은 북방한계선을 기준으로 한 구역으로 봐야 한다.

---

17) 「조약법에 관한 비엔나협약」 제31조 (해석의 일반규칙) 제1항 "조약은 조약문의 문맥 및 조약의 대상과 목적으로 보아 그 조약의 문맥에 부여되는 통상적 의미에 따라 성실하게 해석되어야 한다. 제3항 문맥과 함께 다음의 것이 참작되어야 한다." (b)호 "당사국의 관계에 적용될 수 있는 국제법의 관계규칙"으로 규정하고 있다.

이처럼 법적 차원에서 볼 때 수정주의적 논리는 그 자체에 문제가 있을 뿐만 아니라, 현실적으로도 문제가 되는 것은 북한이 이러한 우리 내부의 논쟁에서 제기된 수정주의적 주장들을 북방한계선 무실화의 논리와 명분으로 악용해오고 있다는 것이다. 결과론적으로 우리 내부의 수정주의 학자들이 북한 측에게 북방한계선을 부정하고 무력화하기 위한 논리와 명분을 제공해주는 심각한 현상이 초래되고 있다.

26. 제2차 남북정상회담 전후 영토선 논쟁

'평화·번영의 대북정책'을 추진하였던 노무현 정부는 안정적인 남북관계를 유지하기 위해서는 서해 북방한계선 일대에서 빈발하는 무력충돌을 방지하는 조치가 절실하다고 보았다. 이러한 인식을 바탕으로 북방한계선 상에 남북공동어로구역을 설정하기 위해 대북협상에 적극적인 입장을 견지하였다.

그런데 두 차례의 남북해군 간 교전으로 대다수 국민들에게 북방한계선은 반드시 사수해야 할 '영토선'이라는 인식이 자리 잡고 있었다. 또한 남북장성급군사회담에서도 북방한계선 문제에 대한 공방으로 공동어로구역 설정 문제는 한 발짝도 나아가지 못했다. 이러한 상황에서 남북정상회담을 추진하던 노무현 정부는 「서해평화협력특별지대」 구상을 창안하여 남북정상회담에서 합의하게 되었다. 그러나 남북정상회담 개최 전후에 우리 내부에서는 북방한계선 문제에 대해 보수층과 진보층 간의 치열한 논쟁과 갈등이 노정되었다.

2차 남북정상회담 추진과정에서의 논쟁

2007년 여름 임기가 얼마 남지 않았던 노무현 정부는 2차 남북정상회담을 추진하고 있었다. 이 과정에서 청와대와 통일부의 일부 관료들은 장성급군사회담에서 북방한계선 문제에 대한 논박으로 공동어로구역 문제가 교착상태에 빠진 상황을 못마땅하게 생각하였다. 「참여정부」 내에서는 북방한계선이 우리의 경계선이라는 데는 이견이 없으나 북한이 전향적으로 나오고 있고 정상회담을 위해 북측과의 접촉이 추진되고 있는 만큼 평화적 관리를 위한 제반 협의에 국방부가 전향적으로 움직여야 한다고 보았다. 또한 북방한계선이 법적으로는 논란의 소지가 있는 경계선인 만큼 북측 입장을 경청하는 자세와 함께 우리 내부의 공론화된 논의도 필요하다는 분위기가 팽배하였다.[18]

이러한 분위기 속에서 김장수 국방부장관과 이재정 통일부장관 간에 북방한계선 문제에 대해 정면충돌하는 상황이 연출되었다. 2007년 7월 19일 개최된 안보정책조정회의에서 김장수 장관은 이재정 장관에게 "북방한계선은 군사이슈이고 군사회담 주무부처는 국방부인 만큼 다른 부처는 섣불리 공개 거론하지 말라, 군사문제인 북방한계선에 대해 다른 부처가 앞서가는 발언을 하지 말아 달라"고 요구한 것이다. 이러한 김 장관의 발언에 대해 청와대 행정관들 사이에서는 '청와대에 대한 도전'으로 판단하고 후임 장관을 물색하는 움직임까지 일어났다고 한다.

한편, 8월 초 남북 간에 제2차 남북정상회담을 개최하기로 합의가 이루어졌다. 그런데 이재정 통일부장관은 8월 10일 국회 통일외교통상위원회 답변에서 "서해 북방한계선은 영토의 개념이 아니라 군사적 충돌을 막는 안보적 개념에서 설정된 것"이라고 주장하였다. 이어 16일에는

18) 북방한계선과 관련하여 김장수 국방부장관과 청와대·통일부 인사들 간의 갈등에 대한 내용은 김종대, 『노무현, 시대의 문턱을 넘다』(나무의 숲, 2010), 511~525쪽을 참조하여 정리하였다.

서해교전과 관련하여 "안보를 어떻게 지켜내느냐 하는 방법론에 대해 우리가 반성해야 할 일이 아닌가 생각한다"고 언급하여 파장을 불러 일으켰다.

8월 18일 개최된 청와대 남북정상회담 준비회의에서는 북방한계선 문제에 대해 중점 논의되었다. 이 회의에서 먼저 조성렬 박사가 "국제법적으로 본다면 북방한계선은 경계선이라고 보기에는 석연치 않다. 그러나 우리가 주목해야 할 것은 현실적으로 북방한계선이 경계선으로 작용하고 있는 국제정치적 관점이다. 법적 문제로서 북방한계선 문제는 당분간 덮어두고 현 경계선을 인정한다는 전제 위에서 평화적 관리방법을 모색해야 한다"는 논문을 발제하였다.

논문 발표 후 진행된 토론에서 이재정 장관은 "남북 간의 어떤 협상, 어떤 회담에서도 북방한계선과 경계선 재설정 문제는 일절 없다. 그러나 북방한계선 자체는 법적으로 문제가 있고, 1992년 「남북기본합의서」에서도 이 문제를 계속 논의한다고 한 바 있다. 따라서 여론도 있으니 정상회담 문제와 관련 없이 우리 내부에서는 계속 논의해야 한다"고 주장하였다.

이어서 서주석 청와대 안보수석비서관도 "북방한계선은 유엔군사령관이 일방적으로 선포한 경계선이기 때문에 법적으로 문제가 있으므로 우리 내부에서 공론화가 필요하다"고 주장하였다. 이러한 입장을 견지하였던 서 수석비서관은 "북방한계선이 영해선을 의미한다고 하면 위헌적 주장이며, 국제법적으로도 문제가 된다"고 8월 28일자 『한겨레신문』에 기고하였다.[19] 그는 "우리나라 「헌법」 제3조에는 '대한민국의 영토

19) 서주석은 "휴전 직후 유엔군사령관이 북방한계선을 설정했다는 사실은 잘 알려져 있는데, 이제 그것이 영해선이라면 우리 영토를 유엔군사령관이 지

는 한반도와 부속도서로 한다'고 되어 있다. 이에 따르면 육지에 인접한 북방한계선 남북의 수역은 모두 대한민국의 영토이므로 이 선이 영해선을 의미한다고 하면 위헌적 주장이 된다. 우리의 영해기선은 덕적도 서남쪽의 소령도까지 직선기선으로 명시되어 있는데, 법리상 그 이북의 영해기선은 육지 및 섬의 저조선이다. 따라서 북방한계선은 영해선이라고 보기 힘들다. 서해 5도까지 직선기선을 연장한다면 40해리가 넘는 소청도~연평도 구역은 국제법적으로 문제가 된다. 이는 '어떠한 국가도 타국의 영해를 공해 또는 배타적 경제수역으로부터 격리시키는 방법으로 직선기선 제도를 적용할 수 없다'고 규정하고 있는 「유엔해양법협약」 제7조 6항과도 배치된다. 그러므로 남북정상회담과 후속협의를 통해 경계선 재설정에 대한 무모한 논의보다 이 위험수역을 '평화의 바다'로 재창조하기 위한 호혜적 노력이 집중되기를 기대한다"고 주장하였다.

이러한 청와대회의의 논의방향에 맞춰 통일부 고위간부들도 8월 22일 청와대 「국정브리핑」에 기고문을 실었다. 통일부장관 정책보좌관은 "북방한계선에 대한 우리 내부의 논의나 남북 간의 협의를 더 이상 외면하는 것은 바람직하지 않다. 북방한계선이 조금이라도 변경될 경우 안보에 심각한 위협이 초래될 것이라는 주장에는 동의할 수 없다"고 한

정한 셈이 된다. 또 이 선이 영해선이라면 육상의 군사분계선도 국경선이라고 해야 할 텐데 정작 그런 주장은 없다.……휴전협상 당시의 논란을 상기한다면 이 수역 모두를 자신의 영해로 주장하는 북측의 태도도 문제지만, 우리도 이를 영해선으로 설정하기 곤란한 것이 사실이다. 북방한계선은 이미 남북의 실질적 해상경계선이며 군사분계선이다. 가끔 긴장이 발생해도 충돌이 매일 일어나지 않는 이유는 남북 모두 이를 인식하면서 행동하기 때문이다"라는 입장을 밝혔다. 『한겨레신문』(2007. 8. 28), 「NLL 수역 평화정착 노력해야」.

발 더 나아갔다. 한편, 통일부 평화체제구축팀장은 "북방한계선 지역에서의 평화를 만들어갈 수 있는 방안을 찾아야 하며 보다 창의적이고 유연한, 그리고 포괄적인 접근이 필요하다"는 의견을 제시하였다.

이어서 정세현, 이종석 전 통일부장관들도 청와대 「국정브리핑」에 북방한계선 문제를 해결해야 한다는 견해를 연이어 발표하였다. 정세현 전 장관은 8월 29일 "북방한계선 문제는 기본적으로 국방장관회담(군사공동위원회) 소관사항이고, 경제협력과 군사협력의 상호 보완관계 속에서 해결의 실마리를 풀어나가야 할 문제"라는 입장을 피력하였다. 그리고 이종석 전 장관도 8월 30일 "북방한계선 수역의 평화를 증진시키고 우리 어민들의 경제적 이익을 지키기 위해서 우리는 이 지역의 항구적 안정을 추구해야 한다. 「남북기본합의서」에 기초해서 북한이 북방한계선을 새 경계선이 확정되기 전까지 확고하게 불가침 경계선으로 인정토록 하고, 그 바탕 위에서 협의를 해나가는 것이 논리적으로나 현실적으로나 그동안 역대 정부가 취해 온 정책방향으로 보나 합리적이라 본다"고 주장하였다.

한편, 이대근 컬럼니스트는 "군사적 신뢰구축을 통해 평화를 진전시키고 경협을 발전시키려면 북방한계선 문제에 유연해져야 한다"고 하였다.[20] 김근식 경남대교수도 "'북방한계선을 협의할 테니 인정하라'로 발상을 바꾸어 북한과의 생산적 협상의 지렛대로 활용하고, 북방한계선에 대한 유연한 접근을 통해 우리가 반드시 얻어내야 할 대북 근본문제에 대해 북한의 양보를 얻어낼 수 있도록 해야 한다"고 주장하였다.[21]

이처럼 남북정상회담을 앞두고 청와대와 통일부의 고위관료들과 일

20) 『경향신문』(2007. 8. 29).

21) 『프레시안』(2007. 8. 30).

부 학자들 중심으로 북방한계선이 법적인 문제가 있는 만큼 유연하게 접근하고 평화적으로 해결하기 위한 대북협의가 필요하다는 주장들이 제기되었다. 이러한 노무현 정부의 인식에 대해 보수층에서는 불안한 시선을 감추지 않았다. 보수층에서는 북방한계선은 우리의 영해선 또는 실질적인 해상경계선으로서 북한과의 협상의 대상이 아니라는 입장을 다각도로 제기하였다.

먼저, 군사적 관점에서 북방한계선은 정전체제하에서 존재하는 해상경계선이라는 주장들이 제기되었다. 조성태 전 국방부장관은 "북방한계선은 비무장지대의 군사분계선과 같은 영해선으로서 정전체제의 안정적 관리를 위한 해상경계선이다"라고 하였다.[22] 안병태 전 해군참모총장은 "북방한계선은 영토 개념이나 안보 개념보다는 그 성격상 '휴전체제의 군사적인 개념'으로서, 휴전 이후 북측의 20년간에 걸친 국제법상의 묵인과 행정조치, 그리고 국제관행으로 보아 남북 간의 해상경계선으로 정립된 상태이다"라는 견해를 밝혔다.[23] 김종하 한남대 교수는 "북방한계선은 「정전협정」의 안정적 관리를 위해 설정된 선으로, 현재까지 해상 군사분계선의 기능과 역할을 해왔기 때문에 남북 간의 실질적인 해상경계선이다"라고 주장하였다.[24]

그리고 일부 학자들은 북방한계선을 건드리는 것에 대한 위험성을 환기시켰다. 예를 들면, 김종하 한남대 교수는 "북방한계선 재설정은 남북 간에 평화정착을 가능하게 하기보다는 오히려 군사적 긴장을 증폭시킬 가능성이 높다."[25] 브루스 벡톨 미국지휘참모대학 교수도 "북방

22) 『조선일보』(2007. 8. 20).

23) 『문화일보』(2007. 8. 29).

24) 『국민일보』(2007. 8. 21).

한계선의 현 상태가 변한다면 남북한 국방당국 모두에게 중대한 도전이 될 것이며 또 다른 충돌의 가능성이 커질 수 있다"고 한 것이다.[26]

또한 군 원로들도 남북정상회담에서 북방한계선에 대해 논의될 가능성에 대해 우려를 표명하였다. 김규 재향군인회 정책국장은 "북방한계선은 정상회담 의제가 아니며 남북간 군사적 신뢰구축을 위한 남북국방장관회담에서 논의해야 할 의제이다." 조성태 전 국방부장관은 "북방한계선을 의제화하면 북한의 주장에 끌려가 북한에 양보할 가능성이 있는 만큼 향후 남북국방장관회담 등에서 논의하는 것이 바람직하다."[27] 안병태 전 해군참모총장도 "북방한계선은 남북장성급회담에서 필요시 고도의 전문가에 의해 협의할 사안이지 최고 정치지도자간 회담의 의제로 삼아 정치적으로 논의할 사안이 아니다."[28] 등의 의견을 개진하였다. 요컨대 북방한계선은 남북 간에 논의할 협상의 대상이 아니며, 설사 논의한다 하더라도 남북정상회담에서 정치적으로 논의해서는 안 되며 고위급 군사회담에서 전문가들에 의해 협의해야 한다고 주장한 것이다.

2차 남북정상회담 이후 논쟁

북방한계선과 관련한 논란은 「서해평화협력특별지대」에 합의했던 제2차 남북정상회담 이후에 더욱 가열되었다. 우리 내부의 영토선 논쟁이

25) 『국민일보』(2007. 8. 21).

26) 『동아일보』(2007. 8. 16).

27) 『조선일보』(2007. 8. 20).

28) 『문화일보』(2007. 8. 29).

노무현 대통령의 북방한계선 발언으로 또 다시 촉발되었다. 노 대통령은 2007년 10월 11일 정당대표들에게 남북정상회담 결과를 설명하는 자리에서 "서해 북방한계선은 어릴 적 땅 따먹기 할 때 그어놓은 선이다. 그 선이 처음에는 우리 군대의 작전금지선이었다. 이것을 오늘에 와서 영토라고 얘기하는 사람이 많은데 남북 간에 합의한 분계선이 아니라는 점을 인정해야 한다. 우리 헌법상 북쪽 땅도 우리 영토이다. 그 영토 안에 줄을 그어놓고 이걸 '영토선'이라고 주장하고 영토주권을 자꾸 얘기하면 정말 헷갈린다. 이렇게 국민을 오도하면 풀 수 없는 문제이다"라고 발언하였던 것이다.[29)]

또한 백낙청 교수는 2007년 10월 17일 자유총연맹과 6·15공동선언실천 남측위원회 공동주관 세미나에서 "'북방한계선이 영토선이 아니다'라는 명제 자체는 엄연한 사실이라는 점을 인정해야 할 것입니다.……(북방한계선은) 헌법과 국제법에 의해 인정된 영토선이 아니고 휴전협정에 의해 북측도 동의한 군사분계선도 아니라는 것입니다. 그럼에도 불구하고 현재 남쪽이 관할하는 영역을 규정하는 선인 것은 분명합니다"라고 밝혔다.[30)]

헌법학자인 장영수 교수도 북방한계선이 영토선은 아니지만 실질적인 해상경계선으로 역할을 하고 있다는 견해를 제시하였다. 그는 "엄밀하게 말하면 북방한계선은 영토선이 아니다. 영토를 경계 짓는 선이란 국가와 국가 사이의 국경선이다. 남북한 관계는 그런 것이 아니므로 북방한계선이든 휴전선이든 국경선이 될 수 없다. 이를 국경으로 보는 것

---

29) 『조선일보』 및 『동아일보』(2007. 10. 12).

30) 백낙청, 「기조발언」, 자유총연맹－6·15공동선언실천 남측위원회, 『2007 남북정상선언과 국민통합』, 제2차 화해·상생 토론회(2007. 10. 17), 10쪽.

은 「헌법」 제3조에도 위배된다. 한반도의 경계인 압록강과 두만강이 대한민국 영토의 한계, 즉 국경선이기 때문이다. 그러나 그것이 북방한계선의 의미를 평가절하 하는 이유는 되기 어렵다. 지난 50여 년 동안 국경선 아닌 휴전선이 남북을 갈라놓았듯이, 북방한계선 또한 남과 북의 해상경계선으로서 역할을 해왔다. 50년 이상 유지돼 왔고, 이를 위해 많은 장병들의 피와 땀이 서려 있는 북방한계선의 의미를 가볍게 여길 수 없는 것이다"라고 한 것이다.[31]

국제해양법재판소 재판관을 역임한 박춘호 교수는 북방한계선이 한반도 정전체제의 일부로서 남북 간의 실질적인 해상경계선으로 굳어져 있다는 입장을 피력하였다. 박 교수는 "북방한계선은 영토개념이랄 것도 안보개념이랄 것도 없다. 정전체제의 일부다. 1953년 일방적으로 설정되긴 했지만 북한은 1973년 군사정전위원회 이전까지 아무런 도발도, 지적도 하지 않았다. '묵종'(默從) 상태에 있었다고 봐야 한다. 그 상태가 굳어져 해상경계선으로 법적 인정을 받을 수 있는 상황이 됐다"고 한 것이다.[32]

김찬규 교수는 북방한계선이 영해개념에 해당된다고 주장하였다. 김 교수는 "북방한계선이 「정전협정」에 근거가 없고 1953년 8월 유엔사 측에 의해 일방적으로 설정되었다는 것은 사실이다. 그러나 그것은 해상군사분계선으로 설정 목적이 정당했고 대략적인 중간선이기에 설치 방법이 합리적이었다. 북한이 이에 대해 공식적으로 이의를 제기한 게 1973년 12월이었으므로 20년 동안 북한의 묵종이 있었다. 20년 동안에 북한에 의한 무력행사가 없었던 것은 아니지만 이것은 이의 제기로 인

31) 장영수, 「대한민국의 영토와 NLL」, 『중앙일보』(2007. 10. 15).

32) 『중앙일보』(2007. 10. 15).

정할 수 없다. 왜냐하면 「정전협정」상 공식적 의사표시는 군사정전위원회를 통해서만 가능하기 때문이다. 20년간에 걸친 북한의 묵종으로 북방한계선은 정전체제의 일부, 다시 말해 서해 해상 군사분계선으로 굳어졌다. 그 후에 일어난 북한의 도발은 「정전협정」 위반이 될 뿐이다. 북방한계선은 영토개념을 가진 것이며 한반도 정전체제의 불가분의 일부다"고 주장한 것이다.[33]

1990년대 초 남북고위급회담 군사분과위원회 위원장을 역임한 박용옥 전 국방부차관은 북방한계선은 남북 간의 실질적인 해상경계선이라는 입장을 제시하였다. 박 차관은 "1953년 이후 수십 년간 북한이 북방한계선을 해상경계선으로 인정하는 태도를 취해 왔고, 1999년과 2002년 두 차례의 교전까지 벌어지면서 영토의 성격이 더욱 강해졌다"고 강조하였다.[34] 그리고 "그간 우리 군 당국은 북방한계선에 대한 입장을 분명히 해왔다. 현 북방한계선은 1953년 「정전협정」 당시의 군사 상황과 협정 내용을 고려하여 합리적으로 그은 해상 군사분계선이며, 1992년 「남북기본합의서」와 「불가침부속합의서」에서 남북이 인정한 각각의 관할구역을 구분하는 선이기도 하다. 또 우리의 해군이 1999년 연평해전과 2002년 서해교전을 통해 사수한 실질적인 해상 군사분계선이다"고 명확하게 정리하였다.[35]

이러한 북방한계선에 대한 영토선 논쟁에 대해 제성호 교수는 '영토관할권의 한계선'이라는 개념으로 설명하고 있다. 제 교수는 "헌법이나 국제법상 '영토선'이라는 개념은 확립된 개념이 아니다. 그러한 영토선

33) 『국민일보』(2007. 10. 19).

34) 『조선일보』(2007. 10. 12).

35) 박용옥, 「노 대통령 NLL관 국민을 오도한다」, 『문화일보』(2007. 10. 16).

의 의미를 담은 전문적 · 기술적인 용어로서는 통상 '국경선'(boundary, border line)이라는 말이 일반적으로 사용되고 있다. 굳이 영토선이라는 말을 사용할 경우, 그것은 '영토관할권의 한계선'을 가리키는 것이라고 할 수 있다. 이러한 개념의 영토선 내지 영토관할권의 한계선은 두 가지 의미를 갖는다. 하나는 국가 간의 영토관할권 한계를 지칭하는 국경선이 그것이다. 다른 하나는 분단국 내부에서 두 분단체제(divides entities) 상호 간에 존재하는 실질적인 영토관할권의 경계선 혹은 분계선을 가리키는 것이다. 북방한계선은 군사분계선과 함께 후자의 의미에서 영토선이라고 할 수 있다.……「헌법」 제3조의 영토는 대한민국의 '본래적 · 당위적인 영토 개념', 즉 최종 지향목표로서의 '완성된 영토' 개념 혹은 '대영토' 개념이라고 한다면, 군사분계선과 북방한계선은 분단국 내부에서 존재하는 현재의 '실질적 관할 영토 개념', 즉 분단 상황 아래서의 '잠정적 · 실제상의 영토' 개념 내지 '소영토' 개념이라고 할 수 있을 것이다"라고 법학자로서의 견해를 제시하였다.[36]

이와 같이 북방한계선에 관한 우리 내부의 논쟁은 처음에는 국제법학자들 중심의 법적 실효성 여부에 관한 견해 차이에서 시작되었으나 점차 진보와 보수 간의 정치적인 영토선 논쟁으로 확대되었다. 이에 따라 우리 국민의 북방한계선에 대한 관심도 그만큼 증대되었고, 전문적인 법적 성격 여부를 떠나 반드시 지켜내야 할 영토선의 개념으로 각인되었다. 특히 1999년부터 반복되어온 북한의 북방한계선 일대에서의 무력도발과 우리 영토인 연평도에 대한 직접적인 포격도발을 겪으면서 북방한계선이 우리의 영토선이라는 국민적 인식은 더욱 확고해졌다.

---

36) 제성호, 『한반도 안보와 국제법』(한국국방연구원, 2010), 277~278쪽.

27. 우리 내부의 논쟁과 북한의 부정 논거

북방한계선에 대한 우리 내부의 논쟁

앞에서 살펴본 우리 내부의 논쟁을 정리해보면 '북방한계선의 법적 성격'과 '남북 간 협의'에 대한 인식에 따라 정통주의적 견해와 수정주의적 견해로 양분할 수 있다.

우선 정통주의적 견해로 북방한계선은 성격상 '영토선' 또는 '정전체제하의 실질적인 해상경계선'으로서 주권의 수호 차원에서 절대 사수해야 하며 남북 간에 협의해서는 안 된다는 점을 강조하고 있다. 요컨대 북방한계선은 지난 50년간 우리 군의 희생으로 지켜온 '영토선' 또는 '영해선'으로 인식하고 있는 것이다. 따라서 북방한계선의 재설정은 군사적 긴장을 증폭시키는 계기가 될 것이므로 정상회담의 의제가 되거나 정치적 해결에 반대하였다. 다만 새로운 해상경계선 문제는 「남북기본합의서」에 기초하고 북방한계선을 인정하는 바탕 위에서 국방장관회담이나 남북군사공동위를 통해 군사적 신뢰구축조치와 함께 협의·해결해야 한다고 주장한다.

반면 수정주의적 견해에서 볼 때, 북방한계선은 법적으로 문제가 있다는 점을 인정해야 하고, 그 성격상 영토 개념의 영해선이 아닌 안보적 개념의 경계선이라고 주장한다. 그러므로 남북 간에 북방한계선 일대의 무력충돌 방지와 평화정착을 위한 합리적인 방안을 마련하는 협의를 적극 추진해야 한다는 입장을 견지하고 있다. 이러한 입장에 따라 「참여정부」에서는 북방한계선을 둘러싼 무력충돌의 문제를 해결하기 위해 「서해평화협력특별지대」 구상을 제기하여 남북정상회담에서 합의하였다.[37)]

그러나 이와 같은 북방한계선에 대한 우리 내부의 논쟁과 북한의 집요한 북방한계선 무실화 책동은 우리 국민여론을 결집시켜주는데 커다란 영향을 주었다. 대다수 국민들은 북방한계선에 대해 안보 개념을 넘어 영토 개념에서 절대 사수해야 할 해상경계선으로 인식하게 된 것이다. 따라서 남북 간에 새로운 해상경계선을 재설정하는 문제를 협의하는 것은 국민적 공감대가 충분히 조성되는 조건에서 추진해야 할 것이다. 남북 간에 「남북기본합의서」상의 군사적 긴장완화와 신뢰구축 합의사항들이 실질적으로 이행되고 한반도 평화체제가 진전되는 단계에서는 국민적 지지와 공감대가 형성되어 자연스럽게 해상 불가침경계선 문제도 해결될 수 있을 것이다. 따라서 남북 간의 합의를 통해 새로운 해상경계선이 설정될 때까지는 '북방한계선 존중 · 준수 원칙'을 확고히 견지해야 하며, 특히 우리 내부에서 북방한계선에 대한 불필요한 논쟁

---

37) 「SBS」 보도(2007.8.30). SBS는 "NLL문제의 해법은 서해상에 육상의 비무장지대와 같은 완충지대로 평화수역을 만드는 것이다. 평화수역이 설정될 지역은 기존의 NLL과 북한이 새로 제시한 해상 경계선의 차이가 가장 큰 수역인 소청도와 연평도 사이가 검토되고 있다. 평화수역에는 남북 군함의 출입은 통제되고 어선들만 어로활동을 하되 질서유지 등을 위해 최소한의 무장을 갖춘 경비선만 출입시키는 방안을 검토 중이다. 경비업무는 평화수역을 반분해 남북이 각각 맡는 방안과 시간대를 정해놓고 교대로 맡는 방안이 논의되고 있다"고 보도하였다.

과 갈등이 발생하지 않아야 할 것이다. 우리 내부의 논란과 갈등은 북한에게 북방한계선 무실화의 논리와 무력도발의 명분을 제공하는 결과를 초래하기 때문이다.

우리 내부 논쟁과 북한의 북방한계선 부정 논거

북한은 북방한계선을 폐기시키고 새로운 해상경계선을 설정하기 위한 명분과 논리를 끊임없이 개발·발전시켜 왔다. 그런데 이러한 북방한계선 무실화 전략에서 북한은 우리 내부의 논쟁에서 제기되는 견해들을 자신에게 유리한 논리와 명분으로 십분 활용해오고 있다는 것이다.

북한의 각종 성명과 발표, 그리고 남북회담에서의 발언들을 살펴보면 우리 내부에서 제기된 수정주의적 견해와 주장들을 그대로 인용하여 그들의 주장을 정당화하고 있다는 것을 알 수 있다. 예를 들면, 북방한계선의 설정 경위와 관련하여 북한은 북방한계선이 6·25전쟁 중에 설정하였던 해상봉쇄선인 '클라크 라인'의 후신이라는 주장을 남북군사회담은 물론 각종 성명과 발표에서 그대로 인용하여 사용하고 있다.

그리고 진보 성향의 정치인과 국제법학자들이 북방한계선이 법적으로 하자가 있으므로 유연하게 접근하고 남북협의를 통해 평화적으로 해결해야 한다는 주장을 협상전술에 공세적으로 적용하여 왔다. 또한 「정전협정」 부록에 표시된 경기도와 황해도의 도경계선 '가-나' 선에 대한 왜곡된 해석, 「남북기본합의서」의 합의내용이 북방한계선과 관련 없다는 견해 등도 북한의 주장을 옹호해주고 있다.

결과적으로 우리 내부의 수정주의적 견해와 진보 성향의 주장들은 북한이 북방한계선을 부정하는 논리와 새로운 해상경계선을 설정하자는 명분으로 활용하는 논거가 되고 있다. 나아가 군사회담에서는 우리 측의 입장과 주장을 양보토록 유도하려는 협상전술에 적용되고 있다. 이러한 현상들은 남북관계의 현실을 무시하는 주장들의 함정이라 하겠다.

제7장 북방한계선의 법적 지위

28. 북방한계선과 「정전협정」

북방한계선과 「정전협정」과의 관계는 이중적이라 할 수 있다. 「정전협정」의 어느 규정에도 해상 군사분계선이나 북방한계선에 대해 명시적으로 합의되어 있지 않다는 측면, 즉 법적인 측면에서는 상호 관련이 없다. 그렇지만 적대행위와 무장행동을 중지하는 「정전협정」의 기본취지와 성격, 「정전협정」이 적용되고 있는 한반도 정전체제의 특수성 등 현실적인 측면에서 볼 때는 상호 불가분의 관련이 있다.

법적 측면의 북방한계선과 「정전협정」

순수 법적인 측면에서 보면 북방한계선은 「정전협정」과 직접적인 관련이 없다. 왜냐하면 「정전협정」에는 유엔군사령관의 서해 5도에 대한 군사통제권만 규정하고 있을 뿐 해상의 군사분계선에 대한 어떠한 규정도 존재하지 않기 때문이다. 북방한계선이 「정전협정」에 규정되어 있지 않다는 법적인 근거로 유엔사는 북한 함정이나 선박이 북방한계선을 넘어올 경우 이를 「정전협정」 위반행위로 간주하지 않는다. 따라서 유엔사는 북한 함정의 북방한계선 월선과 관련하여 군사정전위원회 회의에서 항의하거나 문제를 제기한 적이 없다.[1)]

그런데 북한은 북방한계선을 부정하는 논거로서 「정전협정」을 들고 있다. 북한은 「정전협정」 13항 (ㄴ)목을 근거로 들면서 "황해도와 경기도의 도계선 북쪽과 서쪽에 있는" 수역이 자신의 영해라고 왜곡 주장하고, 북방한계선은 북한의 수역 내에 일방적으로 설정했기 때문에 인정할 수 없다는 논리를 펴고 있다.

그러나 「정전협정」 13항 (ㄴ)목에는 "황해도와 경기도의 도계선(가-나 선) 북쪽과 서쪽에 있는 모든 섬 중에서 5개 도서는 유엔군사령관의 군사통제하에 남겨 두는 것을 제외한 기타 모든 섬들은 조선인민군 최고사령관과 중국인민지원군 사령원의 군사통제하에 둔다"고 규정하고 있다. 하지만 「정전협정」에는 수역에 대해서는 어떠한 규정도 없다. 그리고 「정전협정」 부록 「지도 3」에는 "(황해도와 경기도의) 도계선(가-나 선) 목적은 다만 한국 서부 연해섬들의 통제를 표시한 것이다. 이 선은 아무런 의의가 없으며 또한 이에 다른 의의를 첨부하지도 못한다"고 규정하고 있다. 황해도와 경기도의 도경계선을 표시한 '가-나 선'은 「정전협정」에서 아무런 의미가 없는 선임을 확실하게 명시하였던 것이다. 그러므로 북한이 서북해역을 자신의 영해하고 주장하는 것은 「정전협정」을 자의적으로 왜곡하는 것이며, 「정전협정」에 위배되는 것이다.

한반도 정전체제의 현실과 북방한계선

한반도 정전체제가 유지되고 있는 현실적 측면에서 보자면 「정전협정」과 북방한계선은 불가분의 관련이 있다. 왜냐하면 「정전협정」의 불

1) 이문항, 『JSA-판문점(1953~1994)』(소화, 2001), 91쪽.

완전성으로 인해 북방한계선이 출현하였고, 북방한계선은 적대행위와 무장행동을 중지하는 「정전협정」의 기본취지와 목적에 맞게 실질적인 해상경계선으로 기능해오고 있기 때문이다.

우선, 「정전협정」을 체결하는 기본취지와 목적은 교전하고 있는 적대 쌍방 간에 적대행위와 무장행동을 중지하여 정전상태를 이룩하는데 있다. 이러한 적대행위와 무장행동을 중지시키기 위해 「정전협정」에는 쌍방 군사력을 분리시키는 군사분계선과 완충지대를 설정한다. 그런데 「한국 군사정전협정」은 지상의 군사분계선과 비무장지대는 설치하였지만 해상의 군사분계선에 대해서는 합의하지 못했다.

이러한 「정전협정」의 불완전성은 북방한계선이 출현하게 된 직접적인 원인이 되었다. 「정전협정」 체결의 일방인 유엔군사령관은 「정전협정」을 유지·준수해야 할 책임과 권한을 행사하도록 되어 있다. 그런데 유엔군사령관은 지상과는 달리 해상에서는 군사분계선이 존재하지 않는 상황에서 「정전협정」을 제대로 이행·준수할 수 없게 되는 상황이 조성되었다. 따라서 유엔군사령관은 「정전협정」이 체결된 직후인 1953년 8월 30일 유엔군 측 함정과 항공기 초계활동의 한계 범위를 정한 북방한계선을 설정하였다. 정전 당시 북한 해군전력이 거의 전무한 상태에서 유엔군 측 해·공군 전력이 더 이상 북방으로 진출하지 못하도록 하여 상호 적대행위와 무력충돌을 방지하려는 목적으로 북방한계선을 설정하였던 것이다. 이처럼 북방한계선은 해상의 군사분계선을 합의하지 못했던 「정전협정」의 불완전성에서 비롯된 것이다. 북방한계선이 「정전협정」의 이행·준수를 위한 후속조치의 성격을 갖는 배경이다.

한편, 임시적이고 잠정적인 「정전협정」이 1953년 이래 반세기 이상 지속되고 있는 한반도 정전체제하에서 존재해 온 해상경계선은 북방한계선이 유일하다. 북방한계선은 해상에서 남북 간의 적대행위와 무장행동을 중지하기 위한 해상 군사분계선과 같은 개념의 실질적인 해상경계선으로 기능해왔다. 만약 해상에서 남과 북을 분계하는 경계선이 존재하지 않는다면 서로 대치하고 있는 쌍방 해군전력을 분리시키고 적대행위와 무력충돌을 중지시키는 것을 기대하기 어렵게 될 것이다. 북한도 북방한계선을 관례적으로 준수해왔으므로 실제상 정전체제의 일부를 구성하게 되었다.[2)] 현실적으로 적대·대결관계에 있는 남과 북 간의 실질적인 해상경계선으로 작용해온 북방한계선은 한반도 정전체제라는 특수한 상황을 반영하고 있는 것이다.

결국, 북방한계선은 비록 법적으로 「정전협정」과 직접적인 관련이 없다고 하더라도 정전체제가 유지되고 있는 한반도의 특수한 안보상황에서 「정전협정」의 기본취지와 목적에 부합되고, 현실적으로 유일하게 존재하는 실질적인 해상경계선이다. 북방한계선은 한반도 정전체제가 존재하는 한 유지·준수되어야 할 잠정적인 해상경계선인 것이다.[3)]

2) 배재식, 『현 휴전협정체제에서 본 서해 5도서의 문제점 발생원인 및 대책』(국토통일원, 1977), 10쪽.

3) 제성호, 『한반도 안보와 국제법』(한국국방연구원, 2010), 217쪽.

29. 북방한계선과 「유엔해양법협약」

국제법적으로 북방한계선의 법적 유효성 여부를 따져 보기 위해서는 두 가지 검토가 필요하다.[4] 한 가지는 정전 이후 유지되어 온 북방한계선에 대한 남북한의 관행이 북방한계선이 해상경계선으로서의 지위를 국제관습법적으로 확립하였는지의 문제이다. 또 한 가지는 정전 이후 유지되어 온 북방한계선 이남 해역에 대한 대한민국의 실효적 지배가 동 해역에 대한 영유권을 주장할 국제관습법적 근거가 되는지를 검토해야 한다.

해상경계선으로서의 법적 지위

첫 번째, 국제관습법적으로 북방한계선이 남북 간의 해상경계선으로서의 지위를 가지고 있는가의 문제이다.

북한은 1953년 북방한계선이 설정된 이후 1973년 12월까지 20년 이상을 북방한계선에 대해 전혀 이의를 제기하지도 않았고 이를 준수해왔다. 그리고 1973년 이후에도 말로는 부정하면서도 실제로는 북방한계선

4) 정하늘, 「한반도 해역의 법적 지위와 해상작전법」(해양전략연구소, 2010), 32~40쪽 참조.

을 인정·준수해온 사례가 계속 있어 왔다. 국제법상 특정 관행이 관습법을 형성하기 위해 필요한 기간에 대해서는 특별한 기준이 존재하지 않는다. 그러나 북한이 북방한계선에 대해 공식적인 이의를 제기하기 시작한 1973년 이후의 시간은 관습법 형성에 필요한 시간으로 계산할 수 없다. 그렇다면 1973년까지 20년이 관습법을 형성하기에 충분한 시간이었는지가 중요한 요소이다.

일반적으로 특정 관습이나 관행이 응고되어 국제관습법의 지위를 획득하기 위해서는 오랜 시간이 필요하다. 그러나 국제관습법은 짧은 기간 동안 준수된 관행에 의해서도 성립될 수 있다. 그런데 국제사법재판소는 짧은 기간 유지된 관습이 국제관습법으로서의 지위를 획득하기 위해서는 단순히 '포괄적, 공통적으로 유지'되었다는 사실만으로는 부족하고 반드시 '법적 확신'(opinio juris)에 의해 준수되어야 한다고 판결하였다. 따라서 1973년 이후 북방한계선을 부정하고 있는 북한이 1953년부터 1973년까지 법적 확신을 갖고 있었는지가 문제가 된다.

국제관습법의 근거가 되는 법적 확신은 타국에 의해 자국의 권리일 수도 있는 이익을 침해당한 국가가 적시에 이의를 제기하지 않고 침묵을 지킬 경우 그 부작위(inaction)를 통해서 유추될 수 있다. 국제법상 '묵인의 원칙'(doctrine of acquiescence)이란 상대국의 특정 행위에 대해 일반적으로 거부의 의사를 표시할만한 상황에서 당사국이 침묵을 지키거나 이의를 제기하지 않는 경우 적용된다.[5] 적시에 이의를 제기하지 못한 국가는 이 법칙에 의해 상대국 행위의 정당성에 대해 법적 확신을 갖게 된 것으로 유추된다. '묵인의 법칙'으로 인해 당사국의 부작위

5) I. C. MacGibbon, "The Scope of Acquiescence in International Law" *International Law* (British Y.B., 1954), pp. 145~149 ; 정하늘, *op. cit.*, 34쪽에서 재인용.

로부터 법적 확신이 유추되고 또한 그러한 부작위가 포괄적이고 공통적으로 이루어진 경우 짧은 시간 유지된 관행도 관습법을 형성할 수 있다.

정전 이후 어떠한 형태로든 남북 간의 해상경계선이 존재할 필요성이 있었던 상황에서 유엔군사령관은 1953년 북방한계선을 설정하였다. 북방한계선이 설정된 이래 대한민국은 지속적으로 북방한계선을 강제하여 북한 함정과 선박의 북방한계선 이남으로 진입하는 것을 차단하고 격퇴하기까지 하였다. 이에 대해 북한은 이의를 제기하는 대신 오히려 북방한계선을 인정하는 태도를 보여 왔다.

북한이 실제적으로 북방한계선을 인정·준수해오고 있는 사실은 국제법상 '묵인의 원칙'이 적용될 수 있다. 즉 대한민국이 북방한계선을 실질적으로 지배해 온 것에 대해 북한이 오랫동안 이의를 제기하지 않고 묵시적으로 인정·준수해왔기 때문에 국제관습법에 따라 북방한계선의 법적 실효성을 인정받았다는 것을 의미한다. 북한이 북방한계선에 대해 공식적으로 이의를 제기하지 않았던 1953년부터 1973년까지 20년의 기간은 북한이 북방한계선을 인정·준수하는 관행이 응고되기에 충분한 기간이었다. 이러한 측면에서 볼 때, 북방한계선은 국제관습법인 '묵인의 법칙'에 의해 해상경계선으로서의 법적 지위를 확립하고 있는 것이다.

북방한계선 이남 해역의 관할권

두 번째, 북방한계선의 법적 유효성은 북방한계선 이남 해역이 대한민국의 관할권이 행사되는 해역인지 여부에 따라 판단할 수 있다.

대한민국은 북방한계선 이남 해역에 대한 관할권을 행사해왔다. 즉 한반도 정전체제하에서 대한민국은 북방한계선 이남 해역을 실효적으로 지배해왔다. 또한 북한이 충분히 이의를 제기할 수 있었음에도 불구하고 적어도 20년 동안 북방한계선에 대해 별다른 이의를 제기하지 않았다. 요컨대 대한민국에 의한 '실효 지배의 원칙'(Principle of Effective Control) 또는 북한의 묵인에 의한 '응고의 원칙'(Principle of Consolidation)이 적용되어온 것이다. 따라서 '실효 지배의 원칙' 또는 '응고의 원칙'이라는 국제관습법에 따라 대한민국의 북방한계선 이남 해역에 대한 영유권이 발생하였다.

영유권에 대한 '응고의 원칙'이란 '선점을 통한 영유권 획득'(title by occupation)과 '시효 취득을 통한 영유권 획득'(title by prescription)이라는 두 개의 오래된 국제관습법리가 혼용되어 생성된 법리로서, 특정 영역을 오랜 시간 점유하고 지배권을 행사할 경우 동 영역에 대한 영유권을 획득하게 된다는 원칙이다.[6] '선점을 통한 영유권 획득'이란 무주지(terra nullius)를 일정시간 이상 꾸준히 점유한 경우 그에 대한 영유권을 획득한다는 원칙을 말한다. 그리고 '시효 취득을 통한 영유권 획득'이란 타국의 영토를 일정기간 동안 점유하여 그에 대한 영유권을 획득한다는 원칙이다.[7]

그런데 국제법적으로 특정 영역에 대한 실효적 지배를 통한 영유권

---

6) Surya Prakash Sharma, *Territorial Acquisition, Disputes and International Law* (Kluwer Law International, 1997), pp. 173~175 ; 정하늘, *op. cit.*, 36쪽에서 재인용.

7) Malanczuk, *Modern Introduction to International Law* (Routledge, 1997), p. 150 ; *Ibid*, 36쪽에서 재인용.

을 획득하기 위해서 얼마나 오랫동안 실효 지배를 유지해야 하는지에 대한 명확한 기준은 존재하지 않는다. 다만 분쟁상대국이 지속적으로 이의를 제기하는 경우 실효 지배 기간을 불문하고 영유권을 인정받지 못하는 것으로 보인다.[8] 이에 따르면 북한이 1973년 이의를 제기한 이후 현재까지 약 40여 년 동안 이르는 기간은 '실효 취득에 의한 북방한계선 이남 해역의 영유권 획득'을 주장하는 데는 한계가 있다는 주장도 존재한다.

그러나 북한이 이의를 제기하지 않았던 1953년 8월부터 1973년 12월까지 혹은 1999년 9월까지의 기간이라면 불완전한 권원의 응고는 승인, 묵인, 금반언, 그리고 남북합의 등에 의해 얼마든지 '응고의 원칙'을 적용하는 것이 가능하다.[9]

그리고 북한한계선 이남 해역에 대한 대한민국의 영유권을 주장하는 데 있어서 '응고의 원칙'을 통한 영유권 획득 논리가 이치에 맞지 않는다는 주장도 있다. 왜냐하면 북방한계선과 관련하여 '응고의 원칙'을 원용하는 것은 북방한계선 인근 해역이 '무주지'였거나 북한의 영역이었다는 것을 전제로 하는 것으로 비춰질 수 있기 때문이다. 한편, 북방한계선 이남 해역 대부분이 대한민국의 영해에 포함되지 않는 이유도 있다. 북방한계선 이남 해역 중에서 대한민국이 영유권을 가질 수 있는 수역은 서해 5개 도서 자체가 갖는 영해에 해당된다. 요컨대 대한민국이 북방한계선 이남 해역에 대한 영유권을 주장하는데 '응고의 원칙'을 적용하기 어렵다는 주장이다.

그러나 국제사법재판소의 노르웨이 직선기선 설정 관행에 대한 응고

8) 정하늘, *op. cit.*, 36쪽.

9) 제성호, *op. cit.*, 239쪽.

성 판시에서 보듯이,[10] 북방한계선이 해상경계선으로서의 법적 지위를 획득하였다면 자연히 북방한계선의 이남 해역의 영유권을 획득하는 것이 가능하다.

또한 이러한 국제법적 논리와는 별도로 현실적 상황, 남북합의, 그리고 북한의 국제법 위반조치 등에 의해 북방한계선 이남은 대한민국의 관할권이 행사되는 해역에 해당된다. 먼저, 현실적으로 우리 해군이 북방한계선 이남 해역에서 초계활동과 해상훈련 등을 통해 군사적으로 통제해 온 것은 실효적으로 지배해왔다는 의미이다. 두 번째로 「남북기본합의서」 제11조와 「불가침부속합의서」 제10조에서 '지금까지 쌍방이 관할하여 온 구역'을 상호 간의 불가침 구역으로 인정하였다. 남북 사이에 해상 불가침경계선에 대한 추가 합의가 있을 때까지 북방한계선 이남 해역은 북한에게 있어 불가침구역이 되는 것이다. 세 번째는 북한의 위법행위에 대한 대응조치로서의 북방한계선 단속권이다. 북한은 북방한계선 이북 해역에 국제법적으로 위법한 군사경계수역을 선포하고 군사경계수역에 진입하는 대한민국 선박을 무차별적으로 무력 나포하고 있다.[11] 특히 북한의 군사경계수역 통제는 명백한 국제법 위반으로서 「정전협정」과 「남북기본합의서」에 의지하지 않고도 피해국인 대한

---

10) 영국과 노르웨이 사이의 Fisheries Case에서 국제사법재판소는 노르웨이의 직선기선 획정 방식은 지속적이고 오랜 관행을 통해 응고된 관습법이라고 판시하였다. 국제사법재판소는 노르웨이가 직선기선 방식을 채택함으로써 얻는 영해의 추가적인 회득에 대해 판단하는 대신에 노르웨이의 직선기선 설정 관행의 응고성 여부를 판단하였다.

11) 예컨대, 북한은 1974년부터 2009년 10월 19일까지 서해 북방한계선을 월선한 대한민국 어선 36척 중 자진 월북한 7척을 제외한 총 29척을 나포하였고, 그 중 12척은 현재까지도 억류하고 있는 등 위법한 군사경계수역을 철저히 통제하고 있다. 김명균, 「국감현장; 해경 '북 피랍어선 월선조업 많아」, 『연합뉴스』(2009. 10. 19).

민국은 대응조치의 일환으로 비등한 수준의 조치, 즉 북방한계선 이남 해역에 진입한 북한 선박과 함정을 단속할 수 있다. 이러한 일련의 사실들은 북방한계선 이남 수역이 실제적으로 대한민국의 관할수역이라는 것을 말해주는 것이다.

서해 5도 주변수역과 국제해양법

한편, 북한은 서해 5도 주변수역이 자신의 영해 또는 관할수역이라고 주장하고 있다. 그러나 「유엔해양법협약」 제121조에 따라 도서는 그 자체의 영해를 가지고 있다. 또한, 「유엔해양법협약」 제15조에는 대향국 또는 인접국 간의 중복되는 영해의 경계는 일차적으로 중간선 원칙을 적용하되, 역사적 권원이나 기타 특별한 사정에 의하여 다른 방법으로 확정할 수 있다. 북방한계선의 경우 「유엔해양법협약」상의 중간선 원칙과 특별한 사정을 고려해야 한다. 북방한계선에 있어서 '특별한 사정'이란 ① 정전협정 체결 당시 유엔군이 한반도 전 해역을 장악하고 있었으며, 황해도와 경기도의 도계선 서북쪽 해역에 대한 관할권을 행사하고 있었다는 점, ② 이러한 사실을 전제로 해서 「정전협정」 제2조 13항이 성립되었다는 점, ③ 현재 한반도는 정전체제하에 있고, 적대관계인 남북한은 첨예한 정치 · 군사적 대결상태를 지속하고 있다는 점 등이다. 이러한 특별한 사정은 서해 5도가 북한의 12해리 영해 내에 있다는 사정을 압도하는 것이다. 이는 북방한계선의 설정 목적이 정당하고 그 설정 방법이 합리적인 것이라는 것을 의미한다.[12)]

결국, 국제법적으로 북방한계선은 ① 전쟁수역 또는 방위수역의 법리, ② 해양법상 대향국 간의 영해의 중간선 원칙, ③ 실효성의 원칙, ④ 묵인의 법리, ⑤ 응고의 원칙 등에 의해 그 합법성이 인정되는 것이다.[13] 국제법적 차원에서 북방한계선의 법적 실효성이 확립된다는 의미이다.

---

12) 제성호, *op. cit.*, 240쪽.

13) 김명기, 「서해 5도의 법적 지위」, 332~336쪽 ; 배재식, 『현 휴전협정체제에서 본 서해 5도의 문제점 발생원인 및 대책』, 20쪽 ; 박종성, 『한국의 영해』, 385~388쪽 ; 유병화, 『동북아지역과 해양법』, 281~183쪽 ; 제성호, 『한반도 평화체제의 모색－법규범적 측면을 중심으로』, 70쪽 ; 제성호, 「북한의 국제법 인식체계와 사례연구」, 109~111쪽 등 참조.

30. 북방한계선과 「남북기본합의서」

「남북기본합의서」의 국제법적 성격

1992년 발효된 「남북기본합의서」는 서문에서 남북관계를 '국가관계'가 아닌 '잠정적 특수관계'로 규정함으로서 합의서의 성격이 일반 국가 간의 '조약'이 아니라는 점을 시사하고 있다. 그러나 한편으로 「남북기본합의서」는 서문, 조문배열, 정부대표의 서명, 발효절차 등 국제법상 조약에 준하는 형식을 갖추고 있다는 점에서 '조약'으로 보는 견해도 있다.[14)]

1969년 「조약법에 관한 비엔나협약」과 1986년 「국가와 국제조직간 및 국제조직 상호간에 체결된 조약법에 관한 유엔협약」 등을 종합해 볼 때, 국제법상 '조약'의 의미는 그 명칭 여하에 불구하고 국제법 주체간 권리·의무의 발생·변경·소멸을 내용으로 하고 법적 구속력을 갖는 합의를 말한다.[15)] 국제법상 조약을 체결할 수 있는 주체에는 국가뿐만 아니라 국제조직, 교전단체, 분단국가를 구성하는 정치적 실체 등 국가

14) 통일원, 『남북기본합의서 해설』(1992), 22~26쪽.

15) 광의의 '조약'에는 조약(treaty)뿐만 아니라 협약(convention), 협정(agreement), 규약(covenant), 헌장(charter), 규정(statute), 결정서(act), 의정서(protocol), 합의의사록(agreed minute), 선언(declaration), 교환공문(exchange of notes), 잠정협정(modus vivendi) 등 명칭 여하에 관계없이 국제법 주체간의 서면합의가 모두 포함된다.

유사단체도 포함된다.

이와 같은 국제법상의 조약에 관한 정의를 「남북기본합의서」에 적용해 보면, 「남북기본합의서」는 국제법상 상호 승인한 국가 간의 조약은 아니나, 분단국을 구성하는 대한민국과 조선민주주의인민공화국이라는 두 정치적 실체, 즉 국제법 주체 간에 적법하게 이루어진 당국 간의 합의이다.

「남북기본합의서」는 제6차 남북고위급회담에서 각기 필요한 절차를 거친 후 문본을 교환함으로써 정식 발효되었다. 대한민국 정부는 국민적 합의를 토대로 「남북기본합의서」상의 발효절차에 상응하는 소정의 절차를 완료하였다.[16] 즉 1991년 2월 16일 국민의 대표기관인 국회에 특별보고를 하였으며, 「헌법」 제88조 1항에 따라 국무회의 심의를 거쳐 2월 17일 대통령의 국법상 행위인 최종 재가를 마친 후 국무총리와 전 국무위원들이 부서하였다.

그리고 북한도 1991년 12월 24일 당중앙위원회 제6기 19차 전원회의에서 연형묵 정무원 총리가 보고를 하였고, 12월 27일 입법기관인 최고인민회의 상설회의 연합회의를 소집하여 이를 약식 승인하였으며, 발효 직전에 김일성 주석이 이를 최종적으로 비준한 것으로 발표하였다.[17]

한편, 「남북기본합의서」는 「조약법에 관한 비엔나협약」 제56조에 규정된 '폐기 또는 탈퇴할 수 없는 협약'에 해당되므로 남북 간의 합의에 의해 폐기되지 않는 한 항구적인 것이다.

---

16) 통일원, 『남북기본합의서 해설』(1992), 15쪽.

17) *Ibid*, 16쪽.

「남북기본합의서」와 북방한계선

북방한계선의 지위에 관한 남북 간의 유일하고도 명시적인 합의가 바로 「남북기본합의서」와 「불가침부속합의서」이다. 「남북기본합의서」 제11조는 "남과 북의 불가침 경계선과 구역은 1953년 7월 27일자 군사정전에 관한 협정에 규정된 군사분계선과 지금까지 쌍방이 관할해 온 구역으로 한다"고 합의하였다. 또한 「불가침부속합의서」 제10조는 "남과 북의 해상 불가침 경계선은 앞으로 계속 협의한다. 해상 불가침 구역은 해상 불가침 경계선이 확정될 때까지 쌍방이 지금까지 관할하여 온 구역으로 한다"고 규정하고 있다. 요컨대, 해상 불가침 경계선은 앞으로 계속 협의하여 확정하되, 그때까지 해상 불가침 구역은 지난 40년간 유지되어 온 북방한계선을 기준으로 쌍방이 관할하여 온 구역으로 한 것에 합의한 것이다.

그런데 북한은 1999년 6월 15일 제1차 연평해전이 발발한 이후 개최된 유엔사–조선인민군 장성급회담과 2006년 이후 개최된 남북장성급군사회담에서 북방한계선을 무실화시키고 새로운 해상경계선을 설정하고자 시도하였다. 북한은 북방한계선에 대해 합의해준 적도 없고 승인해준 적도 없으며 묵인해준 적도 없을 뿐만 아니라 각종 담화, 성명, 비망기를 통해 북방한계선이 무효임을 선언하였다는 논리로 새로운 해상경계선 설정 주장을 정당화하려고 하였다.

또한 북한은 「남북기본합의서」와 「불가침부속합의서」에서 북방한계선을 인정하거나 합의한 적이 없으며, 새로운 해상 불가침경계선을 계속 협의하기로 합의했으므로 새로운 해상경계선을 설정하는 협의를 해야 한다고 주장하였다. 나아가 북한이 2004년에 최초 주장하였던 소위

'해상경비계선'을 인정했다는 말도 안 되는 주장까지 하였다.

특히 2006년 5월 17일 제4차 남북장성급군사회담에서 북측 단장 김영철은 "남측이 「남북기본합의서」에서 북방한계선을 불가침경계선으로 규정된 것처럼 이야기 하는데, 「남북기본합의서」 제11조 '북과 남의 불가침경계선과 구역을 1953년 7월 27일부 「군사정전협정」에 규정된 군사분계선과 지금까지 쌍방이 관할하여 온 구역으로 한다'고 한 조항에서 군사분계선은 지상분계선을 의미한다. 서해에는 해상분계선이 규정되어 있지 않기 때문에 쌍방이 관할하여 온 해상의 관할구역은 남측이 관할하여 온 5개 섬을 의미한다. 「정전협정」 13항 (ㄴ)목에는 서해 해상에서는 황해도와 경기도의 도경계선을 연장한 선상에서 5개 섬은 남측에서 관할하는 것이고, 5개 섬 밖에 있는 나머지 모든 수역은 북측이 관할하게 되어 있다. 결국 북방한계선은 북측이 관할하게 된 수역에 제멋대로 그어놓은 선이다"라고 하면서, "「남북불가침부속합의서」에서 해상 불가침경계선을 계속 협의한다는 것은 해상분계선이 없기 때문에 계속 협의한다는 뜻이다. 그리고 (불가침부속합의서는) 서해에서 명백하지 못한 현 분계선(북방한계선)을 유지하자는 불가침합의서가 아니다. 남측이 「남북기본합의서」를 전제로 해상경계선 문제를 확정하겠다고 하는 것은 서해 해상에는 똑똑한 해상경계선이 없다는 것을 스스로 인정하는 것이다"라고 주장하였다.

그리고 2009년 1월 30일 북한은 「조국평화통일위원회 성명」을 통해 「남북기본합의서」의 해상 불가침 경계선 조항을 폐기한다고 선언하였다. 즉 북한은 "북남 사이의 화해와 불가침 및 협력·교류에 관한 합의서와 그 부속합의서에 있는 서해 해상 군사경계선에 관한 조항들을 폐기한다. 우리가 당시 그에 대해 합의한 것은 조선반도에서 군사적 충돌과 전쟁 위험성을 미리 방지하고 평화를 지키기 위한 것이었지 결코 조선전쟁 교전일방인 미국이 제멋대로 일방적으로 그어놓은 불법무법의 북방한계선을 인정한 것이 아니었다. 우리는 그 조항들을 완전히 그리고 종국적으로 폐지한다는 것을 공식 선포한다"고 주장한 것이다.

그러나 이러한 북한의 주장들은 1991년 「남북기본합의서」에 합의할 당시 자신들이 인정했다고 밝힌 입장과는 전혀 다른 주장에 불과하다. 즉 1991년 12월 13일 제5차 남북고위급회담 당시 북한 측 대표단은 회담 개최 전에 "불가침 경계선 문제는 남측이 만족할 만한 내용으로 양보하겠다"고 언급하였다. 그리고 본회담에서도 북측은 불가침 경계선은 앞으로 협의해서 해결하되, 그때까지는 우리 측 주장을 수용하여 "쌍방이 관할하여 온 구역"으로 하자고 하였다. 또한, 제5차 남북고위급회담에서 「남북기본합의서」가 타결된 직후에 열린 기자회견에서 남북고위급회담 북측 대변인 안병수는 "불가침경계선은 원래 군사분계선을 불가침의 경계선으로 할 데 대해서 우리가 제기했는데, 남측에서는 이 경계선뿐만 아니라 해상에 있는 도서라든가 이런 것도 염두에 두고서 경계선을 긋고자 제기를 해왔습니다. 우리는 이것을 수용했습니다"라고 스스로 언급한 바 있다.[18)]

북측의 이러한 언급들은 우리 측이 기존의 북방한계선을 전제로 "쌍방이 관할하여 온 구역"으로 제의한 것을 북측 자신이 수용하여 「남북기본합의서」에 합의한 것임을 나타낸 것이다. 그러므로 「남북기본합의서」 제11조와 「불가침부속합의서」 제10조는 그동안 대한민국이 실효적으로 지배하여 온 북방한계선의 법적 효력을 인정하고 이를 준수하겠

18) 통일원, 『남북기본합의서 해설(Ⅱ): 합의과정에서의 쌍방 주장』(통일원, 1992), 117쪽.

다는 합의를 반영한 것이다. 만약 북한이 이를 인정하지 않았다면 굳이 관련조항을 폐기한다고 주장할 필요가 없을 터이다.

이와 관련하여 이동복 당시 남북고위급회담 대변인도 「남북기본합의서」에서 북방한계선을 유효한 해상경계선으로 규정하였음을 밝히고 있다.[19] 이동복 고위급회담 대표는 "모든 평화협정의 핵심은 경계선에 대한 합의라고 볼 수 있다. 「남북기본합의서」는 평화협정이 아니고 하나의 예비문건인 만큼 선으로 표현하는 것은 옳지 않고 구역으로 표현하는 게 옳다고 보았다. 북한이 논리적으로 우리를 당할 수 없었다. 국제적으로 실정법은 10~20년간 이론의 제기가 없을 경우 법적 효력을 발휘하게 되어 있다. 북한은 1953년 북방한계선 선포 이후 1972년까지 한 번도 문제를 제기하지 않았다. 그러니까 평화협정이 체결될 때까지 쌍방 관할구역을 준수한다는 문구가 들어갈 수 있었다. 북한의 북방한계선 불인정 주장은 근거가 없는 것이다"라고 설명하였다. 또한 그는 "「남북기본합의서」는 북한 최고인민회의 승인을 받았고 김일성 주석이 비준했다. 더구나 김정일 국방위원장은 당시 「남북기본합의서」 논의가 진행되는 동안 남북고위급회담의 일거수일투족을 세밀하게 지시하며 지침을 내렸었다. 우리 측에서는 국회 비준이 안됐지만 노태우 대통령이 서명했으니 비준된 것과 마찬가지이다"라고 언급하였다. 이는 남북 양측 최고지도자들이 「남북기본합의서」의 협의과정에 관여하였고, 채택 후에는 승인과 비준 등 발효절차를 거쳤다는 의미이다.

이상에서 보듯이, 서해 해상경계선과 관련하여 남과 북 간에 상호 해석을 달리하고 있는 쟁점은 두 가지로 요약된다. 즉 「남북기본합의서」

---

19) 『문화일보』(2011. 3. 11), 남북기본합의서와 북방한계선 관련 인터뷰 내용.

제11조의 '지금까지 관할하여 온 구역'과 「불가침부속합의서」 제10조의 '해상 불가침경계선은 계속 협의한다'라는 규정이다.

우선, 관할구역과 관련하여 「남북기본합의서」와 「불가침부속합의서」에서 '쌍방이 지금까지 관할하여 온 구역'에 합의한 것은 어떤 기준선이 존재하고 있다는 것을 전제로 한 것이다. 어떤 기준선이 없다면 쌍방이 관할하여 온 관할구역을 구분할 수 없다. 따라서 그 기준선은 당시 유일하고도 실제적으로 존재하고 있었던 북방한계선을 의미한다. 왜냐하면 대한민국이 북방한계선을 실효적으로 통제 · 유지해왔고, 북한은 이를 인정 · 준수해왔기 때문이다. 이러한 사실 정황으로 볼 때 「남북기본합의서」와 「불가침부속합의서」의 '쌍방이 지금까지 관할하여 온 구역'이라는 규정은 북방한계선 이남 해역의 불가침성 자체에 대해 사실상 합의한 것이다.

한편, 「불가침부속합의서」에서 "남과 북의 해상 불가침 경계선은 앞으로 계속 협의한다"고 규정한 것은 해상 불가침경계선의 성립을 의도하지 않고 있다는 것으로 볼 수도 있다. 그러나 "해상 불가침 구역은 해상 불가침 경계선이 확정될 때까지 쌍방이 지금까지 관할하여 온 구역으로 한다"고 해상 불가침구역과 해상 불가침경계선 간의 인과관계를 확정하고 있다. 이는 해상 불가침 경계선에 대한 합의가 이루어 질 때까지 불가침의 지위를 갖는 해상구역은 지금까지 관할하여 온 구역으로 하고 이를 준수한다는 것을 명백히 한 것이다. 여기에서 우리 측의 불가침 해상구역은 북방한계선 이남의 해역을 포함한다. 요컨대 남북간에 협의를 통해 해상 불가침경계선이 설정될 때까지는 현재의 북방한계선을 해상경계선으로 인정 · 존중해야 한다는 의미이다.

결국, 남북고위급회담 당시 북측이 밝힌 입장, 합의내용이 담고 있는 합의 등을 고려할 때 「남북기본합의서」와 「불가침부속합의서」는 북방한계선의 인정·준수를 전제로 채택된 것이다.

「남북기본합의서」와 국제해양법

이처럼 「남북기본합의서」에 근거한 북방한계선의 합법성에 대한 주장은 「유엔해양법협약」 등 일반적인 국제해양질서에 저촉되지 않는다. 왜냐하면 북방한계선은 남북한 사이에만 적용되고, 제3국 또는 국제사회에 대해서는 일반해양법이 적용되기 때문이다.

한편, 한반도 주변 해양에 적용되는 국제법은 일반해양법과 남북합의로 구분되는데, 남북 간 별도의 합의가 있는 경우에는 일반해양법보다 남북합의가 우선 적용된다.

또한, 북방한계선은 「남북기본합의서」에 따라 새로운 해상경계선이 합의되거나, 한반도 평화체제 과정이 진전되어 남북 간에 새로운 해상경계선을 협의·획정하게 되면 그 효력이 종료될 수 있는 것이다.

그러므로 북방한계선은 「남북기본합의서」에 따라 남북 간에 적용되며, 「유엔해양법협약」이 적용되는 일반적인 국제해양질서를 저해하지 않는 합법적인 선이다.

31. 북방한계선의 법적 지위

북방한계선의 법적 지위와 관련하여, 앞장에서는 「정전협정」, 국제해양법, 남북합의 등과의 관계에 대해 살펴보았다. 이러한 검토를 종합해 볼 때 북방한계선이 갖는 법적 지위는 다음과 같이 정리할 수 있다.

① 북방한계선은 유엔군사령관이 「정전협정」의 안정적 관리를 위해 설정한 실질적인 해상경계선이다.

「한국 군사정전협정」은 쌍방 간의 적대행위와 무장행동을 중지시키기 위해 양측 군사력을 분리시키는 군사분계선과 비무장지대를 설치하였다. 그러나 「정전협정」 체결 과정에서 지상의 군사분계선은 합의하였으나 상호 영해에 대한 입장차이로 해상의 군사분계선은 합의하지 못하였다. 이렇게 해상 군사분계선이 부재한 「정전협정」의 불완전성으로 인해 해상에서도 쌍방 군사력을 분리시키는 별도의 조치가 필요하게 되었다. 이러한 상황에서 「정전협정」을 이행·준수할 책임과 권한을 가진 유엔군사령관은 적대행위와 무장행동을 중지하기로 한 「정전협정」의 정신에 따라 유엔군 측 해·공군 초계활동의 북방한계를 정하기 위해 북방한계선을 설정하였다.

법적인 측면에서 볼 때 북방한계선은 「정전협정」에 규정되지 않아 직접적인 관련이 없다. 하지만 현실적으로 북방한계선은 「정전협정」의 기본정신에 따라 해상에서 쌍방의 군사력을 분리시키는 기준선, 즉 해상 군사분계선과 같은 기능과 역할을 해오고 있다. 따라서 북방한계선의 설정은 「정전협정」의 이행·준수를 위한 후속조치이다.

이와 관련하여 유엔사는 1999년 6월 제1차 연평해전 발발 당시 공식적인 입장을 밝혔다. 6월 11일 유엔사 측은 "북방한계선은 46년 동안 북한군과 한국군 사이의 군사적 긴장을 방지하는 효과적인 수단으로 기여해 왔고, 군사력을 분리하는데 기여해온 실질적인 경계선으로서 사용되어 왔다"고 공식 발표하였다. 또한, 미 국무부도 6월 15일과 6월 17일 정례브리핑에서 6월 11일자 유엔사의 발표와 똑같은 입장을 천명하였다. 유엔사와 미국 정부도 실질적인 해상경계선으로 작용하고 있는 북방한계선의 현실성과 유효성을 인정하고 공식 발표하였던 것이다.

② 북방한계선은 6·25전쟁의 산물인 한반도 정전체제라는 특수한 사정이 적용되는 해상경계선이다.

북한은 서해 5도 주변수역을 자신의 영해 또는 관할수역이라고 주장하면서 북방한계선을 부정하고 있다. 그리고 12해리 영해, 중간선 원칙 등을 규정하고 있는 「유엔해양법협약」에 맞게 새로운 해상경계선을 설정할 것을 요구하고 있다.

그러나 북방한계선은 한반도 정전체제라는 특수한 사정에서 서해 5도와 북한지역 사이의 중간선과 정전 당시 군사적 상황을 적용하여 설정된 합법적인 해상경계선이다. 북방한계선이 법적 유효성을 갖는 특수한 사정이란 다음과 같다.

첫 번째, 「정전협정」 협의과정에서 공산군 측과 유엔군 측 간의 영해에 대한 입장 차이로 인해 해상 군사분계선이 합의되지 못했다. 이에 유엔군사령관은 당시 국제적 관행이던 3해리 영해 입장에 따라 서해 5도와 북한지역 간의 중간선을 기준으로 북방한계선을 설정하였다.

두 번째, 「정전협정」 체결 당시 한반도 제해권을 장악한 유엔군은 황해도와 경기도의 도계선 서북쪽 해역을 통제하고 있었다. 6·25전쟁 이전에도 38선 이남 해역은 대한민국이 관할하고 있었다. 따라서 「정전협정」에는 해상 군사분계선은 규정하지 못했지만 서해 5도에 대해 유엔군사령관의 군사통제하에 두기로 합의하였다. 이러한 사실로 볼 때 북방한계선은 정전 당시의 군사적 상황을 반영하고, 유엔군사령관의 서북 5도에 대한 군사통제권을 보장하기 위한 합당한 조치로서 설정된 것이다.

세 번째, 현재 한반도는 「정전협정」이 유지·준수되고 있는 정전체제하에 있고, 적대관계인 남북한 간에 첨예한 정치·군사적 대결상태가 지속되고 있다. 북방한계선은 한반도 정전체제하에서 유일하게 남북 간의 적대행위와 무력충돌을 방지하는 실질적인 해상경계선으로서의 기능과 역할을 하고 있다.

네 번째, 정전상태에서 분단되어 있는 남북관계는, 「남북기본합의서」 전문에 "나라와 나라 사이의 관계가 아닌 통일을 지향하는 과정에서 잠정적으로 형성되는 특수관계"로 규정하고 있듯이, 일반 국가 간의 정상적인 관계가 아니다. 따라서 정전체제 유지를 위해 설정된 북방한계선은 국제해양법이 아닌 남과 북 당사자가 합의한 「남북기본합의서」가 적용된다.

이와 같은 한반도 정전체제라는 특수한 사정 속에서 존재하고 있는 북방한계선에 대해 「유엔해양법협약」상의 일반원칙들을 그대로 적용할 수는 없다. 한반도 정전체제하에서 북한의 12해리 영해 주장이나 서해 5도가 북한의 12해리 영해 내에 있다는 주장은 물론, 서해 5도의 영해 폭을 12해리로 주장하는 것은 비현실적이다. 즉 한반도의 특별한 상황이 「유엔해양법협약」상의 일반원칙들을 압도하는 것이다. 따라서 유엔사 측이 서해 5도 자체의 영해에 대해 「유엔해양법협약」상의 12해리가 아니라 3해리를 적용하고 있다는 사실은 한반도 정전체제라는 특수성을 반영한 것으로 볼 수 있다.

③ 북방한계선은 국제관습법의 '실효지배 원칙', '묵인의 원칙', 그리고 '응고의 원칙'에 따라 그 법적 실효성을 확립하고 있다.

1953년 8월 30일 유엔군사령관이 설정한 북방한계선에 대해 대한민국은 남북 간의 실질적인 해상경계선으로서 통제·유지해왔다. 정전 이후 어떠한 형태로든 남북 간 해상경계선이 존재할 필요성이 있었던 상황에서 유엔군사령관은 북방한계선을 설정하였다. 대한민국은 유엔군사령관이 설정한 북방한계선에 대해 지속적으로 강제해왔으며, 북방한계선 이남 해역을 관할하여 왔다. 이와 같이 1953년 이래 대한민국이 북방한계선과 북방한계선 이남 해역에 대해 지속적으로 관할해옴으로써 국제관습법상 '실효지배의 원칙'이 확립되었다.

한편, 북한은 북방한계선에 대해 최소한 1973년까지 20년 동안 아무런 이의도 제기하지 않고 인정·준수해왔다. 심지어 1973년 이후에도 말로는 이의를 제기해오면서도 실질적으로는 묵인·준수해왔다. 이는 1959년도 『조선중앙연감』의 북방한계선 표기, 1963년 군사정전위원회에서의 북한계선 인정 발언, 1984년 북한 수해물자 수송선박의 북방한계선상 인수 · 인계, 1998년 북방한계선을 경계로 한 한국 비행정보구역에 대한 인정, 2002년 · 2011년 등 북한 조난선박의 북방한계선상 인수 · 인계 등의 사례에서 증명되는 것이다. 또한, 2007년 남북장성급군사회담에서 북측이 북방한계선과 경비계선 사이에 공동어로구역을 설정할 것을 주장한 것은 북방한계선의 존재 자체를 묵인하고 있다는 것을 의미한다.

국제법상 '묵인의 법칙'은 상대국의 특정 행위에 대해 일반적으로 거부의 의사를 표시할 만한 상황에서 당사국이 침묵을 지키거나 이의를 제기하지 않는 경우 적용된다. 적시에 이의를 제기하지 못한 국가는 이 법칙에 의해 상대국 행위의 정당성에 대해 법적 확신을 갖게 된 것으로 유추된다. 묵인의 법칙으로 인해 당사국의 부작위로부터 법적 확신이 유추되고, 또한 그러한 부작위가 포괄적이고 공통적으로 이루어진 경우 짧은 시간 유지된 관행도 관습법을 형성할 수 있다. 따라서 북한이 북방한계선 설정 이후 20년간 아무런 이의를 제기하고 침묵해온 점과 지금까지 북방한계선 상에서 남북한 선박이 인수 · 인계되어 오고 있는 점은 '묵인의 법칙'이 적용되고 있다는 사실을 보여주는 것이다.

이와 같이 대한민국에 의한 '실효지배의 원칙'과 북한에 의한 '묵인의 법칙'이 적용되어 대한민국의 북방한계선 이남 해역에 대한 영유권이 발생하였다. 국제관습법적으로 특정 영역을 오랜 시간 점유하고 지배권을 행사할 경우 동 영역에 대한 영유권을 획득하게 된다는 영유권에 대한 '응고의 원칙'이 적용된 것이다. 결국, 북방한계선은 국제관습법의 실효지배의 원칙, 묵인의 법칙, 그리고 응고의 원칙에 따라 법적인 실효성을 확립하고 있다.

④ 남북은 1992년 「남북기본합의서」와 「불가침부속합의서」에서 사실상 북방한계선을 인정하였다.

「남북기본합의서」 제11조는 "남과 북의 불가침 경계선과 구역은 1953년 7월 27일자 군사정전에 관한 협정에 규정된 군사분계선과 지금까지 쌍방이 관할하여 온 구역으로 한다"고 규정하였다. 또한 「불가침부속합의서」 제10조에서 "남과 북은 해상 불가침경계선은 계속 협의한다. 해상 불가침구역은 해상 불가침경계선이 확정될 때까지 쌍방이 지금까지 관할하여 온 구역으로 한다"고 합의하였다.

「남북기본합의서」와 「불가침부속합의서」에서 '쌍방이 지금까지 관할하여 온 구역'에 합의한 것은 어떤 기준선이 존재하고 있다는 것을 전제로 한 것이다. 어떤 기준선이 없다면 쌍방이 관할하여 온 관할구역이 존재할 수 없다. 그러므로 쌍방의 관할구역을 구분하는 기준선은 당시 유일하고도 실제적으로 존재하고 있었던 북방한계선을 의미한다. 왜냐하면 대한민국이 북방한계선을 실효적으로 통제·유지해왔고, 북한은 이를 인정·준수해왔기 때문이다. 이러한 증거로는 1991년 「남북기본합의서」 채택 당시 북한 선박의 북방한계선 월선은 12회에 불과한 반면, 우리 선박의 북방한계선 인근 해역에서의 항행 횟수는 약 22,000회에 달했다는 사실이다. 이는 우리 선박의 항행 횟수가 북측보다 약 2,000배 많다는 의미이다.

따라서 「불가침부속합의서」 제10조에서 "남과 북은 해상 불가침경계선은 계속 협의한다. 해상 불가침구역은 해상 불가침경계선이 확정될 때까지 쌍방이 지금까지 관할하여 온 구역으로 한다"는 규정은 북방한계선 이남 해역의 불가침성 자체에 대해 사실상 합의한 것이다. 또한 해상 불가침의 구역과 경계선 간의 인과관계를 확정함으로써 해상 불가침경계선에 대한 합의로 확정될 때까지 불가침의 지위를 갖는 해상 구역은 북방한계선 이남을 포함한다는 것을 명백히 하고 있다.

이와 같이 「남북기본합의서」에서는 '쌍방이 기존에 관할하여 온 구역'을 불가침 구역으로 규정하였는데, 불가침 구역의 해상경계선은 북방한계선을 의미한다. 이는 남북고위급회담에서 우리 측이 북방한계선을 전제로 해상 불가침 구역을 제기한 것에 합의하였다는 뜻이다. 1992년 「남북기본합의서」를 채택 · 발효하였던 제5차 남북고위급회담 종료 직후 기자회견에서 북측 대표단 대변인도 우리 측의 입장을 수용하여 합의하였다는 점을 밝혔다.

이러한 여러 증거로 볼 때 북한은 「남북기본합의서」에 따라 새로운 해상 불가침경계선이 확정될 때까지 북방한계선을 준수할 의무가 있다. 그리고 북한이 「유엔해양법협약」상의 12해리 영해를 명분으로 북방한계선을 부정할 수 없다. 남북관계를 '국가 간의 관계가 아닌 민족 내부의 특수관계'로 규정한 「남북기본합의서」는 일반적인 국제법인 「유엔해양법협약」에 우선하기 때문이다.

제8장 북방한계선의 의미와 가치

32. 군사전략적 차원의 북방한계선

지정학적으로 서해 5개 도서와 북방한계선은 남북한 모두에게 매우 중요한 군사전략적 요충지이다. 대한민국에게는 서해 및 수도권 안전보장의 전초기지이자 방위선으로서의 역할을 하고 있다. 반면에, 북한으로서는 황해도 남방 해역을 가로막고 있는 차단선이자 북한지역 종심을 겨냥하고 있는 비수와 같은 존재이다. 따라서 북한은 해군전력의 행동의 자유를 확보하고 북방한계선을 위협하기 위해 황해도 일대에 수많은 함정과 잠수함(정), 해안포와 다련장포, 지대함미사일 등 대규모 전력을 배치하였다. 우리 군은 대한민국 영토인 서해 5도와 관할해역의 방위, 수도권의 안전보장 등 국가안보 차원에서 북방한계선을 사수해오고 있다.

북방한계선 일대 북한의 군사위협

황해도 남방 연안을 둘러싸고 있는 서해 5도와 북방한계선은 군사전략적으로 북한에게 불리한 지형지물이다. 서해 5도와 북방한계선으로 인해 북한 해군전력들의 행동반경이 북방한계선 이북의 황해도 연안 해역으로 제한받게 된다. 이는 서해의 북한 해군전력이 남하하거나 대한민국 수도권과 본토를 위협하기 어렵다는 의미이다.

그렇지만 서해 5도와 북방한계선은 북한에게 유리한 측면도 있다. 우선 서해 5도와 북방한계선의 지리적 위치가 남측으로부터 원거리에 이격되어 있으나 북측으로부터는 지근거리에 있다는 점이다. 따라서 서해 5도는 황해도 지상에 배치된 해안포와 장사정포의 사정거리 내에 있어 북한군이 직접 포격을 할 경우 그 타격효과가 크다는 이점이 있다. 그리고 북방한계선은 북한군의 해안포와 장사정포, 지대함미사일, 함정들이 공격하는데 유리하다. 반면에 우리 군으로서는 북한군의 화력에 노출되어 있고, 기습적인 공격에 매우 취약하며, 원거리에 위치한 지·해·공 합동전력으로 대응하는데 제한을 받는다.

북한은 서해 5도와 북방한계선에 대한 지리적 이점을 최대로 이용하기 위해 공세적인 군사태세를 구축하였다. 남측으로부터 원거리에 위치한 서해 5도와 북방한계선은 북한의 육지와 도서로부터 불과 수십 ㎞ 내에 근접해 있어 북한군의 지상화력과 해·공군 전력을 운용하는데 유리하기 때문이다. 북한이 북방한계선 이북에 배치한 군사력은 제4군단의 포병전력, 서해함대사령부의 전투함정과 지대함유도탄, 그리고 공군 제3비행사단의 전투기 및 지대공유도탄 등이 있다.[1)]

북한군은 지상군 전력으로 제4군단 예하에 다량의 장사정포, 방사포, 해안포와 함께 등산곶에 사정거리 95km의 실크웜(silkworm) 지대함미사일 등을 배치해놓고 있다. 이렇게 대규모로 배치된 지상군의 포병전력은 서해 5도는 물론 북방한계선 일대 해역의 우리 해군함정에 대해 기습적인 포격도발이 가능한 위협세력이다.[2)]

---

1) 대한민국 정부, 『천안함 피격사건 백서』(2011), 28~30쪽 참조.

2) 북한 제4군단이 배치한 122mm 방사포의 사정거리는 20km, 130mm 해안포는

북한 해군은 해군사령부 예하에 동·서해 함대사령부가 편성되어 있다. 남포에 위치하고 있는 서해함대사령부는 6개의 전대가 편성되어 있고, 여러 해군기지를 운용하고 있다. 서해함대사령부 예하에는 수십 척의 잠수함(정), 420척의 어뢰정을 포함한 경비정과 화력지원함을 보유하고 있다. 특히 황해도 강령군 사곶에 위치하고 있는 8전대는 고속경비정 80여 척을 운용하고 있다.[3] 이러한 북한의 대규모 해군전력은 서해 5도와 북방한계선에 대한 직접적이고 심대한 위협이 되고 있다.

북한의 소형 함정과 잠수함(정)은 해상교통로 차단, 우리 해군함정에 대한 공격, 특수전부대 침투를 지원하는 능력을 보유하고 있다. 특히 북한군은 은밀하고 기동성을 갖춘 비대칭전력인 잠수함(정)을 증강 운용하고 있는 것으로 추정된다. 이는 남북 함정 간에 벌어졌던 2차례의 연평해전과 대청해전에서 경험하였던 해상전력의 열세를 만회하기 위한 조치로 보여 진다. 현재 북한 해군은 로미오급, 상어급 등 중·소형 잠수함과 연어급을 비롯한 소형 잠수정을 운용하고 있다.[4]

한편, 2012년 초 북한군은 황해도 고암포에 70여 척의 공기부양정을 수용할 수 있는 해군기지를 건설한 것으로 알려졌다.[5] 현재 북한군이 운용하는 공기부양정의 주기지는 평안북도 다사리와 천산반도에 위치

27km, 170mm 자주포는 54km, 240mm 방사포는 60km로서 모두 북방한계선 이남 해역을 사정권으로 두고 있다.

3) Jon M. Van Dyke, Mark J. Valencia, Jenny Miller Garmendia, "The North/South Korea Boundary Dispute in the Yellow(West) Sea", *Marine Policy 27* (2003), pp. 146~147. (www.elsevier.com/locate/marpol)

4) 한·미 군사정보당국은 북한이 보유한 다양한 종류의 잠수함(정)에 대해 용이하게 구별하기 우해 잠수함(정)의 크기에 따라 로미오급(R class), 상어급(Sang-O class), 연어급(Yono class) 등으로 명칭을 부여하고 있다.

5) 「SBS」 보도(2011. 1. 31) 및 『연합뉴스』 보도(2012. 2. 9) 참조.

하고 있으며, 공기부양정은 척당 40~50명 규모가 탑승 가능하다.[6] 따라서 고암포 기지의 약 70척 공기부양정은 특수부대 약 4,000명을 동시에 침투시킬 수 있는 규모이다. 북한군이 고암포 기지로 공기부양정을 전진 배치할 경우 이들 공기부양정들은 30~40분 이내에 백령도 일대까지 기습적인 침투가 가능할 것으로 평가된다. 이는 북한군의 서해 5도에 대한 기습강점의 위협이 그만큼 커졌다는 것을 의미한다.

북한 공군은 유사시 서해 5도와 북방한계선 인근 우리 함정에 대해 위협하거나 직접적인 공격을 할 수 있고, 북한군의 지·해상전력에 대한 지원전력으로 운용될 가능성이 높다. 특히 백령도·대청도·소청도는 북한지역에 근접해 있어 북한 전투기의 기습공격에 취약하다.

이와 같이 북한지역에 근접해 있는 서해 5도와 북방한계선 인근 해역은 북한군의 위협에 노출되어 있다. 따라서 북한군은 지리적 이점과 우세한 전력을 이용하여 북방한계선을 침범하거나 기습적인 무력도발을 감행해왔다. 이를 통해 북방한계선 일대를 분쟁수역으로 만들고 궁극적으로 무실화시키려고 획책해 온 것이다.

북방한계선의 전략적 의미와 가치

북방한계선의 의의는 해상경계선으로서 남북 군사력을 분리시켜 군사적 긴장을 완화하고 무력충돌을 예방한다는 점이다. 특히 정전체제하

6) 북한군의 공기부양정은 길이 21m로 최대 속력 시속 74~96km인 '공방 2'(35t급), 길이 18m로 최대 속력 시속 96km인 '공방 3'(20t급)이 있다. 길이 34m의 공기부양 전투함(170t)은 전면과 후면에 57mm 기관포 1문, 30mm 기관포 1문이 장착되어 있다. 『연합뉴스』 보도(2012. 2. 9).

에서 군사적으로 대치·대결하고 있는 남과 북이 북방한계선을 존중·준수할 때 군사적 긴장이나 무력충돌이 발생하지 않았다는 사실은 북방한계선의 중요성을 증명해준다.

군사전략적 차원에서 보면 황해도 남쪽 해안을 울타리처럼 감싸고 있는 북방한계선은 북한의 군사위협을 차단·억제하는 의미와 가치를 지니고 있다. 우리에게 북방한계선은 서해 5도에 대한 방어선이자 수도권 안전보장의 생명선이 되고 있다.

첫 번째, 북방한계선은 대한민국의 최 서북단 영토인 백령도·대청도·소청도를 비롯한 연평도·우도 등 서해 5도를 방어하는 울타리 역할을 하고 있다. 「정전협정」 제15항에 서해 5도는 유엔군사령관의 군사통제하에 두기로 규정하고 있다. 서해 5도와 황해도 사이의 대략적인 중간선으로 설정된 북방한계선은 유엔군사령관의 서해 5도에 대한 군사통제권을 보장하는 의미도 갖고 있다. 만약 북방한계선이 사라질 경우 북한의 군사위협에 직접적으로 노출되어 서해 5도는 해상봉쇄나 점령당할 위험에 직면하게 된다. 이렇게 된다면 서해 5도에 거주하는 우리 국민들의 생존권과 선박들의 통항의 자유를 상실하게 될 것이다.

두 번째, 우리가 서해를 방어하는데 있어서 서해 5도와 북방한계선은 군사전략적 요충지로서의 기능과 역할을 하고 있다. 우리 군은 서해 5도와 북방한계선 이남 해역에 전진 배치된 전력을 통해 서해에 대한 경계 및 방어 임무를 수행함으로써 북한군의 침공이나 점령 기도를 억제·차단하고 있다. 이처럼 북방한계선은 북한의 위협으로부터 서해를 방어하는 해상경계선의 역할을 하고 있는 것이다.

세 번째, 국가안보 차원에서 볼 때 북방한계선은 대한민국 수도권의 안전을 보장하는 역할을 하고 있다. 서북해역에 인접하고 있는 수도권은 대한민국의 정치·경제·사회·문화·군사의 중심지로서 인구의 약 50%가 거주하고 있다. 만약 북방한계선이 무력화된다면 평시에는 서해에 대한 해양통제권이 상실되어 수도권이 포위·봉쇄당하는 상황이 초래될 수 있다. 그리고 북한이 남침을 시도한다면 북방한계선 이북에 배치된 대규모 지·해·공 전력으로 수도권 서측방을 직접 공격할 가능성이 크다. 따라서 북방한계선은 서해 5도의 방어와 수도권의 안전보장 등 대한민국 영토방위에 사활적인 해상경계선인 것이다.

33. 경제적 차원의 북방한계선

서해는 풍부한 수산물과 다양한 해양자원을 갖고 있는 자원의 보고이다. 또한 서해는 해외로 드나드는 출입구인 인천공항과 인천항으로 통하는 항로가 위치하고 있다. 따라서 서해 서북단에 위치한 북방한계선은 우리 어민들의 어로활동을 보호해주는 안전막이자, 인천공항과 인천항으로 출입하는 항공기와 선박들의 자유로운 통항을 보장하는 보호막이 되고 있다.

북방한계선과 서해 5도 어민의 경제활동

연평도 인근 북방한계선 해역은 과거 조기잡이 어장이었고, 최근에는 꽃게잡이의 중심지가 되었다. 4월부터 6월까지 성어기인 꽃게는 서북해역의 거의 유일한 어족자원으로서 남북한 모두에게 주요 수입원이 되고 있다.

우리 어민들은 연평도 인근 해역에서 연간 꽃게잡이 총량의 30%에 달하는 약 3,300톤을 어획하고 있다. 서해 5도에 거주하는 어민들은 연평균 2만 5천 톤 정도의 어획량을 획득하고 있다. 서해 북방한계선은 배타적 경제수역에서의 경제활동을 보호하는 역할을 하고 있다.

북한의 서해 북방한계선 침범과 무력도발이 5~6월에 빈번하게 발생하고 있는 것은 꽃게잡이와 연관이 있다는 것을 의미한다. 심각한 경제난을 겪고 있는 북한으로서는 서해 꽃게잡이가 외화 획득의 주요 수단이다. 북한의 대중국 수산물 수출량은 2000년 4,047톤에서 2001년 47,977톤으로 10배 이상 증가하였다. 이중 꽃게는 2000년 381톤에서 2001년 1,879톤으로 급증하였는데, 이를 통해 미화 780만 달러를 벌어들였다.[7] 이처럼 수산업은 북한의 주요 수출 분야가 되어왔다.

따라서 꽃게잡이 계절에는 북한 어선들이 북방한계선 이북 해역에서 대규모 어로활동을 전개하고 있다. 그런데 남북한 어선들이 접근하기 어려운 북방한계선 일대를 넘나들며 꽃게를 싹쓸이하는 대규모 중국 어선들의 불법조업이 벌어지고 있다. 북한 함정들은 꽃게잡이에 나선 북한 어선들의 어로활동을 보호하고 대규모 중국 어선단의 불법조업을 단속한다는 빌미로 북방한계선을 빈번하게 침범하고 있다. 1999년 6월 제1차 연평해전은 꽃게잡이 북한 어선들을 보호·통제한다는 명목으로 북방한계선을 침범한 북한 함정들과 이를 퇴각시키려는 우리 해군함정들 간의 밀고 밀리는 과정에서 발발한 것이다.[8]

이처럼 서북 5도와 북방한계선 이남 해역은 대한민국 국민들이 경제활동을 하고 있는 삶의 터전이다. 만약 북한의 주장대로 북방한계선을 폐기하고 서해 해상 군사분계선을 인정한다면 약 8,000㎢의 배타적 경제수역을 상실하게 되고 연 평균 1,300억 원에 달하는 2만 5천 톤 규모의 수산자원이 손실될 것으로 추산된다.[9] 서해 5도 어민들의 생존권이

---

7) Jon M. Van Dyke, Mark J. Valencia, Jenny Miller Garmendia, *op. cit.*, pp. 148~149.

8) *Ibid*, p. 149.

걸린 문제인 것이다.

북방한계선과 민간 항공기 · 선박의 통항

대한민국의 관문인 인천국제공항과 인천항은 서북해역에 인접해 있다.[10] 대한민국 비행정보구역의 북쪽 경계선은 북방한계선과 군사분계선을 기준으로 설정되어 있고, 동남아, 중국, 유럽과 인천국제공항을 연결되는 민간항공기의 국제항공로도 북방한계선을 기준으로 한 이남 공역에 설정되어 있다. 또한 인천항에 출입항하는 민간상선, 어선, 여객선의 항로도 북방한계선을 기준으로 이남 해역에 설정되어 있다.

이처럼 북방한계선은 인천국제공항과 인천항으로 드나드는 민간 항공기와 선박들의 안전하고 자유로운 통항을 보장하는 역할을 하고 있다. 만약 북방한계선을 포기하고 서해 해상 군사분계선을 설정하자는 북한의 주장을 수용할 경우 서북 해역과 공역의 안전이 위협받게 되고 민간 항공기와 선박의 항로를 재설정해야 할 것이다. 이러한 상황이 초래된다면 새로운 항로로 우회해야 하는데 소요되는 추가 유류비가 연간 127억여 원에 달할 것으로 추정된다.[11]

한편, 해주항 등 황해도 남쪽 항포구에 출입하는 북한 민간선박들은 북방한계선 이북 해역으로 통항하고 있다. 북한은 그동안 남북군사회담

---

9) 해군본부, 『NLL, 우리가 피로써 지켜낸 해상경계선』(2011), 111~112쪽.

10) 2011년도 인천국제공항을 이용한 여객인원은 3천 4백여만 명, 화물은 2백80만 톤에 달하며, 인천국제공항공사는 1조 3천억 원의 매출과 6천억 원의 영업이익을 획득하였다. www.airport.kr/(2012. 1. 13 검색).

11) 해군본부, *op. cit.*, 111쪽.

에서 해주항에 입·출항하는 민간선박들에게 북방한계선을 직접 통과하는 직항로를 허용해 달라고 집요하게 요구해왔다. 북한은 해주항 직항로 허용의 명분으로 북한선박들이 황해도 남단을 감싸고 있는 북방한계선을 우회하는 불편과 장거리 항해로 인해 소요되는 항행 시간과 비용 등 경제적 손실을 강조했었다. 그러나 문제는 해주항 직항을 요구하는 북한의 근본적인 저의가 북방한계선의 무실화에 있다는 사실이다. 북한은 해주항 직항로를 허용해달라고 요구하면서도 북한선박의 북방한계선 통과절차에 대한 우리 측의 제안을 끝까지 거부하였던 것이다.

34. 정치 · 외교적 차원의 북방한계선

북한은 당면한 대내외 정치적 난관을 타개할 목적으로 북방한계선 문제를 적절히 활용해왔다. 즉 북한은 내부결속과 주민통제를 강화할 목적으로 군사적 긴장조성이 필요하거나, 남북관계를 주도적으로 끌고 나가고 우리 측 정부를 압박할 목적으로 북방한계선 일대에서 무력도발을 자행해왔다. 또한 북방한계선 일대에서의 군사적 긴장과 무력충돌 문제를 한반도 평화체제 전환과 미·북 평화협정 체결을 주장하는데 이용해 왔다. 이러한 정치·외교 전략에 따라 북한은 북방한계선을 분쟁수역화시키고 궁극적으로 무력화시키려고 기도해 온 것이다.

북한의 대내 체제결속과 북방한계선

북한은 불안정한 정치상황을 타개하고 경제난·식량난으로 인한 주민들의 불만을 무마하기 위한 정치적 차원에서 북방한계선을 이용해왔다. 즉 북방한계선 일대에서 무력충돌을 유발하여 군사적 긴장과 위기를 조성하고, 이를 체제 결속과 주민 통제를 강화하는 명분으로 이용해 오고 있다. 특히 최근의 천안함 피격과 연평도 포격도발은 3대 세습체제를 추진하는데 있어서 후계자 김정은에 대한 군부의 지지 기반을 확고히 하기 위한 측면도 있다. 연령과 경륜이 미천한 김정은의 군사지도자로서의 자질과 대담성을 과시하려는 의도에서 북방한계선 도발을 획책한 것이다.

북한의 대남전략과 북방한계선

우리 국민들은 서해에 유일하게 존재하고 있는 북방한계선을 실질적인 해상경계선으로 인식하고 있다. 그런데 북한의 반복적인 도발로 인한 수차례의 무력충돌을 목격하면서 북방한계선은 포기할 수 없는, 그리고 반드시 사수해야 할 영토선의 개념으로 굳어져 왔다. 다른 한편에서는 군사적 긴장과 충돌을 해소하기 위해서는 남북대화를 통해 북방한계선 문제를 평화적으로 해결해야 한다는 인식도 병존한다. 따라서 북방한계선 문제는 우리 내부에서 이념논쟁과 연결되는 뜨거운 감자가 되어 왔다.

북한은 우리 내부의 분열과 갈등을 조장하고 우리 정부에 대한 협박을 극대화시키려는 방편으로 북방한계선을 활용해왔다. 특히 남북관계가 악화되거나 경색되는 국면에서 북한은 폭발성이 큰 북방한계선 문제를 시비하면서 무력도발을 감행해왔다. 또한 북방한계선 일대에서 군사적 긴장과 위기를 조성하여 소위 '한반도 리스크'(Korea Risk) 효과를 노려 왔다. 요컨대 국제투자 환경을 악화시켜 국가신용평가에 부정적 영향을 초래시키고 우리 경제활동에 불안과 혼란을 조장하려는 저의가 숨어있는 대남 심리전인 셈이다. 결국 북한은 자신이 원하는 대로 남북관계를 끌고 나가려는 대남전략 차원에서 북방한계선을 이용해왔다.

북한의 대미전략과 북방한계선

북한은 북방한계선 문제가 「정전협정」과 관련되므로 미·북 간에 해결해야 한다고 주장해왔다. 대미전략 목표인 미·북 평화협정 체결 및 한반도 평화체제 전환의 명분으로 이용해 온 것이다.

북한은 「정전협정」에서 해상 군사분계선을 합의하지 못하고 유엔군사령관이 일방적으로 설정했던 북방한계선 때문에 서해에서 군사적 긴장과 충돌이 발생하고 있다는 논리로 한반도 정전체제의 불안정성을 부각시켜 왔다. 이러한 서해의 군사적 긴장과 충돌을 근본적으로 해결하기 위해서는 정전협정을 미·북 평화협정으로 전환하여 한반도 평화체제를 수립해야 한다고 주장해 온 것이다.

이와 같이 북한에게 북방한계선 문제는 미·북 직접대화와 평화협정 체결, 한반도 정전체제의 평화체제로의 전환을 주장하는데 좋은 명분과 소재가 되고 있다.

제9장 북방한계선에 대한 당사국 입장

35. 유엔사 · 미국의 입장

북방한계선에 대한 유엔사의 입장

북방한계선은 1953년 8월 30일 유엔군사령관에 의해 설정되었다. 그런데 「정전협정」의 규정을 준수 · 집행할 책임과 권한을 보유한 유엔사는 법적으로 북방한계선이 「정전협정」과는 직접적인 관련이 없다는 입장을 견지하고 있다.

유엔사는 북한 함정이 서해 5개 도서군의 3해리 수역 이내로 들어오면 「정전협정」의 위반행위로 규정하고 있다. 즉 「정전협정」 제15항에 규정한 '유엔군 측의 연해 또는 인접해면'(in UNC side's costal waters/contiguous waters)을 침입하는 것이다. 그렇지만 북한 함정이 단순히 북방한계선을 넘어 오는 경우 또는 남북 간에 발생한 충돌사건의 위치가 서해 5개 도서의 3해리 밖에 있을 경우 유엔사는 공해상(in the international waters)이므로 「정전협정」과는 무관하다는 입장을 취해 왔다.[1)]

이러한 입장에 따라 유엔군 측은 1953년 7월 28일 군사정전위원회 제1차 회의로부터 1991년 2월 13일 마지막으로 개최된 제459차 회의까지 북방한계선에 대한 침범이나 위반 문제를 제기한 적이 없었다.[2)] 다

---

1) 이문항, 『JSA－판문점(1953~1994)』(소화, 2001), 92쪽.

만, 북한 함정이 북방한계선을 월선하여 한국 함정이나 민간선박에 대해 무력공격을 가하거나 나포하는 등 적대행위를 할 경우 유엔사는 당연히 「정전협정」 위반행위로 규정하고, 이를 군사정전위 회의에서 비난·항의하고 책임자 처벌 및 재발방지를 요구하였다.

이러한 북방한계선에 대한 유엔사의 입장은 1989년 6월 3일 유엔군사령관(Louis Menetrey)이 대한민국 국방부장관(이상훈)에게 보낸 서한에 잘 나타나 있다. 당시 유엔군사령관의 서한에서 "「정전협정」에는 유엔사가 북한 측 선박들이 단순히 북방한계선을 월선한데 대해 항의할 권한이 없습니다. 그러나 북한 측 함정이 서해 도서 해상 3해리 이내에 들어오거나, 대한민국 선박에 대해 발포하고 이를 격침시키거나 나포하려는 등 명백한 도발행위를 자행할 때에 유엔사는 북한 측에 항의전문을 발송하거나 군사정전위 본회의를 소집하여 북한 측의 행위를 항의 비난할 수 있습니다"라는 입장을 표명하였다.[3)]

이처럼 법적인 측면에서는 북방한계선이 「정전협정」과 무관하다는 유엔사 측의 입장은 「정전협정」의 어느 조항에도 해상의 군사분계선에 대한 합의가 없다는 인식에서 나온 것으로 보인다. 따라서 유엔사는 북방한계선이 「정전협정」과 관련되는 문제이므로 미국과 북한 간에 새로운 해상 군사분계선을 설정해야 한다는 북한군 측의 주장을 일축해 왔다. 또한 새로운 해상경계선의 설정문제는 1992년 남북고위급회담에서 채택·발효된 「남북기본합의서」와 「불가침부속합의서」에 합의한 대로 남과 북이 협의해야 한다는 입장을 견지하고 있다.[4)]

---

2) *Ibid*, 91쪽.

3) 국방정보본부, 『군사정전위원회편람』(2)(1993), 425쪽.

4) 유엔사 측은 1999년 6월 15일 제1차 연평해전 이후 수차례 개최된 유엔사-

그러나 유엔사는 현실적으로 북방한계선이 남북 간의 실질적인 해상 경계선으로 작용해 오고 있다는 것을 인정하고 있다. 유엔사는 1999년 제1차 연평해전 발발 당시 6월 11일 보도자료를 통해 "북방한계선은 46년 동안 북한군과 한국군 사이의 군사적 긴장을 방지하는 효과적인 수단으로 기여해 왔고, 군사력을 분리하는데 기여해 온 실질적인 경계선으로 사용되어 왔다"고 발표하였다. 그리고 6월 15일 유엔사-조선인민군 장성급회담에서도 유엔사 측 대표는 "북방한계선은 실질적인 해상분계선이며 지난 40여 년간 쌍방이 인정하고 지켜온 엄연한 해상경계선으로서 협상의 대상이 아니다. 그리고 새로운 해상불가침 경계선은 남북군사공동위에서 협의해야 하며, 그때까지는 현 북방한계선이 준수되어야 한다"는 입장을 분명히 밝혔다.[5)]

이와 같이 유엔사는 현실적 측면에서는 북방한계선이 남과 북의 군사력을 격리시키는 기능을 해옴으로써 군사적 긴장을 방지하는데 기여해 온 실질적인 해상경계선이라는 점을 인정해왔다. 따라서 북한 함정들이 북방한계선을 침범하여 적대행위를 자행할 경우에는 군사정전위원회 또는 유엔사-조선인민군 장성급회담에서 북한 함정의 퇴각, 사과와 책임자 처벌, 재방방지 등을 강력히 요구해 왔던 것이다.

북방한계선에 대한 미국 정부의 입장

미 국방부는 미군 장성을 유엔군사령관으로 임명하고 유엔군사령부

조선인민군 장성급회담에서 이러한 입장을 분명하게 밝혔다.

5) 국방부, 『북방한계선(NLL)에 관한 우리의 입장』(2007), 32~33쪽.

에 대해 정책·전략적 지침을 하달하고 있다. 유엔사는 유엔 안전보장이사회의 1950년 7월 7일자 결의 제84호(S1588) 및 1950년 7월 31일자 결의 제85호(S1657)에 따라 유엔사의 활동과 주요 「정전협정」 위반사건 조사결과 등을 안보리에 보고한다.[6] 한편, 미 국무부는 대외정책을 수립·시행하고 제3국과의 조약·협정을 이행하는 주무부처로서 대유엔 외교활동을 수행하고 있다. 따라서 미 국무부는 「정전협정」, 유엔사, 북방한계선 등의 문제에 대한 미국 정부의 공식 입장을 발표하는 주요 기관이다.

미국 정부는 기본적으로 북방한계선에 관해 유엔사 측과 동일한 입장을 취하고 있다. 즉 미 국무부는 현실적으로 북방한계선의 유효성은 인정하지만 법적으로 「정전협정」과 직접적인 관련이 없다는 입장을 가지고 있다.

미 국무부는 북한 함정이 북방한계선을 침범하여 선제 사격공격으로 발생하였던 제1차 연평해전 직후인 1999년 6월 15일과 17일 정례브리핑을 통해 북방한계선에 대한 입장을 밝혔다. 미 국무부 대변인은 "북방한계선은 46년 동안 북한군과 한국군 사이의 군사적 긴장을 방지하는 효과적인 수단으로 기여해 왔고, 군사력을 분리시키는데 기여해 온 실질적인 경계선으로 사용되어 왔다. 우리는 북한이 북방한계선 이북에서 그들의 함정을 통제함으로써 이러한 현실성을 인정할 것을 촉구한다. 1953년에는 동 수역이 전쟁수역이자 분쟁수역이었으며, 영해 관할권에

---

6) 유엔 안보리 결의 제84호 제6조에는 "미국이 안전보장이사회에 대하여 통합사령부 지휘하에 취한 활동에 관하여 적절한 보고서를 제출하도록 요청한다"고 규정하고 있다. 안보리 결의 제85호 제3조에는 "통합사령부가 안전보장이사회에 적절한 보고서를 제출하도록 요청한다"고 규정하고 있다.

대하여 오늘날 분쟁으로 이어지고 있다. 그러므로 우리는 북방한계선이 긴장을 감소시키거나 긴장을 해소하는 수단이라는 점에서 현실적인 방법이자 메커니즘이라고 믿는다. 우리는 북한이 현실적인 이유에서 북방한계선 이북에서 그들의 해군 함정을 통제해 줄 것을 촉구한다"고 발표하였다. 이는 6월 11일 발표하였던 유엔사의 입장을 그대로 재확인한 것이다.

그리고 1999년 9월 2일 북한이 소위 '조선 서해 해상 군사분계선'을 일방적으로 선포했던 당시에도 미 국무부는 북방한계선의 현실성과 유효성을 인정하였다. 제임스 루빈 미 국무부 대변인은 9월 3일 언론 브리핑에서 "북방한계선은 남북한 양측의 군사력을 분리시키는 현실적인 방안으로 유엔사에 의해 설정되어 지난 46년 동안 남북한 간 군사적 긴장을 막는 효과적인 수단이 되어 왔다. 북한은 북한 함정의 북방한계선 접근을 통제함으로써 북방한계선의 현실성을 인정해야 한다"라고 발표하였던 것이다.[7)]

다만, 미국 정부는 북방한계선 문제에 대해 철저히 「정전협정」의 규정에 따른 법리적 해석과 판단에 기초하여 대처해 오고 있다. 미 국무부는 '「정전협정」은 기본적으로 주권이나 영토(영해)에 대한 협정이 아니며, 유엔사의 군사통제지역과 인접해면에 대해서만 규정하고 있다. 그러므로 「정전협정」은 쌍방의 영유권(territories)과 관할권(jurisdiction)의 문제와는 아무런 관계가 없다'고 인식하고 있다. 미국은 「정전협정」에서 규정한 군사분계선에 대해 국제적인 경계선(an international boundary)이 아니라 임시적인 군사분계선으로 인식하여 공식지도에 국경선으로 표기

7) 국방부(2007), *op. cit.*, 33~34쪽.

하지 않는다고 한다.[8] 이에 따라 '서해 5도는 유엔군사령관의 군사통제하에 있다'는 표현을 사용하며, 해상에서의 「정전협정」 위반 여부에 대해서는 영해(territorial waters)가 아닌 '연해 또는 인접해면' 개념을 기준으로 판단한다.[9] 물론 유엔군사령관이 일방적으로 설정한 북방한계선에 대해 「정전협정」과는 무관하며, 서해 5도 주변 3해리 밖의 북방한계선 인근해역이 영토권이나 권할권 문제와는 관련이 없다고 인식하고 있다.[10]

또한 미 국무부는 유엔사와 한국군의 활동에 대한 일방적인 통제조치(unilateral control measure)로서 설정된 북방한계선이 남북 양측의 군사력을 분리시키고 군사적 긴장을 예방하는 현실적이고 효과적인 수단·방법·메커니즘이라고 인정한다. 즉 북방한계선은 쌍방의 군사력을 분리시켜 충돌을 줄이기 위한 현실적인 선(a practical line)으로 보는 것이다. 그렇지만 「정전협정」 규정에 없는 만큼 북한의 단순한 북방한계선 월선행위를 「정전협정」 위반으로 보지 않는다. 따라서 법적으로 「정전협정」에 근거하지 않는 북방한계선에 대해 법적인 함의(legal connotation)를 갖고 있는 군사분계선(military demarcation line)이라는 용어를 사용하는 것은 적절하지 않는 것으로 보고 있다. 그리고 미국 정부는 제3자로서 남북한 간에 체결한 「남북기본합의서」에 관한 문제에 개입하지 않는다는 입장을 견지하고 있다.

---

8) The Geographer Office of the Geographer Bureau of Intelligence and Research (May 1963) ; 조성훈, 『군사분계선과 남북한 갈등』(2011), 182쪽에서 재인용.

9) 2011년 2월 17일 Robert Harris 미 국무부 동아태국 법률자문관이 밝힌 견해이다.

10) 미국의 언론은 북방한계선 일대에서 벌어지는 남북간 교전해역에 대해 공해(high seas 또는 international waters) 또는 분쟁수역(the disputed watets)이라고 표현하는 경우가 많이 있다.

이처럼 미국 정부의 서해 5도와 북방한계선에 대한 입장은 철저히 「정전협정」에 기초하고 있다. 그러나 미국 정부의 인식과 정책이 반드시 유엔사 측의 판단과 일치한다고만 볼 수 없다. 왜냐하면 유엔사 측의 판단은 미국 이외의 다른 유엔사 회원국들의 견해와 입장이 함께 반영되어 있기 때문이다. 그러므로 북한의 「정전협정」 위반행위에 대한 유엔사 측의 조사결과에 대해 미국과 한국의 입장이라고 평가하고 비난하는 것은 설득력이 없다 하겠다.

36. 대한민국의 입장

북방한계선에 대한 기본입장

북방한계선에 대한 대한민국의 기본입장은 법적으로나 현실적으로나 남북의 유일하고 실질적인 해상경계선이라는 것이다.

첫째, 북방한계선은 국제법적 원칙에 부합된 합법적인 해상경계선이다. 1953년 8월 30일 유엔군사령관이 「정전협정」의 안정적 관리를 위해 북방한계선을 설정할 당시 국제적 관행이었던 3해리 영해를 기준으로 한 등거리 원칙과 서해 5도에 대한 유엔군사령관의 군사통제권을 보장하기 위한 군사 상황을 적용하였다.

둘째, 북방한계선은 북한이 묵시적으로 인정 · 준수해온 '묵인의 원칙'에 따라 남북 간의 실질적인 해상경계선으로 확립되었다. 북방한계선은 지난 50여 년 동안 남과 북 사이에서 지켜져 온 유일하고 실질적인 해상경계선인 것이다.

셋째, 북방한계선 이남 해역은 대한민국이 실효적으로 지배해온 관할수역이다. 1992년 남북당국 간에 채택 · 발효된 「남북기본합의서」와 「불가침부속합의서」에서 해상 불가침구역에 대해 "쌍방이 지금까지 관할하여 온 구역"이라고 합의한 것은 북방한계선을 기준으로 한 것이다.

넷째, 우리 군은 유엔군사령관에 의해 설정된 북방한계선을 1953년부터 지금까지 피로써 지켜 왔으며, 앞으로도 지켜 나갈 것이다.

다섯째, 새로운 해상경계선 문제는 한반도 평화체제가 진전되는 단계에서 「남북기본합의서」와 「불가침부속합의서」에 합의한 대로 남북군사공동위를 통해 군사적 신뢰구축조치 등 군사분야 합의사항과 함께 논의할 수 있다. 그러므로 새로운 해상 불가침 경계선을 설정할 때까지 북방한계선은 존중·준수되어야 한다.

북방한계선에 대한 국방부의 법적 견해

북한은 북방한계선 이남 해역을 포함한 서해 5도 주변 해역이 12해리 영해 원칙에 따른 자신의 영해 내라고 주장하고 있는데, 이 주장은 타당하지 않으며 수용할 수 없다.[11]

(1) 북방한계선의 설정

1953년 「정전협정」에는 해상의 군사분계선에 관하여 합의된 바가 없었으며, 다만 서해 5개 도서를 남한에 귀속시킨다는 규정만 두었다. 「정전협정」 조인 당시 유엔군은 함경도 해상까지 이르는 한반도 거의 전역의 제해권을 확보하고 있었으나 클라크 유엔군사령관은 군사적 충돌을 방지하고 유엔군 항공기 및 함정의 활동을 제한할 목적으로 1953년 8월 30일 동해상에 NBL(Northern Boundary Line), 서해상에 NLL을 각각 설정하였다. 구체적인 설정 내용은 동해에는 북위 38도 36분 06초를 기

---

11) 대한민국 국방부, 『전쟁법해설서』(2010), 230~234쪽. 국방부 법무관리관실에서 법적으로 검토한 견해이다.

준으로 NBL을, 서해에는 서해 5도와 북한지역 해안 사이의 중간선을 기준으로 하여 NLL을 설정하였다. 그 후 1996년 7월 1일 「유엔사/연합사 규정 524-4」 "정전시 교전규칙" 개정으로 NBL, NLL이란 용어를 NLL로 통일하였다.

(2) 북방한계선에 대한 북한의 태도

북방한계선 설정 당시 북한 해군은 괴멸된 상태였고 오히려 북방한계선 설정이 그들에게 유리하였으므로 유엔사의 북방한계선 설정 내용을 사실상 수용하고 20여 년간 아무런 이의 없이 묵종하여 왔다. 그러던 중 1973년 12월 1일 제346차 군사정전위원회에서 북한은 서해 5도가 유엔군사령관의 관할하에 있다는 점은 인정하지만 그 주변 해역은 자신들의 영해이므로 이 해역을 지나가려면 사전 허가를 받아야 한다고 주장하였다. 그 후 북한은 북방한계선의 실효화(失效化)를 노리고 매년 수차례 월선을 시도하였으나 우리 해군의 저지로 월선이 어렵게 되자 사실상 북방한계선을 존중하며 그 이북지역에서만 어로행위를 하여 왔다. 한편, 북한은 1999년 9월 2일 이른바 조선인민군 총참모부 성명을 통해 황해도와 경기도의 도경계선의 끝점으로부터 남북한 기점간의 중간선과 중국과의 반분선까지 연결한 선을 소위 "조선해상 군사분계선"으로 선포하고 이 선의 북쪽 해상수역을 "해상 군사경계수역"으로 설정한다고 발표한 바 있다.

(3) 현 운영실태

현재 유엔군사령부는 북방한계선으로부터 5해리 남쪽에 완충수역을 정해 놓고 유엔군사령관의 허가를 받지 않은 우리 선박의 접근을 막고 있으며, 우리 해군은 1995년부터 북방한계선 이남의 공해에 작전수역(OA)을 새로 설정하여 북한 선박이 통과하지 못하도록 하고 있다. 북한도 북방한계선 북쪽 공해상에 군사수역을 설정해 남한의 선박이 들어오지 못하도록 하고 있다.

(4) NLL의 법적 타당성

① 설정 목적 : 「정전협정」에서 미비된 해상 군사분계선을 설정할 필요성에서 발령된 것이다. 북방한계선은 「정전협정」 제13항에서 규정한 서해 5도의 군사통제의 보장을 위하여 필요한 것이며, 「정전협정」 제15항에서 규정한 "상대방의 군사통제하에 있는 육지에 인접한 해면"을 구체화하는 의미가 있다.

② 설정 배경 : 설정 당시 해군력 면에서 유엔군은 함경도까지 관할하였던 바, 군사력의 자제를 위해 일방적 양보를 하여 설정한 것이다.

③ 서해 5도의 귀속 관련 : 「정전협정」 제15항에서는 육지나 섬을 기초로 그 인접수역을 존중하기로 규정하고 있는 바, 북방한계선은 서해 5도와 북한의 중간선을 획정한 것으로 「정전협정」 정신에 충실한 것이다.

④ 방법의 타당성 : 국제법상 당사자간 별도 합의가 없는 한 해상경계선은 중간선 내지 등거리선을 적용하는 바, 서해 5도 근처의 남북한 수역 폭이 24해리 미만이어서 12해리설을 적용할 수 없으므로 그 중간선을 택한 것으로 국제법상 타당하다.

⑤ 관습법 형성(묵인의 원칙) : 북한은 1953년부터 1973년까지 20여년간 북방한계선의 설정에 아무런 이의를 제기하지 않고 존중하여 왔

던 바, 이는 북방한계선에 묵시적으로 동의한 것으로서 북방한계선은 남북간 해상경계선으로서 국제관습법적 지위를 형성하였다고 할 것이다.

⑥ 남북기본합의서 : 1992년 「남북기본합의서」 제11조에서는 "지금까지 쌍방이 관할하여 온 구역을 존중"하기로 규정하고 있는 바, 북방한계선은 한국 해군에 의해 관할되어 온 지역이므로 북방한계선 이남 지역은 남한 측 영역으로서 존중되어야 한다.

(5) 북한의 주장 및 그 부당성

북한은 서해 5도 지역에 12해리 영해를 주장하며 서해 5도가 자신들의 영해 내에 포함된다는 주장을 하고 있다.

그러나 12해리 원칙은 타국의 영해 등과 중복되지 않는 범위에서만 관철될 수 있는 것이고, 도서지역, 만입(灣入) 지역, 해협지역 등에서는 관련국과의 합의로 개별적인 영해선을 설정하는 것이 국제관례이다. 그 예로 대한해협의 경우 영해의 범위를 3해리로 제한하고 있다.

서해도서 지역의 경우 「정전협정」에서 5개 도서가 남한 측에 속함을 명백히 인정하고 있고, 이들 도서로부터 북한 연안까지의 거리가 24해리에 미달(대부분의 지역에서 12해리에도 미달)하는 이상, 이 지역에 12해리 원칙을 적용할 수는 없다.

따라서 서해 5도와 황해도 연안의 중간선인 북방한계선을 양측 경계선으로 하자는 우리 측 주장은 북측의 일방적인 12해리설보다 훨씬 더 합리적이고 국제법을 존중하는 것이다.

한편, 북한은 자신들이 주장하는 서해 해상 군사분계선을 중간선 원칙에 의하여 획정하였다고 주장하는 바, 실제적으로 중간적 작도에 있어서는 백령도 등 대한민국 관할의 섬들을 배제함으로써, 섬도 육지와 똑같이 영해를 갖는다는 해양법 내용을 무시하고 있다.

(6) 참고

서해 5도 저조선으로부터 12해리 반경의 원을 그려 영해를 그릴 경우 북방한계선 남방수역에 공해에 해당하는 지역이 출현하게 되고, 또한 백령도, 대청도, 소청도와 연평도를 잇는 직선기선을 그을 경우 「유엔해양법협약」의 합법성이 문제가 되어 인근 국가들의 항의를 초래해 현재의 군사적 통제상황을 저해하는 결과를 초래할 수 있다.

따라서 동 해역에 관하여 제3국에 대하여서는 동 해역이 서해 저조선을 기준으로 한 대한민국의 배타적 경제수역임을 주장하여 해양법상의 경제적인 의미의 주권적 권리를 주장하여 사실상 영해라는 입장을 고수하는 것이 타당하다.

한편, 영해는 국가의 배타적 관할권인 주권이 미치는 수역임에 반해 해상 관할수역이란 남북의 대치라는 상황하에서 「정전협정」 체결 시 설정된 한반도에 특유한 현상으로 상호 불가침의 수역이며 북방한계선은 쌍방의 군사력이 대치하는 경계선이다.

(7) 결론

북방한계선은 군사적인 것이고, 군사적인 한계선은 「유엔해양법협약」과도 무관하며, 따라서 일반적 해양경계선과도 무관한 것이다. 영해에 관해 남북 간 별도 합의가 없는 현재 북방한계선은 남북간 실질적 해상 군사분계선으로 유효하게 기능하고 있으며, 「남북기본합의서」에서 관할구역에 관한 현상유지 원칙이 천명된 이상 북방한계선을 무시하는 북한의 행위는 위법한 도발행위라고 할 것이다.

「남북기본합의서」에 부속된 「남북불가침의 이행과 준수를 위한 부속합의서」 제10조에 따르면 "남과 북의 해상불가침경계선은 앞으로 계속 협의한다"라고 규정되어 있다. 그러므로 해상 불가침 경계선에 대한 당사자는 미국과 북한이 아닌 남한과 북한임이 분명하다.

우리가 북한과 "영해경계획정" 등의 "해양경계획정" 교섭을 한다고 해서 그것이 북한을 국가로 인정하는 것은 아니며, 해양경계획정 합의서는 「남북기본합의서」의 부속서 형태로 처리하면 된다.

37. 북한의 입장

북방한계선과 해상 군사분계선에 대한 북한의 입장

북한은 1953년 유엔군사령관에 의해 설정된 북방한계선에 대해 1973년까지 20년간 아무런 이의를 제기하지 않고 인정·준수해왔다. 그런데 1973년 서해사태를 의도적으로 도발한 이후 군사정전위 회의에서 북방한계선을 부정하기 시작하였다. 이후 북한은 북방한계선을 부정하는 명분과 논리를 더욱 정교하게 다듬어 주장하는 한편, 대담하게 무력도발을 감행해 왔다. 요컨대 화전양면 전술을 통해 북방한계선 일대를 분쟁수역으로 만들고 궁극적으로 무실화를 획책해 온 것이다.

북한은 북방한계선을 부정하는 근거로 유엔군사령관이 일방적으로 설정하고 이를 북한 측에 통보한 적도 없었다는 점을 들고 있다. 북한은 애초부터 쌍방 간에 합의되지 않았고, 단순히 유엔군과 한국군에 대한 북방한계를 제한하기 위해 설정된 것이기 때문에 인정할 수 없다는 것이다. 따라서 북한은 쌍방이 인정하는 해상경계선이 존재하지 않기 때문에 서해상에서 남북간 해상 무력충돌이 발생하고 있으므로 이를 근본적으로 해결하기 위해서는 새로운 해상경계선을 설정해야 한다고 주장하고 있다.

서해상 해상경계선과 관련하여, 북한이 견지하고 있는 기본입장은 '경기도와 황해도의 도경계선을 기준으로 해상 군사분계선'을 설정할 것을 주장하고 있다. 이러한 북한의 입장은 1952년 휴전회담 당시에 제시했던 것으로, 1973년 12월 군사정전위, 1992년 남북고위급회담, 1999년 8월 유엔사－조선인민군 장성급회담, 그리고 2007년 남북국방장관회담과 장성급군사회담에서 반복 주장하였다. 북한은 군사회담에서 지속적으로 주장하는 한편, 1999년 9월 소위 '서해 해상 군사분계선'을 선포한 후 지금까지 서해에는 그들이 선포한 해상 군사분계선만이 존재한다고 억지를 부리고 있다.

서해 해상 군사분계선 설정의 주체와 관련하여, 북한은 1999년 유엔사－조선인민군 장성급회담에서 유엔사와 북한군 간에 설정할 것을 주장하였다. 그리고 2006~2007년 개최된 남북장성급군사회담에서는 우선적으로 남북 군사당국 간에 설정하자고 주장을 바꾸었다. 그러나 그들의 입장을 관철시키지 못하자, 현 단계에서는 남과 북 군사당국이 주체가 되어 북측의 해상경비계선과 남측의 북방한계선 사이에 평화수역과 공도어로구역을 설정하고, 추후에 새로운 해상 군사분계선을 설정하자고 주장하였다.

휴전회담에서 해상 군사분계선 주장

1951년 11월 27일 제28차 휴전회담에서 지상의 군사분계선과 비무장지대에 대한 잠정 합의가 이루어졌다. 이후 속개된 휴전회담에서는 연해와 연해도서에 대해 집중적으로 협의하였다. 1952년 1월 북한 측은 "황해도와 경기도의 도경계선을 기준으로 그 서북쪽에 위치한 모든 연해 도서에서 유엔군이 철수할 것"을 요구하는 한편, "황해도와 경기도의 도경계선이 육지의 비무장지대에서 멀지 않으니 이 도경계선을 해상의 분계선이 되어야 할 것"이라고 주장하였다.

그러나 유엔군의 제해권과 제공권을 장악하고 있던 전시상황, 영해에 대한 쌍방의 입장 차이, 유엔군 측의 서해 5도에 대한 군사통제권 유지 등의 배경에서 해상 군사분계선에 대해 더 이상의 협의도 없었고, 아무런 합의도 도출되지 못했다.

1973년 군사정전위에서 북방한계선 부정 발언

1973년 11월 북한의 의도적인 서해도발사태와 관련하여 군사정전위원회 제346차 본회의가 1973년 12월 1일 개최되었다. 당시 북한 측은 「정전협정」 제13항 (ㄴ)목의 규정을 보면 "황해도와 경기도의 도경계선 북쪽의 해면은 북한의 연해"라고 왜곡 주장하면서, "북한 측 연해에 있는 백령도·대청도·소청도·연평도·우도 등 5개 도서에 드나들려 하는 경우 북한 측에 신청하고 사전에 승인을 받아야 한다"고 억지를 부렸다. 이러한 발언은 북방한계선을 부정하겠다는 의도에서 나온 것이다.

「정전협정」을 왜곡하는 북한 측의 주장에 대해 유엔군 측은 가소롭고 용납할 수 없는 궤변이라고 일축하면서, "서해 5도의 인접수역은 엄연히 유엔군 측 연해"임을 강조하였다.

남북고위급회담에서 해상 불가침 경계선 주장

1992년 2월 19일 제6차 남북고위급회담에서 「남북기본합의서」가 발효됨에 따라 남북군사분과위원회에서는 「불가침부속합의서」 채택 문제를 협의하였다. 해상 불가침 경계선 및 구역에 대한 협상과정에서 북측은 "동해에서는 군사분계선을 위도상으로 연장한 선으로 하고, 서해에서는 「정전협정」 해당 규정에 따라 지금까지 쌍방이 관할하여 온 계선과 구역으로 하자"고 주장하였다.

우리 측이 「정전협정」에 규정한 해상경계선의 의미를 묻자, 북측은 "「정전협정」에 따라 해상경계선을 규정하자면 황해도와 경기도의 도경계선을 연장한 선으로 할 수 있다"고 답변하였다. 이에 우리 측은 "북방한계선이 지난 40년 동안 지켜져 오고 유지되어 온 관행을 존중해야 한다"고 강조하면서, "해상 불가침 구역은 지금까지 쌍방이 관할하여 온 구역으로 한다"는 것을 제시하였다. 결국, 북측은 우리 측 안을 수용하였고, 「불가침부속합의서」 제10조에 "남과 북의 해상불가침 경계선은 앞으로 계속 협의한다. 해상불가침 구역은 해상불가침 경계선이 확정될 때까지 쌍방이 지금까지 관할하여 온 구역으로 한다"고 규정하였다. 이는 남북이 해상불가침 경계선을 협의·확정할 때까지 북방한계선을 존중하기로 합의한 것을 의미한다.

UNC-북한군간 해상 군사분계선 설정 주장

북한은 1999년 6월 제1차 연평해전 이후 6차례 개최된 유엔사-조선인민군 장성급회담에서 "서해 무력충돌의 근원은 쌍방이 인정하는 해상경계선이 없기 때문이므로, 이를 해결하기 위해서는 새로운 해상경계선 설정이 필요하다"고 하면서 "서해 해상경계선 설정문제는 「정전협정」과 관련된 문제인 만큼, 북한군과 유엔사 간에 북방한계선을 철회하고 새로운 해상 군사분계선을 설정할 것"을 주장하였다. 이때 북한 측은 황해도와 경기도의 도계선으로부터 황해도와 경기도 도서의 등거리 점을 연결한 선을 '서해 해상 군사분계선'으로 제시하였다.

그러나 유엔사 측은 새로운 해상경계선 문제는 「남북기본합의서」와 「불가침부속합의서」에서 합의한 대로 남과 북 사이에 군사적 신뢰구축조치 등과 함께 논의할 사항이라고 대응하면서 북한 측의 주장을 반박하였다.

서해해상 군사분계선 및 서해 5개 섬 통항질서 선포

유엔사-조선인민군 장성급회담에서 유엔사와 북한군 간에 새로운 해상 군사분계선을 설정하려 했던 기도가 좌절되자, 북한은 일방적인 조치를 취하였다. 1999년 9월 2일 유엔사-조선인민군 장성급회담에서 제시한대로 '서해 해상 군사분계선'을 선포하였다. 즉 휴전회담에서부터 주장하였던 황해도와 경기도의 도경계선을 기준으로 하는 해상 군사분계선을 선포한 것이었다. 그런데 북측의 일방적인 주장은 「정전협정」 규정을 왜곡할 뿐만 아니라 상대방에 대한 봉쇄를 금지한 규정에 위배된다. 또한 1992년 채택한 남북 「불가침부속합의서」를 위반하는 것이다.

북한은 이러한 문제점을 인식했었는지 2000년 3월 23일에 서해 해상 군사분계선 후속조치로서 '서해 5개 섬 통항질서'라는 것을 발표하였다.

서해 백령도·대청도·소청도 및 연평도에 출입하는 해상 항로대를 설정하고 출입 시 북측의 사전 승인을 받으라고 주장한 것이다.

남-북간 해상 군사분계선 설정 주장

북한은 2006년 3월과 5월 개최된 제3~4차 남북장성급군사회담에서 "남과 북 군사당국 사이에 새로운 해상 군사분계선을 설정하자"고 주장하였다. 북한 측 주장의 요지는 서해 무력충돌의 근원을 해결하기 위해서는 새로운 해상경계선 설정이 필요하며, 새로운 해상경계선은 쌍방이 주장해 온 북방한계선과 해상경비계선을 함께 포기하고, 남측의 경기도와 북측의 황해도 영해기산선으로부터 12해리 영해선을 긋되, 그 밖의 수역은 국제해양법의 원칙에 따라 반분하는 선으로 설정하자는 것이었다.

남북군사회담에서 해상경비계선 주장

북한은 2004년에 '해상경비계선'이라는 것을 처음으로 언급하였고, 2006~2007년 남북공동어로구역을 협의하였던 남북장성급군사회담에서 본격적으로 주장하였다. 북한은 '해상경비계선'이라는 것을 개발하여 북방한계선 침범과 무력도발의 명분으로 활용하는 한편, 군사회담에서 공동어로구역 설정의 논리로 이용하여 왔던 것이다.

그러나 '해상경비계선'과 관련한 북한의 주장은 일관성이 결여되어 있다. 먼저 2007년 제5~6차 장성급군사회담에서 북측은 1992년 충돌방지를 위해 해상계선을 일방적으로 선포했다고 언급하였는데, 2007년 11월 제2차 국방장관회담과 12월 제7차 장성급군사회담에서는 1950년대 초에 해상계선을 선포하였다고 주장하다가 1977년 8월에 해상경계선을 주장하였다고 말을 바꾸었다.

그리고 북한은 2006년 제3~4차 남북장성급군사회담에서 "우선 서해 해상경계선을 설정한 다음에 공동어로구역을 설정하자"고 주장하였다. 그러면서 서해 충돌방지문제를 해결하기 위해 공동어로구역을 남측의 북방한계선과 북측의 경비계선 사이에 설정하되, 강화만의 넓은 수역까지 포함하자고 주장하였다.

그런데 북한은 2007년 4월과 7월 개최된 제5~6차 남북장성급군사회담에서는 우선 남북 쌍방은 북방한계선과 경비계선 주장을 각각 철회하고 그 사이에 공동어로구역을 설정할 것을 주장하였다. 그리고 서해상 충돌방지 문제의 근원적 해결은 불변의 입장이나, 서해 해상경계선 문제는 앞으로 계속 협의·해결하자고 언급하였다.

2007년 제2차 남북정상회담에서 합의한 '서해평화협력특별지대'와 관련된 문제를 협의하기 위해 11월 제2차 국방장관회담과 12월 제7차 남북장성급군사회담이 개최되었다. 이들 회담에서 북한은 쌍방이 각각 북방한계선과 해상경비계선을 함께 인정하고, 북방한계선과 경비계선 사이의 중간수역을 '평화수역'으로, 그 평화수역의 일부 수역을 공동어로구역으로 설정하자고 주장하였다. 그리고 북방한계선과 경비계선 사이에 설정된 공동어로구역에서 교류협력이 진행되는 기간 동안은 해상불가침경계선 문제를 논의하지 않겠다고 언급하였다.

2006~2007년 개최되었던 남북군사회담에서 북방한계선과 해상경비계선 사이에 평화수역과 공동어로구역을 설정하려고 했던 기도가 물거품

이 되자, 2010년부터 북한은 '해상경비계선'을 무력도발의 명분으로 삼고 있다.

2010년 9월 30일 제38차 남북군사실무회담에서는 우리 측 해군함정들이 북한이 설정한 서해 해상경비계선을 침범하고 있다고 비난하였다. 급기야 2010년 11월 23일 우리 연평부대가 정례적으로 해상사격훈련을 해왔던 수역이 해상경비계선 이북의 북한 영해라고 주장하면서 연평도에 무차별 포병사격을 가하는 도발을 감행하였다.

이처럼 북한은 황해도와 경기도 도경계선을 기준으로 서해 해상 군사분계선 또는 불가침경계선으로 설정한다는 기본입장 하에 북방한계선을 무실화하기 위해 개발한 '해상경비계선'을 대남협상의 논리와 무력도발의 명분으로 이용하고 있다.

제10장 결론

북방한계선은 법의 논리와 힘의 논리가 작용하는 남북 해상경계선이다

한반도 정전체제하에서 남북관계는 법적으로 전쟁상태의 적대관계에 있으며, 현실적으로 정치·군사적 대결상태를 유지하고 있다. 「정전협정」은 남북 간에 적대행위와 무장행동을 중지시켜 정전을 확립할 목적으로 체결되었고, 북방한계선은 이러한 「정전협정」의 안정적인 관리를 위해 설정되었다.

서해의 북방한계선은 서해 5도와 북한 지역 간의 중간선을 기준으로 하고 당시 국제적 관행이던 3해리 영해를 적용함으로써 국제법적 정당성을 확보하였다. 특히 북한은 최소한 1953년부터 1973년까지 20년 동안 북방한계선에 대해 어떤 이의도 제기하지 않고 인정·준수하였고, 대한민국은 1953년 이래 현재까지 북방한계선 이남 수역을 실효적으로 관할하여 왔다. 또한 남과 북은 1992년 「남북기본합의서」와 「남북불가침부속합의서」에 남북 사이에 유일하게 존재하고 있었던 해상경계선인 북방한계선을 전제로 한 해상 불가침 구역에 합의하였다.

「정전협정」은 6·25전쟁의 교전자 간에 적대행위와 무장행동을 정지시킬 목적으로 체결되었는데, 해상 군사분계선에 대해서는 규정하지 못한 불완전한 합의였다. 이에 「정전협상」을 이행·준수할 책임과 권한을 가진 유엔군사령관은 해상의 군사분계선과 같은 개념의 북방한계선을 설정하게 되었다. 1953년 유엔군사령관이 설정한 이후 현재까지 남북간에 지켜져 온 북방한계선은 지상의 군사분계선과 같이 해상에서 남북 해군전력을 분리시켜 군사적 긴장과 충돌을 예방해온 실질적인 해상경계선으로서 그 기능과 역할을 해왔다.

이처럼 북방한계선은 법적으로나 현실적으로 한반도 정전체제라는 특수한 사정을 반영하고 있다. 1953년부터 60여 년 가까이 정전상태가 지속되고 있는 한반도의 역사적 안보현실 속에서 북방한계선이 존재하고 있는 것이다. 이러한 한반도 정전체제라는 특수성과 역사성으로 인해 북방한계선은 정상적인 국가관계에서 적용되는 일반적인 국제해양법의 원칙을 그대로 적용할 수 없다. 따라서 한반도 정전체제가 항구적인 평화체제로 전환되는 단계에서 「남북기본합의서」에 따라 새로운 해상 불가침경계선이 합의되기 전까지 북방한계선은 남북 쌍방 간에 반드시 존중·준수되어야 한다.

북한이 1973년 '서해도발사태'를 계획적으로 자행하고 북방한계선을 부정하기 이전에는 북방한계선 문제로 군사적 긴장이나 충돌이 발생되지 않았었다. 그런데 북한이 1973년 이후 북방한계선을 시비하면서 의도적인 침범과 적대행위를 자행해옴으로써 서해 해상에서 남북간 군사적 긴장과 충돌이 반복되어 왔다. 우리 군은 평시 감시·초계활동과 해상훈련 등을 통해 북방한계선 이남 해역을 군사적으로 통제해왔고, 북방한계선을 침범하는 북한의 간첩선이나 함정들을 퇴각시켜왔으며, 그러한 과정에서 제1·2차 연평해전, 대청해전 등이 발생하기도 하였다.

이러한 북한의 북방한계선 침범과 무력도발 행위에 대해 우리 군이 피를 흘려가면서 사수해왔다. 우리 군은 힘으로써 북방한계선을 남북

간의 실질적인 해상경계선으로서, 북방한계선 이남 해역을 우리의 관할 해역으로서 지켜 온 것이다. 이처럼 북한의 무실화 책동에 대해 우리 군이 사수해 온 것을 목도한 우리 국민들은 북방한계선을 영토선의 개념으로까지 인식하게 되었다.

잠정적·일시적 개념의 정전상태가 반세기 이상 지속되어 온 동안 북방한계선은 자연히 힘으로 지켜야 할 안보 개념과 영토 개념이 함께 반영되어 고착화되었다. 서해 북방한계선은 서해 5도 주민의 생존권을 보장하는 생명선, 서해와 수도권 서측방의 방어선, 인천공항과 인천항 항로의 안전보장선, 한국방공식별구역 · 비행정보구역 · 작전구역의 군사적 기준선이 된 것이다. 그리고 북방한계선은 지난 50여 년간 대한민국이 실효적으로 유지 · 관할해온 사실, 북측의 묵인 · 준수 사례, 남북 해군 간의 수차례 무력충돌 등을 거치면서 우리 국민들에게 절대 사수해야 할 영토선 개념으로 인식 · 정착된 것이다.

결국 북방한계선은 군사적 대치선과 영토선의 개념이 복합적으로 반영된 남북 간의 실질적인 해상경계선이다. 즉 한반도 정전체제라는 특수한 상황에서 남북 군사력이 대치하고 있는 군사적 개념, 서해 5도에 거주하는 우리 국민들의 생존권 보장과 수도권의 안전보장이라는 국가안보 개념, 그리고 우리 국민들이 인식하는 영토선이라는 개념 등을 포괄하는 해상경계선이다.

앞으로 새로운 해상경계선 문제는 한반도 정전체제가 항구적인 평화체제로 전환하는 단계에서 검토할 수 있을 것이다. 남북 간에 정치 · 군사적 신뢰가 충분히 조성된 단계에서 「남북기본합의서」상의 군사적 신뢰구축조치 등 군사분야 합의사항과 함께 협의 · 해결해 나가야 한다. 북방한계선이 정전체제하에서 존재해오고 있다는 현실을 감안할 때 군사적 긴장완화 및 신뢰구축조치 등 실질적 평화정착을 통해 한반도 평화체제가 상당 정도 진전된 상태에서 검토 가능하기 때문이다.

과거에도 그렇고 현재에도 그렇듯이 북방한계선은 법적 실효성과 함께 힘의 논리가 작용하는 실질적인 남북 해상경계선이다. 앞으로 한반도 평화체제가 진전되어 남북 간에 새로운 해상경계선 문제가 해결될 때까지 북방한계선은 존중·준수되어야 한다.

부록

1. 한국 군사정전협정
2. 남북기본합의서
3. 남북불가침부속합의서
4. 제2차 남북장성급군사회담 합의서(6 · 4합의)
5. '6 · 4합의서' 부속합의서
6. 제2차 남북정상회담 합의서
7. 제2차 남북국방장관회담 합의서

1. 한국 군사정전협정

국제연합군 총사령관을 일방으로 하고 조선인민군 최고사령관 및 중국인민지원군 사령관을 다른 일방으로 하는 한국 군사정전에 관한 협정(1953. 7. 27)

서언

국제연합군 총사령관을 일방으로 하고 조선인민군 최고사령관 및 중국인민지원군 사령관을 다른 일방으로 하는 하기의 서명자들은 쌍방에 막대한 고통과 유혈을 초래한 한국 충돌을 정지시키기 위하여서와 최후적인 평화적 해결이 달성될 때까지 한국에서의 적대행위와 일체 무장행동의 완전한 정지를 보장하는 정전을 확립할 목적으로 하기 조항에 기재된 정전 조건과 규정을 접수하며 또 그 제약과 통제를 받는데 각자 공동 상호 동의한다. 이 조건과 규정들의 의도는 순전히 군사적 성질에 속하는 것이며 이는 오직 한국에서의 교전 쌍방에만 적용한다.

제1조 군사분계선과 비무장지대

1. 한 개의 군사분계선을 확정하고 쌍방이 이 선으로부터 각기 2㎞씩 후퇴함으로써 적대군대 간에 한 개의 비무장지대를 설정한다. 한 개의 비무장지대

를 설정하여 이를 완충지대로 함으로써 적대행위의 재발을 초래할 수 있는 사건의 발생을 방지한다.

2. 군사분계선의 위치는 첨부한 지도에 표시한 바와 같다.

3. 비무장지대는 첨부한 지도에 표시한 북방경계선 및 남방경계선으로써 이를 확정한다.

4. 군사분계선을 하기와 같이 설립한 군사정전위원회의 지시에 따라 이를 명백히 표식한다. 적대쌍방 사령관들은 비무장지대와 각자의 지역 간의 경계선에 따라 적당한 표식물을 세운다. 군사정전위원회는 군사분계선과 비무장지대의 양 경계선에 따라 설치한 일체 표식물의 건립을 감독한다.

5. 한강하구의 수역으로서 그 한쪽 강안이 일방의 통제하에 있고 그 다른 한쪽 강안이 다른 일방의 통제하에 있는 곳은 쌍방의 민용선박의 항행에 이를 개방한다. 첨부한 지도(첨부한 지도 제2도를 보라)에 표시한 부분의 한강 하구의 항행규칙은 군사정전위원회가 이를 규정한다. 각방 민용선박이 항행함에 있어서 자기 측의 군사통제하에 있는 육지에 배를 대는 것은 제한받지 않는다.

6. 쌍방은 모두 비무장지대 내에서 또는 비무장지대로부터 또는 비무장지대에 향하여 어떠한 적대행위도 감행하지 못한다.

7. 군사정전위원회의 특정한 허가 없이는 어떠한 군인이나 사민이나 군사분계선을 통과함을 허가하지 않는다.

8. 비무장지대 내의 어떠한 군인이나 민간인이나 그가 들어가려고 요구하는

지역의 사령관의 특정한 허가 없이는 어느 일방의 군사통제하에 있는 지역에도 들어감을 허가하지 않는다.

9. 민사행정 및 구제사업의 집행에 관계되는 인원과 군사정전위원회의 특정한 허가를 얻고 들어가는 인원을 제외하고는 어떠한 군인이나 민간인이나 비무장지대에 들어감을 허가하지 않는다.

10. 비무장지대 내의 군사분계선 이남의 부분에 있어서의 민사행정 및 구제사업은 국제연합군 총사령관이 책임진다. 비무장지대 내의 군사분계선 이북의 부분에 있어서의 민사행정 및 구제사업은 조선인민군 최고사령관과 중국인민지원군 사령관이 공동으로 책임진다. 민사행정 및 구제사업을 집행하기 위하여 비무장지대에 들어갈 것을 허가받는 군인 또는 민간인의 인원수는 각방 사령관이 각각 이를 결정한다. 단 어느 일방이 허가한 인원의 총수는 언제나 1,000명을 초과하지 못한다. 민사행정, 경찰의 인원 수 및 그가 휴대하는 무기는 군사정전위원회가 이를 규정한다. 기타 인원은 군사정전위원회의 특정한 허가 없이는 무기를 휴대하지 못한다.

11. 본 조의 어떠한 규정이던지 모두 군사정전위원회, 그의 보조인원, 그의 공동감시소조 및 소조의 보조인원, 그리고 하기와 같이 설립한 중립국감독위원회, 그의 보조인원, 그의 중립국시찰소조 및 소조의 보조인원과 군사정전위원회로부터 비무장지대로 들어갈 것을 특히 허가받은 기타의 모든 인원, 물자 및 장비의 비무장지대 출입과 비무장지대 내에서의 이동의 완전한 자유를 방해하는 것으로 해석하여서는 안 된다. 비무장지대 내의 두 지점이 비무장지대 내에 전부 들어 있는 도로로써 연결되지 않는 경우에 이 두 지점 간에 반드시 경과하여야 할 통로를 왕래하기 위하여 어느 일방의 군사통제하에 있는 지역을 통과하는 이동의 편리를 허여한다.

제2조 정화 및 정전의 구체적 조치

가. 총칙

12. 적대 쌍방 사령관들은 육해공군의 모든 부대와 인원을 포함한 그들의 통제하에 있는 모든 무장역량이 한국에 있어서의 일체 적대행위를 완전히 정지할 것을 명령하고 또 이를 보장한다. 본 항의 적대행위의 완전정지는 본 정전협정이 조인된 지 12시간 후부터 효력을 발생한다. (본 정전협정의 기타 각항의 규정이 효력을 발생하는 날짜와 시간에 대하여서는 본 정전협정 제63항을 보라.)

13. 군사정전의 확고성을 보장함으로써 쌍방의 한 급 높은 정치회의를 진행하여 평화적 해결을 달성하는 것을 이롭게 하기 위하여 적대쌍방 사령관들은

ㄱ) 본 정전협정 중에 따로 규정한 것은 제외하고 본 정전협정이 효력을 발생한 후 72시간 내에 그들의 일체 군사역량, 보급 및 장비를 비무장지대로부터 철거한다. 군사역량을 비무장지대로부터 철거한 후 비무장지대 내에 존재한다고 알려져 있는 모든 폭파물, 지뢰원, 철조망 및 기타 군사정전위원회 또는 그의 공동감시소조인원의 통행안전에 위험이 미치는 위험물들은 이러한 위험물이 없다고 알려져 있는 모든 통로와 함께 이러한 위험물을 설치한 군대의 사령관이 반드시 군사정전위원회에 이를 보고한다. 그 다음에 더 많은 통로를 청소하여 안전하게 만들어 결국에 가서는 72시간의 기간이 끝난 후 45일 내에 모든 이러한 위험물은 반드시 군사정전위원회의 지시에 따라 또 그 감독하에 비무장지대로부터 이를 제거한다. 72시간의 기간이 끝난 후 군사정전위원회의 감독하에서 45일의 기간 내에 제거작업을 완수할 권한을 가진 비무장지대와 군사정전위원회가 특히 요청하였으며 또 적대쌍방 사령관들이 동의한 경찰의 성질을 가진 부대 및 본 정전협정 제10항과 제11항에서 허가한 인원 이외에는 쌍방의 어떠한 인원이든지 비무장지대에 들어가는 것을 허가하지 않는다.

ㄴ) 본 정전협정이 효력을 발생한 후 10일 이내에 상대방의 한국에 있어

서의 후방과 연해도서 및 해면으로부터 그들의 모든 군사역량, 보급물자 및 장비를 철거한다. 만일 철거를 연기할 쌍방이 동의한 이유 없이 또 철거를 연기할 유효한 이유 없이 기한이 넘어도 이러한 군사역량을 철거하지 않을 때에는 상대방은 치안을 유지하기 위하여 그가 필요하다고 인정하는 어떠한 행동이라도 취할 권리를 가진다. 상기한 "연해도서"라는 용어는 본 정전협정이 효력을 발생할 때에 비록 일방이 점령하고 있더라도 1950년 6월 24일에 상대방이 통제하고 있던 도서를 말하는 것이다. 단 황해도와 경기도의 도계선 북쪽과 시쪽에 있는 모든 섬 중에서 백령도(북위37도 58분, 동경124도 40분), 대청도(북위37도 50분, 동경124도 42분), 소청도(북위37도 46분, 동경124도 46분), 연평도(북위37도 38분, 동경125도 40분) 및 우도(북위37도 36분, 동경125도 58분)의 도서군들을 국제연합군 총사령관의 군사통제하에 남겨 두는 것을 제외한 기타 모든 섬들은 조선인민군 최고사령관과 중국인민지원군 사령관의 군사통제하에 둔다. 한국서해안에 있어서 상기 경계선 이남에 있는 모든 섬들은 국제연합군 총사령관의 군사통제하에 남겨 둔다.

ㄷ) 한국 경외로부터 증원하는 군사인원을 들어오는 것을 정지한다. 단 아래에 규정한 범위 내의 부대와 인원의 윤환임시임무를 담당한 인원의 한국에의 도착 및 한국 경외에서 단기 휴가를 하였거나 혹은 임시임무를 담당하였던 인원의 한국에의 귀환은 이를 허가한다. "윤환"의 정의는 부대 혹은 인원이 한국에서 복무를 개시하는 다른 부대 혹은 인원과 교체하는 것을 말하는 것이다. 윤환인원은 오직 본 정전협정 제43항에 열거한 출입항을 경유하여서만 한국으로 들어오며 또 한국으로부터 내어갈 수 있다. 윤환은 일인 대 일인의 교환 기초 위에서 진행한다. 단, 어느 일방이던지 어느 일력월 내에 윤환정책하에서 한국 경외로부터 35,000명 이상의 군사인원을 들어오지 못한다. 만일 일방의 군사인원을 들어오는 것이 해당 측이 본 정전협정 효력 발생일로부터 한국으로 들어온 군사인원의 총수로 하여금 같은 날짜로부터 한국을 떠난 해당 측 군사인원의 누계 총수를 초과하게 할 때는 해당 측의 어떠한 군사인원도 한국에 들어올 수 없다. 군사인원의 한국에의 도착 및 한국으로부터의 이거에 관하여 매일 군사정전위원회와 중립국감독위원회에 보고한다. 이 보고는 입경과 출경의 지점 및 매개 지점에서 입경하는 인원과 출경하는 인원의 숫자를 포함한다. 중립국감독위원회는 그의 중립국시찰소조를 통하여 본

정전협정 제43항에 열거한 출입항에서 상기 허가된 부대 및 인원의 윤환을 감독하며 시찰한다.

ㄹ) 한국 경외로부터 증원하는 작전비행기, 장갑차량, 무기 및 탄약을 들여오는 것을 정지한다. 단 정전기간에 파괴, 파손, 손모 또는 소모된 작전비행기, 장갑차량, 무기 및 탄약은 같은 성능과 같은 유형의 물건을 일대 일로 교환하는 기초위에서 교체할 수 있다. 이러한 작전비행기, 장갑차량, 무기 및 탄약은 오직 본 정전협정 제43항에 열거한 출입항을 경유하여서만 한국으로 들어올 수 있다. 교체의 목적으로 작전비행기, 장갑차량, 무기 및 탄약을 한국으로 반입할 필요를 확증하기 위하여 이러한 물건의 매차 반입에 관하여 군사정전위원회와 중립국감독위원회에 보고한다. 이 보고 중에서 교체되는 물건의 처리정황을 설명한다. 교체되어 한국으로부터 내어가는 물건은 오직 본 정전협정 제43항에 열거한 출입항을 경유하여서만 내어갈 수 있다. 중립국감독위원회는 그의 중립국시찰소조를 통하여 본 정전협정 제43항에 열거한 출입항에서 상기의 허가된 작전비행기, 장갑차량, 무기 및 탄약의 교체를 감독하여 시찰한다.

ㅁ) 본 정전협정 중의 어떠한 규정이던지 위반하는 각자의 지휘하에 있는 인원을 적당히 처벌할 것을 보장한다.

ㅂ) 매장지점이 기록에 있고 분묘가 확실히 존재하고 있다는 것이 판명된 경우에는 본 정전협정이 효력을 발생한 후, 일정한 기한 내에 그의 군사통제하에 있는 한국지역에 상대방의 분묘등록인원이 들어오는 것을 허가하여 이러한 분묘 소재지에 가서 해당 측의 이미 죽은 전쟁포로를 포함한 죽은 군사인원의 시체를 발굴하고 또 반출하여 가도록 한다. 상기 사업을 진행하는 구체적 방법과 기한은 군사정전위원회가 이를 결정한다. 적대 쌍방 사령관들은 상대방의 죽은 군사인원의 매장지점에 관계되는 얻을 수 있는 일체 재료를 상대방에 제공한다.

ㅅ) 군사정전위원회와 그의 공동감시소조 및 중립국감독위원회와 그의 중립국시찰소조가 하기와 같이 지정한 그들의 직책과 임무를 집행할 때에 충분한 보호 및 일체의 가능한 방조와 협력을 한다. 중립국감독위원회 및 그의 중립국시찰소조가 쌍방이 합의한 주요 교통선을 경유하여 중립국감독위원회 본부와 본 정전협정 제43항에 열거한 출입항 간을 왕래할 때와 또 중립국감

독위원회 본부와 본 정전협정 위반사건이 발생하였다고 보고된 지점 간을 왕래할 때에 충분한 통행상의 편리를 준다. 불필요한 지연을 방지하기 위하여 주요 교통선이 막히든지 통행할 수 없는 경우에는 다른 통로와 수송기재를 사용할 것을 허가한다.

ㅇ) 군사정전위원회 및 중립국감독위원회와 그 각자에 속하는 소조에 요구되는 통신 및 운수상 편리를 포함한 보급상의 원조를 제공한다.

ㅈ) 군사정전위원회 본부 부근 비무장지대내의 자기 측 지역에 각각 한 개의 적당한 비행장을 건설, 관리 및 유지한다. 그 용도는 군사정전위원회가 결정한다.

ㅊ) 중립국감독위원회와 하기와 같이 설립한 중립국송환의원회의 전체 위원 및 기타 인원이 모두 자기의 직책을 적당히 집행함에 필요한 자유와 편리를 가지도록 보장한다. 이에는 인가된 외교인원이 국제관례에 따라 통상적으로 향유하는 바와 동등한 특권, 대우 및 면제권을 포함한다.

14. 본 정전협정을 쌍방의 군사통제하에 있는 적대 중의 일체 지상 군사역량에 적용되며 이러한 지상 군사역량은 비무장지대와 상대방의 군사통제하에 있는 한국 지역을 존중한다.

15. 본 정전협정은 적대 중의 일체 해상 군사역량에 적용되며 이러한 해상 군사역량은 비무장지대와 상대방의 군사통제하에 있는 한국 육지에 인접한 해면을 존중하며 항구에 대하여 어떠한 종류의 봉쇄도 하지 못한다.

16. 본 정전협정은 적대 중의 일체 공중 군사역량에 적용되며 이러한 공중 군사역량은 비무장지대와 상대방의 군사통제하에 있는 한국 지역 및 이 지역에 인접한 해면의 상공을 존중한다.

17. 본 정전협정의 조항과 규정을 준수하며 집행하는 책임은 본 정전협정에 조인한 자와 그의 후임 사령관에게 속한다. 적대 쌍방 사령관들은 각각 그들의 지휘하에 있는 군대 내에서 일체의 필요한 조치와 방법을 취함으로써 그 모든 소속 부

대 및 인원이 본 정전협정의 전체 규정을 철저히 준수하는 것을 보장한다. 적대 쌍방 사령관들은 호상 적극 협력하여 군사정전위원회 및 중립국감독위원회와 적극 협력함으로써 본 정전협정 전체 규정의 문구와 정신을 준수하도록 한다.

18. 군사정전위원회와 중립국감독위원회 및 그 각자에 속하는 소조의 사업비용은 적대 쌍방이 균등하게 부담한다.

나. 군사정전위원회

1. 구성

19. 군사정전위원회를 설립한다.

20 군사정전위원회는 10명의 고급 장교로 구성하되 그중의 5명은 국제연합군 총사령관이 이를 임명하며 그중의 5명은 조선인민군 최고사령관과 중국인민지원군 사령관이 공동으로 이를 임명한다. 위원 10명 중에서 각방의 3명은 장급에 속하여야 하며 각방의 나머지 2명은 소장, 준장, 대령 혹은 그와 동급인 자로 할 수 있다.

21. 군사정전위원회의 위원은 그 필요에 따라 참모 보조인원을 사용할 수 있다.

22. 군사정전위원회는 필요한 행정인원을 배치하여 비서처를 설치하되, 그 임무는 동 위원회의 기록, 서기, 통역 및 동 위원회가 지정하는 기타의 직책의 집행을 협조하는 것이다. 쌍방은 각기 비서처에 비서장 1명 보조, 비서장 1명 및 비서처에 필요한 서기 및 전문 기술인원을 임명한다. 기록은 영문, 한국문

및 중국문으로 작성하되 세 가지 글은 동등한 효력을 가진다.

23. ㄱ) 군사정전위원회는 처음에는 10개의 공동감시소조를 두어 그 협조를 받는다. 소조의 수는 군사정전위원회의 쌍방 수석위원의 합의를 거쳐 감소할 수 있다.

ㄴ) 매개의 공동감시소조는 4명 내지 6명의 영관급 장교로 구성하되 그 중의 반수는 국제연합군 총사령관이 이를 임명하여 그중의 반수는 조선인민군 최고사령관과 중국인민지원군 사령관이 공동으로 이를 임명한다. 공동감시소조의 사업상 필요한 운전수, 서기 통역 등의 부속인원은 쌍방이 이를 제공한다.

2. 직책과 권한

24. 군사정전위원회의 전반적 임무는 본 정전협정의 실시를 감독하며 본 정전협정의 어떠한 위반사건이든지 협의하여 처리하는 것이다.

25. 군사정전위원회는

ㄱ) 본부를 판문점(북위37도 57분 29초, 동경126도 40분 00초) 부근에 설치한다. 군사정전위원회는 동 위원회의 쌍방 수석위원의 합의를 거쳐 그 본부를 비무장지대 내의 다른 한 지점에 이설할 수 있다.

ㄴ) 공동기구로서 사업을 진행하며 의장을 두지 않는다.

ㄷ) 그가 수시로 필요하다고 인정하는 절차 규정을 채택한다.

ㄹ) 본 정전협정 중 비무장지대와 한강하구에 관한 각 규정의 집행을 감독한다.

ㅁ) 공동감시소조의 사업을 지도한다.

ㅂ) 본 정전협정의 어떠한 위반사건이든지 협의하여 처리한다.

ㅅ) 중립국감독위원회로부터 받은 본 정전협정 위반사건에 관한 일체 조사 보고 및 일체 기타 보고와 회의기록은 즉시로 적대 쌍방 사령관들에게 이

를 전달한다.

ㅇ) 하기한 바와 같이 설립한 전쟁포로송환위원회와 실향사민귀향협조위원회의 사업을 전반적으로 감독하며 지도한다.

ㅈ) 적대 쌍방 사령관 간에 통신을 전달하는 중개 역할을 담당한다. 단 상기의 규정은 쌍방 사령관들이 사용하고자 하는 어떠한 다른 방법을 사용하여 상호 통신을 전달하는 것을 배제하는 것으로 해석할 수 없다.

ㅊ) 그의 공작인원과 그의 공동감시소조의 증명문건 및 휘장 또 그 임무 집행 시에 사용하는 일체의 차량, 비행기 및 선박의 식별 표식을 발급한다.

26. 공동감시소조의 임무는 군사정전위원회가 본 정전협정 중의 비무장지대 및 한강 하구에 관한 각 규정의 집행을 감독함을 협조하는 것이다.

27. 군사정전위원회 또는 그중의 어느 일방의 수석위원은 공동감시소조를 파견하여 비무장지대나 한강 하구에서 발생하였다고 보고된 본 정전협정 위반 사건을 조사할 권한을 가진다. 단 동 위원회 중의 어느 일방의 수석위원이던지 언제나 군사정전위원회가 아직 파견하지 않은 공동감시소조의 반수 이상을 파견할 수 없다.

28. 군사정전위원회 또는 동 위원회의 어느 일방의 수석위원은 중립국감독위원회에 요청하여 본 정전협정 위반사건이 발생하였다고 보고된 비무장지대 이외의 지점에 가서 특별한 감시와 시찰을 행할 권한을 가진다.

29. 군사정전위원회가 본 정전협정 위반사건이 발생하였다고 확정한 때에는 즉시로 그 위반사건을 적대쌍방 사령관들에게 보고한다.

30. 군사정전위원회가 본 정전협정의 어떠한 위반사건이 만족하게 시정되었다고 확정한 때에는 이를 적대 쌍방 사령관들에게 보고한다.

3. 총칙

31. 군사정전위원회는 매일 회의를 연다. 쌍방의 수석위원은 합의하여 7일을 넘지 않은 휴회를 할 수 있다. 단 어느 일방의 수석위원이던지 24시간 전의 통고로써 이 휴회를 끝낼 수 있다.

32. 군사정전위원회의 일체 회의기록의 부분은 매번 회의 후 될 수 있는 대로 속히 적대 쌍방 사령관들에게 송부한다.

33. 공동감시소조는 군사정전위원회에 동 위원회가 요구하는 정기보고를 제출하며 또 이 소조들이 필요하다고 인정하거나 또는 동 위원회가 요구하는 특별보고를 제출한다.

34. 군사정전위원회는 본 정전협정에 규정한 보고 및 회의 기록의 문건철 두 벌을 보관한다. 동 위원회는 그 사업 진행에 필요한 기타의 보고 기록 등의 문건철 두 벌을 보관할 권한을 가진다. 동 위원회의 최후 해산 시에는 상기 문건철을 쌍방에 각 한 벌씩 나누어준다.

35. 군사정전위원회는 적대 쌍방 사령관들에게 본 정전협정의 수정 또는 증보에 대한 건의를 제출할 수 있다. 이러한 개정 건의는 일반적으로 더 유효한 정전을 보장할 것을 목적으로 하는 것이어야 한다.

다. 중립국 감독위원회

1. 구성

36. 중립국감독위원회를 설립한다.

37. 중립국감독위원회는 4명의 고급장교로 구성하되 그중의 2명은 국제연합군 총사령관이 지명한 중립국 즉 서전 및 서서가 이를 임명하며 그중의 2명은 조선인민군 최고사령관과 중국인민지원군 사령원이 공동으로 지명한 중립국 즉 폴란드 및 체코슬로바키아가 이를 임명한다. 본 정전협정에서 쓴 "중립국"이라는 용어의 정의는 그 전투부대가 한국에서의 적대행위에 참가하지 않은 국가를 말하는 것이다. 동 위원회에 임명되는 위원은 임명하는 국가의 무장부대로부터 파견될 수 있다. 매개 위원은 후보위원 1명을 지정하여 그 정 위원이 어떤 이유로 출석할 수 없게 되는 회의에 출석하게 된다. 이러한 후보위원은 그 정 위원과 동일한 국적에 속한다. 일방이 지명한 중립국위원의 출석자 수와 다른 일방이 지명한 중립국위원의 출석자 수가 같을 때에는 중립국감독위원회는 곧 행동을 취할 수 있다.

38. 중립국감독위원회의 위원은 그 필요에 따라 각기 해당 중립국가가 제공한 참모 보조인원을 사용할 수 있다. 이러한 참모 보조인원은 본 위원회의 후보인원으로 임명될 수 있다.

39. 중립국감독위원회에 필요한 행정인원을 제공하도록 중립국에 요청하여 비서처를 설치하되 그 임무는 동 위원회에 필요한 기록, 서기, 통역 및 동 위원회가 지정하는 기타의 직책의 집행을 협조하는 것이다.

40. ㄱ) 중립국감독위원회는 처음에는 20개의 중립국 시찰소조를 두어 그 협조를 받는다. 소조의 수는 군사정전위원회의 쌍방 수석위원의 합의를 거쳐 감소할 수 있다. 중립국시찰소조는 오직 중립국감독위원회에 대하여서만 책임을 지며 그에 보고하며 또 그 지도를 받는다.

ㄴ) 매개 중립국시찰소조는 최소 4명의 장교로 구성하되 이 장교는 영관급으로 하는 것이 적당하며 그중의 반수는 국제연합군 총사령관이 지명한 중립국에서 내고 그중의 반수는 조선인민군 최고사령관과 중국인민지원군 사령

원이 공동으로 지명한 중립국에서 낸다. 중립국시찰소조에 임명되는 조원은 임명하는 국가의 무장부대에서 이를 낼 수 있다. 각 소조의 직책집행을 편리하게 하기 위하여 정황의 요구에 따라 최소 2명의 조원으로 구성하는 분조를 설치할 수 있다. 그 두 조원 중의 1명은 국제연합군 총사령관이 지명한 중립국에서 내며 1명은 조선인민군 최고사령관과 중국인민지원군 사령원이 공동으로 지명한 중립국에서 낸다. 운전수, 서기, 통역, 통신원과 같은 부속인원 및 각 소조의 임무 집행에 필요한 비품은 각방 사령관이 비무장지대 내 및 자기 측 군사통제지역 내에서 수요에 따라 이를 공급한다. 중립국감독위원회는 동 위원회 자체와 중립국시찰소조들에 그가 요망하는 상기의 인원 및 비품을 제공할 수 있다. 단, 이러한 인원은 중립국감독위원회를 구성한 그 중립국의 인원이어야 한다.

2. 직책과 권한

41. 중립국감독위원회의 임무는 본 정전협정 제13항 ㄷ목, 제13항 ㄹ목 및 제28항에 규정한 감독, 감시, 시찰 및 조사의 직책을 집행하며 이러한 감독, 감시, 시찰 및 조사의 결과를 군사정전위원회에 보고하는 것이다.

42. 중립국감독위원회는

ㄱ) 본부를 군사정전위원회 본부의 부근에 설치한다.

ㄴ) 그가 수시로 필요하다고 인정하는 절차 규정을 채택한다.

ㄷ) 그 위원 및 그 중립국시찰소조를 통하여 본 정전협정 제43항에 열거한 출입항에서 본 정전협정 제13항 ㄷ목, 제13항 ㄹ목에 규정한 감독과 시찰을 진행하며 또 본 정전협정 위반사건이 발생하였다고 보고된 지점에서 본 정전협정 제28항에 규정한 특별 감시와 시찰을 진행한다. 작전비행기, 장갑차량, 무기 및 탄약에 대한 중립국시찰소조의 시찰은 소조로 하여금 증원하는 작전비행기, 장갑차량, 무기 및 탄약을 한국으로 드려옴이 없도록 확실히 보장할 수 있게 한다. 단, 이 규정은 어떠한 작전비행기, 장갑차량, 무기 또는 탄약의 어떠한 비밀 설계 또는 특점을 시찰 또는 검사할 권한을 주는 것으로

해석할 수 없다.

ㄹ) 중립국시찰소조의 사업을 지도하며 감독한다.

ㅁ) 국제연합군 총사령관의 군사통제지역 내에 있는 본 정전협정 제43항에 열거한 출입항에 오(5)개의 중립국시찰소조를 주재시키며 조선인민군 최고사령관과 중국인민지원군 사령원의 군사통제지역 내에 있는 본 정전협정 제43항에 열거한 출입항에 오(5)개의 중립국시찰소조를 주재시킨다. 처음에는 따로 십(10)개의 중립국이동시찰소조를 후비로 설치하되 중립국감독위원회 본부 부근에 주재시킨다. 그 수는 군사정전위원회의 쌍방 수석위원의 합의를 거쳐 감소할 수 있다. 중립국이동시찰소조 중 군사정전위원회의 어느 일방 수석위원의 요청에 응하여 파견하는 소조는 언제나 그 반수를 초과할 수 없다.

ㅂ) 보고된 본 정전협정 위반사건을 전목 규정의 범위 내에서 지체 없이 조사한다. 이에는 군사정전위원회 또는 동 위원회 중의 어느 일방 수석위원이 요청하는 보고된 본 정전협정 위반사건에 대한 조사를 포함한다.

ㅅ) 그의 공작인원과 그의 중립국시찰소조의 증명문건 및 휘장 또 그 임무 집행 시에 사용하는 일체 차량, 비행기 및 선박의 식별 표식을 발급한다.

43. 중립국시찰소조는 하기한 각 출입항에 주재한다.

국제연합군의 군사통제지역,	조선인민군과 중국인민지원군의 군사통제지역
인천(북위37도 28분, 동경126도 38분)	신의주(북위40도 06분, 동경124도 24분)
대구(북위35도 52분, 동경128도 36분)	청진(북위41도 46분, 동경129도 49분)
부산(북위35도 06분, 동경129도 02분)	흥남(북위39도 50분, 동경127도 37분)
강릉(북위37도 45분, 동경128도 54분)	만포(북위41도 09분, 동경126도 18분)
군산(북위35도 59분, 동경126도 43분)	신안주(북위39도 36분, 동경125도 36분)

이 중립국시찰소조들은 첨부한 지도에 표시한 지역 내와 교통선에서 통행상 충분한 편리를 받는다. (첨부한 지도 제5도를 보라.)

3. 총칙

44. 중립국감독위원회는 매일 회의를 연다. 중립국감독위원회위원은 합의하여 7일을 넘지 않는 휴회를 할 수 있다. 단, 어느 위원이던지 24시간 전의 통고로써 이 휴회를 끝낼 수 있다.

45. 중립국감독위원회의 일체 회의기록의 부본은 매번 회의 후 될 수 있는 대로 속히 군사정전위원회에 송부한다. 기록은 영문, 한국문 및 중국문으로 작성한다.

46. 중립국시찰소조는 그의 감독, 감시, 시찰 및 조사의 결과에 관하여 중립국감독위원회가 요구하는 정기보고를 동 위원회에 제출하며 또 이 소조들이 필요하다고 인정하거나 동 위원회가 요구하는 특별보고를 제출한다. 보고는 소조 총체가 이를 제출한다. 단, 그 소조의 개별적 조원 1명 또는 수명이 이를 제출할 수도 있다. 개별적 조원 1명 또는 수명이 제출한 보고는 다만 참고적 보고로 간주한다.

47. 중립국감독위원회는 중립국시찰소조가 제출한 보고의 부분을 그가 접수한 보고에 사용된 글로써 지체 없이 군사정전위원회에 송부한다. 이러한 보고는 번역 또는 심의 결정 수속 때문에 지체시킬 수 없다. 중립국감독위원회는 실제 가능한 한 속히 이러한 보고를 심의 결정하며 그의 판정서를 우선 군사정전위원회에 송부한다. 중립국감독위원회의 해당 심의 결정을 접수하기 전에는 군사정전위원회는 이런 어떠한 보고에 대하여서도 최후적 행동을 취하지 못한다. 군사정전위원회의 어느 일방 수석위원의 요청이 있을 때에는 중립국감독위원회의 위원과 그 소조의 조원은 곧 군사정전위원회에 참석하여 제출된 어떠한 보고에 대하여서든지 설명한다.

48. 중립국감독위원회는 본 정전협정이 규정하는 보고 및 회의기록의 문건철 두 벌을 보관한다. 동 위원회는 그 사업진행에 필요한 기타의 보고 기록 등의 문건철 두 벌을 보관할 권한을 가진다. 동 위원회의 최후 해산 시에는 상기 문건철을 쌍방에 각 한 벌씩 나누어준다.

49. 중립국감독위원회는 군사정전위원회에 본 정전협정의 수정 또는 증보에 대한 건의를 제출할 수 있다. 이러한 개정 건의는 일반적으로 더 유효한 정전을 보장할 것을 목적으로 하는 것이어야 한다.

50. 중립국감독위원회 또는 동 위원회의 매개 위원은 군사정전위원회의 임의의 위원과 통신 연락을 취할 권한을 가진다.

제3조 전쟁포로에 관한 조치(생략)

제4조 쌍방 관계정부들에의 건의

60. 한국 문제의 평화적 해결을 보장하기 위하여 쌍방 군사사령관은 쌍방의 관계 각국 정부에 정전협정이 조인되고 효력을 발생한 후 3개월 내에 각기 대표를 파견하여 쌍방의 한 급 높은 정치회의를 소집하고 한국으로부터의 모든 외국군대의 철거 및 한국 문제의 평화적 해결 등 문제들을 협의할 것을 이에 건의한다.

제5조 부칙

61. 본 정전협정에 대한 수정과 증보는 반드시 적대쌍방 사령관들의 호상

합의를 거쳐야 한다.

62. 본 정전협정의 각 조항은 쌍방이 공동으로 접수하는 수정 및 증보 또는 쌍방의 정치적 수준에서의 평화적 해결을 위한 적당한 협정 중의 규정에 의하여 명확히 교체될 때까지는 계속 효력을 가진다.

63. 제12항을 제외한 본 정전협정의 일체 규정은 1953년 7월 27일 22:00시부터 효력을 발생한다.

1953년 7월 27일 10:00시에 한국 판문점에서 영문, 한국문 및 중국문으로써 작성한다. 이 세 가지 글의 각 협정 문본은 동등한 효력을 가진다.

1953년 7월 27일

조선인민군 최고사령관
조선민주주의인민공화국
원수
김일성

중국인민지원군
사령원
팽덕회

국제연합군 총사령관
미국 육군 대장
마크 더블유 클라크

〈참석자〉

조선인민군 및 중국인민지원군 대표단
수 석 대 표
조선인민군 대장
남 일

국제연합군 대표단
수 석 대 표
미국 육군 중장
윌리암 케이. 해리슨

2. 남북기본합의서

남북 사이의 화해와 불가침 및 교류 · 협력에 관한 합의서
(1992. 2. 19 발효)

남과 북은 분단된 조국의 평화적 통일을 염원하는 온 겨레의 뜻에 따라, 7 · 4남북공동성명에서 천명된 조국통일 3대원칙을 재확인하고, 정치 군사적 대결상태를 해소하여 민족적 화해를 이룩하고, 무력에 의한 침략과 충돌을 막고 긴장완화와 평화를 보장하며, 다각적인 교류 · 협력을 실현하여 민족공동의 이익과 번영을 도모하며, 쌍방 사이의 관계가 나라와 나라 사이의 관계가 아닌 통일을 지향하는 과정에서 잠정적으로 형성되는 특수 관계라는 것을 인정하고, 평화통일을 성취하기 위한 공동의 노력을 경주할 것을 다짐하면서, 다음과 같이 합의하였다.

제1장 남북화해

제1조 남과 북은 서로 상대방의 체제를 인정하고 존중한다.

제2조 남과 북은 상대방의 내부문제에 간섭하지 아니한다.

제3조 남과 북은 상대방에 대한 비방 · 중상을 하지 아니한다.

제4조 남과 북은 상대방을 파괴 · 전복하려는 일체 행위를 하지 아니한다.

제5조 남과 북은 현 정전상태를 남북 사이의 공고한 평화상태로 전환시키기 위하여 공동으로 노력하며 이러한 평화상태가 이룩될 때까지 현 군사정전협정을 준수한다.

제6조 남과 북은 국제무대에서 대결과 경쟁을 중지하고 서로 협력하며 민족의 존엄과 이익을 위하여 공동으로 노력한다.

제7조 남과 북은 서로의 긴밀한 연락과 협의를 위하여 이 합의서 발효 후 3개월 안에 판문점에 남북연락사무소를 설치·운영한다.

제8조 남과 북은 이 합의서 발효 후 1개월 안에 본회담 테두리 안에서 남북정치분과위원회를 구성하여 남북화해에 관한 합의의 이행과 준수를 위한 구체적 대책을 협의한다.

제2장 남북불가침

제9조 남과 북은 상대방에 대하여 무력을 사용하지 않으며 상대방을 무력으로 침략하지 아니한다.

제10조 남과 북은 의견대립과 분쟁문제들을 대화와 협상을 통하여 평화적으로 해결한다.

제11조 남과 북의 불가침 경계선과 구역은 1953년 7월 27일자 군사정전에 관한 협정에 규정된 군사분계선과 지금까지 쌍방이 관할하여 온 구역으로 한다.

제12조 남과 북은 불가침의 이행과 보장을 위하여 이 합의서 발효 후 3개월

안에 남북군사공동위원회를 구성·운영한다. 남북군사공동위원회에서는 대규모 부대이동과 군사연습의 통보 및 통제문제, 비무장지대의 평화적 이용문제, 군 인사 교류 및 정보교환문제, 대량살상무기와 공격능력의 제거를 비롯한 단계적 군축 실현문제, 검증문제 등 군사적 신뢰조성과 군축을 실현하기 위한 문제를 협의·추진한다.

제13조 남과 북은 우발적인 무력충돌과 그 확대를 방지하기 위하여 쌍방 군사당국자 사이에 직통 전화를 설치·운영한다.

제14조 남과 북은 이 합의서 발효 후 1개월 안에 본회담 테두리 안에서 남북군사분과위원회를 구성하여 불가침에 관한 합의의 이행과 준수 및 군사적 대결상태를 해소하기 위한 구체적 대책을 협의한다.

제3장 남북교류·협력

제15조 남과 북은 민족경제의 통일적이며 균형적인 발전과 민족전체의 복리향상을 도모하기 위하여 자원의 공동개발, 민족 내부 교류로서의 물자교류, 합작투자 등 경제교류와 협력을 실시한다.

제16조 남과 북은 과학·기술, 교육, 문화·예술, 보건, 체육, 환경과 신문, 라디오, 텔레비전 및 출판물을 비롯한 출판·보도 등 여러 분야에서 교류와 협력을 실시한다.

제17조 남과 북은 민족구성원들의 자유로운 왕래와 접촉을 실현한다.

제18조 남과 북은 흩어진 가족·친척들의 자유로운 서신거래와 왕래와 상봉

및 방문을 실시하고 자유의사에 의한 재결합을 실현하며, 기타 인도적으로 해결할 문제에 대한 대책을 강구한다.

제19조 남과 북은 끊어진 철도와 도로를 연결하고 해로, 항로를 개설한다.

제20조 남과 북은 우편과 전기통신교류에 필요한 시설을 설치 · 연결하며, 우편 · 전기통신 교류의 비밀을 보장한다.

제21조 남과 북은 국제무대에서 경세와 문화 등 여러 분야에서 서로 협력하며 대외에 공동으로 진출한다.

제22조 남과 북은 경제와 문화 등 각 분야의 교류와 협력을 실현하기 위한 합의의 이행을 위하여 이 합의서 발효 후 3개월 안에 남북경제교류 · 협력공동위원회를 비롯한 부문별 공동위원회들을 구성 · 운영한다.

제23조 남과 북은 이 합의서 발효 후 1개월 안에 본회담 테두리 안에서 남북교류 · 협력분과위원회를 구성하여 남북교류 · 협력에 관한 합의의 이행과 준수를 위한 구체적 대책을 협의한다.

제4장 수정 및 발효

제24조 이 합의서는 쌍방의 합의에 의하여 수정 · 보충할 수 있다.

제25조 이 합의서는 남과 북이 각기 발효에 필요한 절차를 거쳐 그 문본을 서로 교환한 날부터 효력을 발생한다.

1991년 12월 13일

남북고위급회담 남측 대표단 수석대표 대한민국 국무총리 정원식	북남고위급회담 북측 대표단 단장 조선민주주의인민공화국 정무원총리 연형묵

3. 남북불가침부속합의서

'남북 사이의 화해와 불가침 및 교류 · 협력에 관한 합의서'의 '제2장 남북불가침'의 이행과 준수를 위한 부속합의서(1992. 9. 17 발효)

남과 북은 '남북 사이의 화해와 불가침 및 교류 · 협력에 관한 합의서'의 '제2장 남북불가침'의 이행과 준수 및 군사적 대결상태를 해소하기 위한 구체적 대책을 협의한 데 따라 다음과 같이 합의하였다.

제1장 무력불사용

제1조 남과 북은 군사분계선 일대를 포함하여 자기 측 관할구역 밖에 있는 상대방의 인원과 물자, 차량, 선박, 함정, 비행기 등에 대하여 총격, 포격, 폭격, 습격, 파괴를 비롯한 모든 형태의 무력사용 행위를 금지하며 상대방에 대하여 피해를 주는 일체 무력도발 행위를 하지 않는다.

제2조 남과 북은 무력으로 상대방의 관할구역을 침입 또는 공격하거나 그의 일부, 또는 전부를 일시라도 점령하는 행위를 하지 않는다. 남과 북은 어떠한 수단과 방법으로도 상대방 관할구역에 정규무력이나 비정규무력을 침입시키지 않는다.

제3조 남과 북은 쌍방의 합의에 따라 남북 사이에 오가는 상대방의 인원과

물자. 수송 수단들을 공격, 모의공격하거나 그 진로를 방해하는 일체 적대행위를 하지 않는다. 이밖에 남과 북은 북측이 제기한 군사분계선 일대에 무력을 증강하지 않는 문제, 상대방에 대한 정찰활동을 하지 않는 문제, 상대방의 영해·영공을 봉쇄하지 않는 문제와 남측이 제기한 서울지역과 평양지역의 안전보장문제를 남북군사공동위원회에서 계속 협의한다.

제2장 분쟁의 평화적 해결 및 우발적 무력충돌 방지

제4조 남과 북은 상대방의 계획적이라고 인정되는 무력침공 징후를 발견하였을 경우 즉시 상대 측에 경고하고 해명을 요구할 수 있으며 그것이 무력충돌로 확대되지 않도록 필요한 사전 대책을 세운다. 남과 북은 쌍방의 오해나 오인, 실수 또는 불가피한 사고로 인하여 우발적 무력충돌이나 우발적 침범 가능성을 발견하였을 경우 쌍방이 합의한 신호규정에 따라 상대 측에 즉시 통보하며 이를 방지하기 위한 사전 대책을 세운다.

제5조 남과 북은 어느 일방의 무력집단이나 개별적인 인원과 차량, 선박, 함정, 비행기 등이 자연재해나 항로미실과 같은 불가피한 사정으로 상대 측 관할구역을 침범하였을 경우 침범 측은 상대 측에 그 사유와 적대의사가 없음을 즉시 알리고 상대 측의 지시에 따라야 하며 상대 측은 그를 긴급 확인한 후 그의 대피를 보장하고 빠른 시일 안에 돌려보내기 위한 조치를 취한다. 돌려보내는 기간은 1개월 이내로 하며 그 이상 걸릴 수도 있다.

제6조 남과 북 사이에 우발적인 침범이나 우발적인 무력충돌과 같은 분쟁문제가 발생하였을 경우 쌍방의 군사당국자는 즉각 자기 측 무장집단의 적대행위를 중지시키고 군사직통전화를 비롯한 빠른 수단과 방법으로 상대 측 군사

당국자에게 즉시 통보한다.

제7조 남과 북은 군사분야의 모든 의견대립과 분쟁문제들을 쌍방 군사당국자가 합의하는 기구를 통하여 협의 해결한다.

제8조 남과 북은 어느 일방이 불가침의 이행과 준수를 위한 이 합의서를 위반하는 경우 공동조사를 하여야 하며 위반사건에 대한 책임을 규명하고 재발방지대책을 강구한다.

제3장 불가침 경계선 및 구역

제9조 남과 북의 지상불가침 경계선과 구역은 군사정전에 관한 협정에 규정한 군사분계선과 지금까지 쌍방이 관할하여 온 구역으로 한다.

제10조 남과 북의 해상불가침 경계선은 앞으로 계속 협의한다. 해상불가침 구역은 해상불가침 경계선이 확정될 때까지 쌍방이 지금까지 관할하여 온 구역으로 한다.

제11조 남과 북의 공중불가침 경계선과 구역은 지상 및 해상 불가침 경계선과 관할구역의 상공으로 한다.

제4장 군사직통전화의 설치 · 운영

제12조 남과 북은 우발적 무력충돌과 확대를 방지하기 위하여 남측 국방부장

관과 북측 인민무력부장 사이에 군사직통전화를 설치·운영한다.

제13조 군사직통전화의 운영은 쌍방이 합의하는 통신수단으로 문서통신을 하는 방법 또는 전화문을 교환하는 방법으로 하며 필요한 경우 쌍방 군사당국자들이 직접 통화할 수 있다.

제14조 군사직통전화의 설치·운영과 관련하여 제기되는 기술실무적 문제들은 이 합의서가 발효된 후 빠른 시일 안에 남북 각기 5명으로 구성되는 통신실무자접촉에서 협의 해결한다.

제15조 남과 북은 이 합의서 발효 후 50일 이내에 군사직통전화를 개통한다.

제5장 협의·이행기구

제16조 남북군사공동위원회는 '남북합의서' 제12조와 '남북군사공동위원회 구성·운영에 관한 합의서' 제2조에 따르는 임무와 기능을 수행한다.

제17조 남북군사분과위원회는 불가침의 이행과 준수 및 군사적 대결상태를 해소하기 위하여 더 필요하다고 서로 합의하는 문제들에 대하여 협의하고 구체적인 대책을 세운다.

제6장 수정 및 발효

제18조 이 합의서는 쌍방의 합의에 따라 수정·보충할 수 있다.

제19조 이 합의서는 쌍방이 서명하여 교환한 날부터 효력을 발생한다.

1992년 9월 17일

남북고위급회담
남측 대표단 수석대표
대한민국
국무총리 정원식

북남고위급회담
북측 대표단 단장
조선민주주의인민공화국
정무원총리 연형묵

4. 제2차 남북장성급군사회담 합의서(6 · 4합의)

서해해상에서 우발적 충돌 방지와 군사분계선 지역에서의
선전활동 중지 및 선전수단 제거에 관한 합의서(2004. 6. 4)

대한민국 국방부와 조선민주주의인민공화국 국방위원회 인민무력부는 2004년 6월 3일과 4일 설악산에서 제2차 남북장성급군사회담을 개최하고 다음과 같이 합의하였다.

1. 쌍방은 한반도에서의 군사적 긴장완화와 공고한 평화를 이룩하기 위하여 공동으로 노력하기로 하였다.

2. 쌍방은 서해해상에서 우발적 충돌 방지를 위해 2004년 6월 15일부터 다음과 같은 조치를 취하기로 하였다.

   ① 쌍방은 서해해상에서 함정(함선)이 서로 대치하지 않도록 철저히 통제한다.

   ② 쌍방은 서해해상에서 상대 측 함정(함선)과 민간 선박에 대하여 부당한 물리적 행위를 하지 않는다.

   ③ 쌍방은 서해해상에서 쌍방 함정(함선)이 항로미실, 조난, 구조 등으로 서로 대치하는 것을 방지하고 상호 오해가 없도록 하기 위하여 국제상선공통망(156.8Mhz, 156.6Mhz)을 활용한다.

   ④ 쌍방은 필요한 보조수단으로 기류 및 발광신호규정을 제정하여 활용한다.

   ⑤ 쌍방은 서해해상의 민감한 수역에서 불법적으로 조업을 하는 제3국 어선들을 단속통제하는 과정에서 우발적 충돌이 발생할 수 있다는 데 견

해를 같이하고 이 문제를 외교적 방법으로 해결하도록 하는 데 상호협력하며 불법조업선박의 동향과 관련한 정보를 교환한다.

⑥ 서해해상에서 제기된 문제들과 관련한 의사교환은 당분간 서해지구에 마련되어 있는 통신선로를 이용한다.
쌍방은 서해해상 충돌방지를 위한 통신의 원활성과 신속성을 보장하기 위하여 2004년 8월 15일까지 현재의 서해지구 통신선로를 남북관리구역으로 따로 늘여 각기 자기 측 지역에 통신연락소를 설치하며, 그를 현대화하는데 상호 협력한다.

3. 쌍방은 한반도의 군사적 긴장을 완화하고 쌍방군대들 사이의 불신과 오해를 없애기 위해 군사분계선 지역에서의 선전활동을 중지하고 선전수단들을 제거하기로 하였다.

① 쌍방은 역사적인 6·15남북공동선언 발표 4주년이 되는 2004년 6월 15일부터 군사분계선 지역에서 방송과 게시물, 전단 등을 통한 모든 선전활동을 중지한다.

② 쌍방은 2004년 8월 15일까지 군사분계선 지역에서 모든 선전수단을 3단계로 나누어 제거한다.

- 1단계는 6월 16일부터 6월 30일까지 서해지구 남북관리구역과 판문점 지역이 포함된 군사분계선 표식물 제0001호부터 제0100호 구간에서 시범적으로 실시하며,
- 2단계는 7월 1일부터 7월 20일까지 군사분계선 표식물 제0100호부터 제0640호 구간에서,
- 3단계는 7월 21일부터 8월 15일까지 군사분계선 표식물 제0640호부터 제1292호 구간에서 선전수단들을 완전히 제거한다.

③ 쌍방은 단계별 선전수단 제거가 완료되면 그 결과를 상대 측에 통보하며 각각 상대 측의 선전수단 제거 결과를 자기 측 지역에서 감시하여 확인하되 필요에 따라 상호검증도 할 수 있다.

④ 쌍방은 단계별 선전수단 제거가 완료되면 각각 그 결과를 언론에 공개

한다.

⑤ 쌍방은 앞으로 어떤 경우에도 선전수단들을 다시 설치하지 않으며 선전 활동도 재개하지 않는다.

4. 쌍방은 위 합의사항들을 구체적으로 실천하기 위하여 후속 군사회담을 개최하기로 한다.

2004년 6월 4일

남북장성급군사회담	남북장성급군사회담
남측 수석대표	북측 단장
준장 박 정 화	소장 안 익 산

5. '6 · 4합의서' 부속합의서

「서해해상에서 우발적 충돌방지와 군사분계선지역에서의 선전활동 중지 및 선전수단 제거에 관한 합의서」의 부속 합의서(2004. 6. 12)

대한민국 국방부와 조선민주주의인민공화국 국방위원회 인민무력부는 2004년 6월 4일 제2차 남북장성급군사회담에서 합의한 「서해해상에서 우발적 충돌방지와 군사분계선지역에서의 선전활동 중지 및 선전수단 제거에 관한 합의서」의 이행을 위하여 2004년 6월 10일부터 12일까지 진행된 남북장성급 군사회담 실무대표회담에서 다음과 같이 합의하였다.

1. 서해해상에서의 우발적 충돌방지 조치 문제

1) 남북 서해 함정간 공용주파수 설정 · 운영

① 국제상선공통망의 주주파수는 156.8Mhz, 보조주파수는 156.6Mhz로 설정 · 운영하되, 주주파수는 1분 동안에 통화를 끝낼 수 있을 때에 사용하며, 통화시간이 그 이상으로 지속되거나 장애 등의 영향으로 통화가 불가능한 경우에는 보조주파수로 넘어가고, 보조주파수를 이용할 수 없을 경우에는 다시 주주파수로 넘어와서 1~16채널 범위 내에서 임의의 주파수를 선정하여 운영할 수 있다.

② 쌍방 함정들이 상대 측 함정들을 호출하는 경우 남측 함정 호출부호는 '한라산'으로, 북측 함정 호출부호는 '백두산'으로 한다. 호출 시 감명도 상태를 확인할 수 있으며 이때 감명도 상태를 1~5까지의 숫자로 대답하고, 감명도가 낮을 경우 출력을 높일 것을 요구할 수 있다.

쌍방 함정들 사이 교신설정은 다음과 같은 방법으로 한다.

남측 : "백두산, 백두산, 여기는 한라산 감명도?"

북측 : "한라산, 한라산, 여기는 백두산, 감명도 다섯"

③ 해당 해역에 일방의 함정이 2척 이상 있을 경우, 지휘함정들 사이에만 교신한다.

④ 쌍방은 교신 간 상대 측을 자극하는 불필요한 발언을 하지 않는다.

2) 기류 및 발광신호 제정 · 활용

① 쌍방은 국제신호서의 국제신호체계와 남북간 특수한 상황을 고려하여 〈부록 1〉과 같이 기류 및 발광신호를 보조수단으로 추가 제정하여 활용한다.

② 이 신호방법은 국제상선공통망으로 통신이 불가능하거나, 쌍방 함정이 불가피하게 접근하게 될 경우(기관고장, 조난, 기상악화로 인한 항로미실 등)에 사용한다.

③ 기류는 함정 마스트 좌우현 최외곽 기류줄 또는 최상부에 게양한다.

④ 야간에 함정 신호등화는 마스트에 있는 홍등 1개 또는 점멸등(소리 제외)을 켜고, 탐조등으로 기류신호에 해당하는 국제 모르스 전신부호를 상대측 함정이 응답할 때까지 반복하여 송신한다.

상호 교신을 위한 발광신호는 호출 시 AA AA AA(·-·-·-)로, 응답 시 TTTTT(-)로 한다.

3) 불법조업선박의 동향과 관련한 정보교환

① 쌍방 관련 군사당국간 불법조업선박의 동향과 관련된 정보는 일일 1회(09시) 교환한다.

② 일일정보교환은 서해지구에 마련되어 있는 통신선로를 통하여 〈부록 2〉의 양식에 따라 한다.

③ 쌍방간 교환할 정보의 내용은 불법조업선박들의 조업시간, 위치, 척수로 한다.

4) 서해해상에서 우발적 충돌방지를 위한 통신선로 및 통신연락소 설치 · 운영

① 서해해상에서 우발적 충돌방지를 위한 새로운 통신선로와 통신연락소 설치 및 운영에 관한 사항은 6월 중 통신실무자접촉을 통하여 협의해 나간다.

② 새로운 통신선로 및 통신연락소 설치 후 통신장애 발생 시 쌍방은 즉시 다른 연락방법을 통하여 이를 통보하고 빠른 시간 안에 각기 자기 측 관할지역을 책임지고 복구한다.

③ 새로운 통신선로는 2004년 8월 12일 오전 9시 서해지구 남북관리구역 도로 동쪽 5m 부근 군사분계선상에서 연결하며 시험통화는 10시에 한다.

5) 통신 운영

① 통신수단(유선, 무선, 기류 및 발광신호)은 상시 송수신이 가능한 상태를 유지하며 상대 측이 호출 시 즉각 응답하여야 한다.

② 서해지구 통신선로를 이용한 정기 통신시험은 일일 2회(09시, 16시) 실시한다.

③ 서해해상에서 우발적 충돌방지와 관련하여 긴급한 연락사항이 발생할 경우 서해지구 통신선로를 이용하여 통보한다.

④ 서해해상에서의 우발적 충돌방지를 위한 합의를 이행하기 위하여 2004년 6월 14일 통신수단별 운영시험을 〈부록 3〉과 같이 실시한다.

2. 군사분계선지역에서의 선전활동 중지 및 선전수단 제거 조치문제

쌍방은 군사분계선지역에서의 선전활동 중지 및 선전수단 제거 조치문제를 동시행동원칙에 따라 해결한다.

1) 쌍방은 2004년 6월 15일 0시부터 군사분계선지역에서 일체 선전활동을 중지한다.

① 방송과 게시물, 전광판, 전단 등을 통한 모든 선전활동과 풍선, 기구를 이용한 각종 물품 살포를 중지한다.

② 상대 측 군인들이 보이는 곳에서 그들을 대상으로 하여 진행하는 모든 선전활동을 중지한다.

2) 쌍방은 2004년 6월 16일 0시부터 8월 15일 17시까지 군사분계선지역의 모든 선전수단을 3단계로 나누어 제거한다.

① 쌍방은 상대 측 지역에서 보이거나 들리지 않도록 하는 원칙에서 선전수단을 철저히 제거한다.

② 제거 대상의 범위는 쌍방간 군사분계선지역에서 상대 측을 향한 자기 측 체제선전 및 상대 측이 비방·중상·선동으로 인식하는 모든 확성기, 돌글씨, 입간판, 전광판, 전단, 선전그림, 선전구호 및 글 등을 포함한다.

③ 점등탑, 석상, 석탑 등 종교시설물에 대해서는 가림막 설치 등의 방법으로 상대 측에 영향을 주지 않도록 조치한다.

④ 선전중지와 선전수단 제거대상에는 한강하구, 서해 연안지역과 섬들에 설치된 선전수단들도 포함되며, 이 지역의 선전수단 제거는 1단계 기간에 한다.

⑤ 쌍방은 단계별 제거 완료 7일 이전에 상대 측이 제거해야 할 대상의 위치(군사분계선 표식물 기준), 형태, 내용을 포함한 목록을 교환하여 쌍방이 목록에 따라 선전수단 제거 결과를 검증한다.

⑥ 불가피한 이유로 제거일정이 늦어지는 경우 쌍방은 그 이유와 변경된 일정을 상대 측에 즉시 통보하고 합의에 따라 그 일정을 조정할 수 있다.

⑦ 선전수단제거 검증은 육안으로 확인하는 것을 원칙으로 하되, 의문점이 발견될 경우에는 통지문을 통해 의견을 교환하며 쌍방간 의견차이가 있을 경우 실무대표회담을 통해 협의, 조정한다.

⑧ 쌍방은 매 단계별로 선전수단 제거완료 1일 전 실무대표회담을 열고 그 결과를 최종 확인한 후 다음 단계 제거작업을 시작한다. 필요 시 쌍방 합의하에 3~5명의 검증단을 구성하여 약속된 시간에 군사분계선상에서 서로 만나 상대 측의 안내를 받아 현장을 확인한다.

⑨ 쌍방은 매 단계가 끝나는 마지막 날에 그 결과를 언론에 발표한다.

3. 수정 · 보충 및 발효

① 본 합의서는 남북장성급군사회담 남측 수석대표와 북측 단장간 서명하여 교환한 날로부터 효력을 발생한다.

② 본 합의서는 필요 시 상호 합의에 따라 수정 · 보충할 수 있다.

③ 합의서는 2부 작성되었으며, 두 원본은 같은 효력을 가진다.

2004년 6월 12일

남 북 장 성 급 군 사 회 담	남 북 장 성 급 군 사 회 담
남측 수석대표	북측 단장
준장 박 정 화	소장 안 익 산

【부록 1】

NO	신호 내용	신호 방법	기류 및 발광 표시	
			기류(깃발)	발광(불빛)
1	아측은 변침, 남하(복귀) 중이다.	2		·· - - -
2	아측은 변침, 북상(복귀) 중이다.	3		··· - -
3	아측은 적대행위 의도는 없다.	4		···· -
4	항로미실된 선박을 확인(구조)하기 위하여 간다.	5		·····
5	조난된 선박을 확인(구조)하기 위하여 간다.	6		- ····
6	함정의 기관이 비정상이다.	7		- - ···
7	함정의 조종성능이 나쁘다.	8		- - - ··
8	아측은 귀측의 신호를 이해 · 수신하였다.	9		- - - - ·
9	귀측의 신호를 수신했으나, 이해하지 못하겠다.	0		- - - - -

【부록 2】 정보교환 통지문

<table>
<tr><td colspan="2">통 지 문 No.</td></tr>
<tr><td colspan="2">① 일시 : 년 월 일 시 분

② 발신 :

③ 수신 :

④ 불법조업어선 자료
○ 조업시간 :
○ 위 치 :
○ 척 수 :</td></tr>
<tr><td>송신 담당자</td><td>(계급) (성명)</td></tr>
</table>

【부록 3】 시험통신계획

1. 대상

1) No.1 대상 : 연평도 1구역 함정 ↔ 육도 함정

2) No.2 대상 : 연평도 2구역 함정 ↔ 등산곶 함정

3) No.3 대상 : 대청도 3구역 함정 ↔ 기린도 함정

4) No.4 대상 : 대청도 4구역 함정 ↔ 월래도 함정

5) No.5 대상 : 백령도 서남 5구역 함정 ↔ 장산곶 함정

2. 일자 : 2004년 6월 14일(월)

3. 시간

1) 현재위치에서 통신시험

① No.1 대상 : 09:00 ~ 09:15

② No.2 대상 : 09:30 ~ 09:45

③ No.3 대상 : 10:00 ~ 10:15

④ No.4 대상 : 10:30 ~ 10:45

⑤ No.5 대상 : 11:00 ~ 11:15

2) 기동하면서 통신

① No.1 대상 : 09:15 ~

② No.3 대상 : 10:15 ~

4. 주파수

국제상선공통망 주주파수 제16번 채널(156.8Mhz),

보조주파수 제12번 채널(156.6Mhz)

5. 호출부호

1) No.1 대상 : 남 (한라산-1) ↔ 북 (백두산-1)

2) No.2 대상 : 남 (한라산-2) ↔ 북 (백두산-2)

3) No.3 대상 : 남 (한라산-3) ↔ 북 (백두산-3)

4) No.4 대상 : 남 (한라산-4) ↔ 북 (백두산-4)

5) No.5 대상 : 남 (한라산-5) ↔ 북 (백두산-5)

6. 통신방법

1) 현재위치에서 통신시험

① 국제상선공통망의 주주파수에서 먼저 교신하고, 신호에 따라 보조주파수로 전환하여 교신한 후 필요한 정보를 교환하고 통신시험을 완료한다.

〈예〉

남 → 백두산 - 1, 백두산 - 1, 여기는 한라산 - 1 감명도?

북 → 한라산 - 1, 한라산 - 1, 여기는 백두산 - 1 감명도 좋음

남 → 채널 12번 전환

북 → 수신완료

② 신호 호출순서

- 주주파수에서	- 보조주파수에서
• No.1 구역 : 북측이 먼저호출	No.1 구역 : 남측이 먼저 호출
• No.2 구역 : 남측이 먼저 호출	No.2 구역 : 북측이 먼저 호출
• No.3 구역 : 북측이 먼저 호출	No.3 구역 : 남측이 먼저 호출
• No.4 구역 : 남측이 먼저 호출	No.4 구역 : 북측이 먼저 호출
• No.5 구역 : 북측이 먼저 호출	No.5 구역 : 남측이 먼저 호출

2) 기동하면서 통신

쌍방 함정들은 현 경비위치에서 교신설정을 끝낸 후 상대 측 함정 방향으로 5노트의 속도로 기동하며 기류 및 발광시험을 한 다음 즉시 자기 위치로 돌아간다.

① 제1구역에서의 시험은 09시 15분부터 남측이 먼저 호출하면 북측이 응답하는 방법으로,

② 제3구역에서의 시험은 10시 15분부터 북측이 먼저 호출하면 남측이 응답하는 방법으로 진행한다.

③ 함정들은 국제상선공통망을 지속 유지하며 어느 일방 함정이 기류를 게양하고 발광신호를 보내면 상대 측 함정은 응답신호를 하고 통신기로 식별상태를 통보한다.

④ 쌍방 함정들은 시험 도중 어느 일방이 시험 중지를 요구하면 즉시 중지하고 자기 위치로 돌아간다.

7. 유선 통신을 이용한 정보교환 시험계획

1) 일시 : 2004년 6월 14일 09시

2) 내용 : 합의된 정보교환양식에 기초하여 제3국어선들의 조업시간, 위치, 척수를 통보하는 방법으로 한다.

6. 제2차 남북정상회담 합의서

남북관계 발전과 평화번영을 위한 선언(2007. 10. 4)

대한민국 노무현 대통령과 조선민주주의인민공화국 김정일 국방위원장 사이의 합의에 따라 노무현 대통령이 2007년 10월 2일부터 4일까지 평양을 방문하였다. 방문기간 중 역사적인 상봉과 회담들이 있었다. 상봉과 회담에서는 6·15공동선언의 정신을 재확인하고 남북관계발전과 한반도 평화, 민족공동의 번영과 통일을 실현하는데 따른 제반 문제들을 허심탄회하게 협의하였다. 쌍방은 우리민족끼리 뜻과 힘을 합치면 민족번영의 시대, 자주통일의 새 시대를 열어 나갈 수 있다는 확신을 표명하면서 6·15공동선언에 기초하여 남북관계를 확대·발전시켜 나가기 위하여 다음과 같이 선언한다.

1. 남과 북은 6·15공동선언을 고수하고 적극 구현해 나간다.

남과 북은 우리민족끼리 정신에 따라 통일문제를 자주적으로 해결해 나가며 민족의 존엄과 이익을 중시하고 모든 것을 이에 지향시켜 나가기로 하였다. 남과 북은 6·15공동선언을 변함없이 이행해 나가려는 의지를 반영하여 6월 15일을 기념하는 방안을 강구하기로 하였다.

2. 남과 북은 사상과 제도의 차이를 초월하여 남북관계를 상호존중과 신뢰관계로 확고히 전환시켜 나가기로 하였다.

남과 북은 내부문제에 간섭하지 않으며 남북관계 문제들을 화해와 협력, 통일에 부합되게 해결해 나가기로 하였다. 남과 북은 남북관계를 통일 지향적으로 발전시켜 나가기 위하여 각기 법률적·제도적 장치들을 정비해 나가기로 하였다. 남과 북은 남북관계 확대와 발전을 위한 문제들을 민족의 염원에 맞게 해결하기 위해 양측 의회 등 각 분야의 대화와 접촉을 적극 추진해 나가기로 하였다.

3. 남과 북은 군사적 적대관계를 종식시키고 한반도에서 긴장완화와 평화를 보장하기 위해 긴밀히 협력하기로 하였다.

남과 북은 서로 적대시하지 않고 군사적 긴장을 완화하며 분쟁문제들을 대화와 협상을 통하여 해결하기로 하였다. 남과 북은 한반도에서 어떤 전쟁도 반대하며 불가침의무를 확고히 준수하기로 하였다. 남과 북은 서해에서의 우발적 충돌방지를 위해 공동어로수역을 지정하고 이 수역을 평화수역으로 만들기 위한 방안과 각종 협력사업에 대한 군사적 보장조치 문제 등 군사적 신뢰구축조치를 협의하기 위하여 남측 국방부 장관과 북측 인민무력부 부장간 회담을 금년 11월 중에 평양에서 개최하기로 하였다.

4. 남과 북은 현 정전체제를 종식시키고 항구적인 평화체제를 구축해 나가야 한다는데 인식을 같이하고 직접 관련된 3자 또는 4자 정상들이 한반도지역에서 만나 종전을 선언하는 문제를 추진하기 위해 협력해 나가기로 하였다.

남과 북은 한반도 핵문제 해결을 위해 6자회담 「9·19공동성명」과 「2·13합의」가 순조롭게 이행되도록 공동으로 노력하기로 하였다.

5. 남과 북은 민족경제의 균형적 발전과 공동의 번영을 위해 경제협력사업을 공리공영과 유무상통의 원칙에서 적극 활성화하고 지속적으로 확대 발전시켜 나가기로 하였다.

남과 북은 경제협력을 위한 투자를 장려하고 기반시설 확충과 자원개발을 적극 추진하며 민족내부협력사업의 특수성에 맞게 각종 우대조건과 특혜를 우선적으로 부여하기로 하였다. 남과 북은 해주지역과 주변해역을 포괄하는 「서해평화협력특별지대」를 설치하고 공동어로구역과 평화수역 설정, 경제특구 건설과 해주항 활용, 민간선박의 해주직항로 통과, 한강하구 공동이용 등을 적극 추진해 나가기로 하였다. 남과 북은 개성공업지구 1단계 건설을 빠른 시일 안에 완공하고 2단계 개발에 착수하며 문산－봉동간 철도화물수송을 시작하고, 통행·통신·통관 문제를 비롯한 제반 제도적 보장조치들을 조속히 완비해 나가기로 하였다. 남과 북은 개성－신의주 철도와 개성－평양 고속도로를 공동으로 이용하기 위해 개보수 문제를 협의·추진해 가기로 하였다. 남과 북은 안변과 남포에 조선협력단지를 건설하며 농업, 보건의료, 환경보호 등 여러 분야에서의 협력사업을 진행해 나가기로 하였다. 남과 북은 남북 경제협력사업의 원활한 추진을 위해 현재의 「남북경제협력추진위원회」를 부총리급 「남북경제협력공동위원회」로 격상하기로 하였다.

6. 남과 북은 민족의 유구한 역사와 우수한 문화를 빛내기 위해 역사, 언어, 교육, 과학기술, 문화예술, 체육 등 사회문화 분야의 교류와 협력을 발전시켜 나가기로 하였다.

남과 북은 백두산관광을 실시하며 이를 위해 백두산－서울 직항로를 개설하기로 하였다. 남과 북은 2008년 북경 올림픽경기대회에 남북응원단이 경의선 열차를 처음으로 이용하여 참가하기로 하였다.

7. 남과 북은 인도주의 협력사업을 적극 추진해 나가기로 하였다.

남과 북은 흩어진 가족과 친척들의 상봉을 확대하며 영상 편지 교환사업을 추진하기로 하였다. 이를 위해 금강산면회소가 완공되는데 따라 쌍방 대표를 상주시키고 흩어진 가족과 친척의 상봉을 상시적으로 진행하기로 하였다. 남과 북은 자연재해를 비롯하여 재난이 발생하는 경우 동포애와 인도주의, 상부상조의 원칙에 따라 적극 협력해 나가기로 하였다.

8. 남과 북은 국제무대에서 민족의 이익과 해외 동포들의 권리와 이익을 위한 협력을 강화해 나가기로 하였다

남과 북은 이 선언의 이행을 위하여 남북총리회담을 개최하기로 하고, 제1차 회의를 금년 11월 중 서울에서 갖기로 하였다. 남과 북은 남북관계 발전을 위해 정상들이 수시로 만나 현안 문제들을 협의하기로 하였다.

2007년 10월 4일

평 양

대 한 민 국	조선민주주의인민공화국
대통령	국방위원장
노무현	김정일

7. 제2차 남북국방장관회담 합의서

「남북관계발전과 평화번영을 위한 선언」 이행을 위한
남북국방장관회담 합의서(2007. 11. 29)

제2차 남북국방장관회담이 2007년 11월 27일부터 29일까지 평양에서 진행되었다. 회담에서 쌍방은 역사적인 정상회담에서 채택된 「남북관계 발전과 평화번영을 위한 선언」의 이행을 위한 군사적 대책을 토의하고 다음과 같이 합의하였다.

1. 쌍방은 군사적 적대관계를 종식시키고 긴장완화와 평화를 보장하기 위한 실제적인 조치를 취하기로 하였다.

① 쌍방은 적대감 조성행동을 하지 않으며 남북 사이에 제기되는 모든 군사관계 문제를 상호 협력하여 평화적으로 처리하기로 하였다.

② 쌍방은 2004년 6월 4일 합의를 비롯하여 이미 채택된 남북간 군사적 합의들을 철저히 준수해 나가기로 하였다.

③ 쌍방은 지상·해상·공중에서의 모든 군사적 적대행위를 하지 않기로 하였다.

④ 쌍방은 충돌을 유발시키지 않도록 제도적 장치들을 수정·보완하며 우발적 충돌이 발생하는 경우에는 즉시적인 중지대책을 취한 다음 대화와 협상을 통하여 해결하기로 하였다. 이를 위해 쌍방 사이에 이미 마련된 통신연락체계를 현대화하고, 협상통로들을 적극 활용·확대해 나가기로 하였다.

2. 쌍방은 전쟁을 반대하고 불가침의무를 확고히 준수하기 위한 군사적 조치들을 취하기로 하였다.

① 쌍방은 지금까지 관할하여 온 불가침경계선과 구역을 철저히 준수하기로 하였다.

② 쌍방은 해상불가침경계선 문제와 군사적 신뢰구축 조치를 남북군사공동위원회를 구성 · 운영하여 협의 · 해결해 나가기로 하였다.

③ 쌍방은 무력불사용과 분쟁의 평화적 해결 원칙을 재확인 하고 이를 위한 실천적 대책을 마련하기로 하였다.

3. 쌍방은 서해해상에서 충돌을 방지하고 평화를 보장하기 위한 실제적인 대책을 취하기로 하였다.

① 쌍방은 서해해상에서의 군사적 긴장을 완화하고 충돌을 방지하기 위해 공동어로구역과 평화수역을 설정하는 것이 절실하다는데 인식을 같이하고, 이 문제를 남북장성급군사회담에서 빠른 시일 안에 협의 · 해결하기로 하였다.

② 쌍방은 한강 하구와 임진강 하구 수역에 공동 골재채취 구역을 설정하기로 하였다.

③ 쌍방은 서해해상에서의 충돌방지를 위한 군사적 신뢰보장조치를 남북군사공동위원회에서 협의 · 해결하기로 하였다.

4. 쌍방은 현 정전체제를 종식시키고 항구적인 평화체제를 구축해 나가기 위해 군사적으로 상호 협력하기로 하였다.

① 쌍방은 종전을 선언하고 평화체제를 구축해 나가는 것이 민족의 지향과 요구라는데 인식을 같이하기로 하였다.

② 쌍방은 종전을 선언하기 위한 여건을 조성하기 위하여 필요한 군사적 협력을 추진해 나가기로 하였다.

③ 쌍방은 전쟁시기의 유해발굴문제가 군사적 신뢰조성 및 전쟁종식과 관련

된 문제라는데 이해를 같이하고 추진대책을 협의 · 해결해 나가기로 하였다.

5. 쌍방은 남북교류협력사업을 군사적으로 보장하기 위한 조치들을 취하기로 하였다.

① 쌍방은 민족의 공동번영과 군사적 긴장완화에 도움이 되는 교류협력에 대하여 즉시적인 군사적 보장대책을 세우기로 하였다.

② 쌍방은 「서해평화협력특별지대」에 대한 군사적 보장대책을 세워나가기로 하였다. 쌍방은 서해공동어로, 한강하구 공동이용 등 교류협력 사업에 대한 군사적 보장대책을 별도로 남북군사실무회담에서 최우선적으로 협의 · 해결하기로 하였다. 쌍방은 북측 민간선박들의 해주항 직항을 허용하고, 이를 위해 항로대 설정과 통항절차를 포함한 군사적 보장조치를 취해 나가기로 하였다.

③ 쌍방은 개성 · 금강산지역의 협력사업이 활성화되도록 2007년 12월 11일부터 개시되는 문산－봉동간 철도화물 수송을 군사적으로 보장하기로 합의하였으며, 남북관리구역의 통행 · 통신 · 통관을 위한 군사보장합의서를 2007년 12월초 판문점 통일각에서 남북군사실무회담을 개최하여 협의 · 채택하기로 하였다.

④ 쌍방은 백두산 관광이 실현되기 전까지 직항로 개설과 관련한 군사적 보장조치를 협의 · 해결하기로 하였다.

6. 쌍방은 본 합의서의 이행을 위한 협의기구들을 정상적으로 가동하기로 하였다.

① 제3차 남북국방장관회담은 2008년 중 적절한 시기에 서울에서 개최하기로 하였다.

② 남북군사공동위원회는 구성되는데 따라 제1차 회의를 조속히 개최하기로 하였다.

7. 본 합의서는 쌍방 국방부장관이 서명하여 발효에 필요한 절차를 거쳐 문

본을 교환한 날부터 효력을 발생한다.

① 이 합의서는 필요에 따라 쌍방이 합의하여 수정·보충할 수 있다.

② 이 합의서는 각기 2부 작성되었으며, 같은 효력을 가진다.

2007년 11월 29일

대 한 민 국	조선민주주의인민공화국
국방부장관	국방위원회 인민무력부장
김장수	조선인민군 차수 김일철

찾아보기

남북기본합의서, 남북불가침부속합의서, 북방한계선, 유엔군사령관, 정전협정, 한반도 정전체제, 해상경계선, 6 · 25전쟁은 전체 문장에 반복적으로 수록된 단어이므로 찾아보기에 넣지 않았습니다.

【ㄴ】

【ㄷ】

【ㄹ】

【ㅁ】

【ㅂ】

【ㅈ】

【기타】

이상철

주요 경력

· 1982년 육사(38기) 졸업 및 임관

· 1991년 고려대 정치학석사, 2003년 경남대 정치학박사

· 1991 ~ 2009년 국방부 정책실 대북협상전략/대북정책담당, 현안안보정책TF장, 북한정책과장 및 장관실 군사정책과장, 야전 대대장과 연대장

· 2010 ~ 2012년 국방부 군비통제차장(준장)

· 남북고위급회담(정치분과위) 전략수행원, 남북장관급회담 수행원, 남북국방장관회담 수행원, 남북장성급군사회담 대표, 남북군사실무회담 수석대표, 6자회담 국방부대표

주요 저술

· 『안보와 자주성의 딜레마: 비대칭 동맹이론과 한미동맹』(2004)

· 『한 · 미 안보협력관계의 미래』(2005, 이상현 · 이근 · 최아진 공저)

· 『한반도 정전체제』(2011)

· Edward Luttwak의 『전략: 전쟁과 평화의 논리』(2011, 역서)

· 「유럽 재래식 군비통제와 남북 군비통제」, 「북핵 문제와 6자회담」, 「한반도 정전체제와 유엔사」, 「한미동맹과 주한미군」, 「일본군의 만주 및 한반도 군사작전」 등 다수 논문.